U0313810

高职高专"十二五"规划教材

矿物露天开采技术

主　编　杨明春　税承慧
副主编　杨春城
主　审　杨明春

北　京
冶金工业出版社
2015

内 容 提 要

　　本书内容有 5 个模块，模块 1 为露天开采认知及露天开采境界圈定；模块 2 为露天矿采剥程序与矿床开拓；模块 3 为露天开采作业程序；模块 4 为露天矿生产剥采比均衡与采掘进度计划；模块 5 为露天矿安全工作。

　　本书可作为高职高专矿物开采技术专业教学用书，也可作为该工种职工培训教材和大中专院校相关专业师生参考书。

图书在版编目（CIP）数据

　　矿物露天开采技术/杨明春，税承慧主编．—北京：冶金工业出版社，2015.8

　　高职高专"十二五"规划教材

　　ISBN 978-7-5024-7014-2

　　Ⅰ．①矿…　Ⅱ．①杨…　②税…　Ⅲ．①矿山开采—高等职业教育—教材　Ⅳ．①TD8

　　中国版本图书馆 CIP 数据核字（2015）第 166764 号

出 版 人　谭学余
地　　址　北京市东城区嵩祝院北巷 39 号　邮编　100009　电话　（010）64027926
网　　址　www.cnmip.com.cn　电子信箱　yjcbs@cnmip.com.cn
责任编辑　俞跃春　杨盈园　王雪涛　美术编辑　杨 帆　版式设计　孙跃红
责任校对　李 娜　责任印制　牛晓波
ISBN 978-7-5024-7014-2
冶金工业出版社出版发行；各地新华书店经销；固安华明印业有限公司印刷
2015 年 8 月第 1 版，2015 年 8 月第 1 次印刷
787mm×1092mm　1/16；16.75 印张；400 千字；257 页
38.00 元

冶金工业出版社　投稿电话　（010）64027932　投稿信箱　tougao@cnmip.com.cn
冶金工业出版社营销中心　电话　（010）64044283　传真　（010）64027893
冶金书店　地址　北京市东四西大街 46 号（100010）　电话　（010）65289081（兼传真）
冶金工业出版社天猫旗舰店　yjgycbs.tmall.com
　　　　　　（本书如有印装质量问题，本社营销中心负责退换）

前　言

　　本书是编者在多年教学实践的基础上，根据国家示范高职院校建设对高职高专的要求，在广泛调研的基础上编写而成的。内容以培养高等技术应用性专门人才为根本任务，以培养技术应用能力为主线，设计学生的知识、能力、素质结构和培养方案。本书根据本学科的发展状况和职业技术学院学生的特点和培养目标，在编写中注重高等职业技术教育的特色，侧重基本理论、基本知识和基本方法的阐述，加强动手能力的培养，突出教学内容的针对性和实用性，将理论教学和实践教学融为一体，内容力求做到深入浅出，贴近生产现场实际。

　　本书是高等职业技术学院金属矿床开采和矿物资源技术专业的主要专业课教材，以露天开采工艺流程为主线，以学生需掌握的能力目标和知识目标为中心，将教学内容分为 5 个模块，系统全面地介绍了露天开采技术的基本知识。

　　本书由四川机电职业技术学院杨明春、税承慧任主编，杨春城任副主编。具体编写分工是：税承慧编写绪论、模块 1、模块 2；杨明春编写模块 3、模块 5；杨春城编写模块 4。全书由税承慧统稿，杨明春审稿、定稿。本书在编写过程中攀钢（集团）矿业公司兰尖铁矿和朱家包包铁矿的专家和工程技术人员给予了很多支持与帮助，并提出了很多的宝贵的意见和建议，在此深表感谢，同时对在本书中引用文献的作者表示感谢。

　　本书若有不妥之处，希望各位读者批评指正。

编　者

2015 年 3 月

目　录

绪　　论

0.1　露天采矿的重要地位

　　矿床开采分为露天开采、地下开采和海洋开采,其中露天开采分为原生矿床开采、砂矿床开采和石材开采。露天开采是一种在敞露地表的采场采出有用矿物的方法。与地下开采相比,露天开采单位成本较低,作业安全,矿石损失少,便于采用新技术和保持很高的开采效率。适合于开采埋藏浅、厚度大的矿体。

　　除瑞典、法国和日本等少数国家以地下采矿为主外,大部分国家的采矿业以露天采矿为主,如澳大利亚、美国、巴西、俄罗斯这些国家,露天开采的比例占80%以上。尤其自20世纪50年代起,随着大型凿岩设备及装运设备的研发和应用,露天采矿技术得到了迅猛发展,露天采矿的规模和效率得到了极大提高。目前,我国已经成为世界矿产品生产大国,其中露天矿开采矿石的产量已占到矿石总产量的80%以上。我国铁矿石量的80%以上来自露天开采,有色金属矿石量的50%以上来自露天开采,冶金辅助原料几乎全用露天开采。显然,露天采矿对加速经济的发展起到了非常重要的作用。

0.2　我国露天采矿的发展历史

　　自从有了人类便开始有了采矿活动。可以说采矿活动伴随着人类活动的始终。早期,人类为了获得生产工具和建筑材料开始开采石材,人类历史便进入了石器时代,相继又发展到铜器时代、铁器时代。在人类文明的每个阶段,采矿都是最基本的工业活动。而最初的采矿活动是以露天开采方式进行的,露天采矿可谓是最古老的工业,是人类文明的源头。

　　我国的采矿工业有着悠久的历史。从奴隶社会到封建社会的中期,我国在矿业生产方面一直名列前茅。但是,由于我国封建社会延长了几千年的时间,生产发展受到了限制,直到清朝末年,露天开采生产绝大多数还是纯手工劳动,生产规模也很小。而与此同时,西方国家却有较快的发展。

　　直至1949年新中国成立前夕,我国采矿工业陷于瘫痪状态,露天铁矿总产量仅为10万吨。新中国成立以后,我国的露天采矿事业也由此获得了新生,到20世纪50年代,初步建成了具有现代采矿技术的露天矿山新体系。但是,在西方和前苏联露天采矿技术不断更新的20世纪六七十年代,我国却踏步不前。与国外相比,我国露天矿开采规模较小,机械化水平较低,矿床开采强度小,管理水平不高,劳动生产率甚至比国外低一个数量级,这其中的原因是多方面的,但最根本的原因在于设备长期得不到更新。除了极少数矿山在20世纪70年代末期引进了少量的大型设备外,绝大多数矿山一直沿用50年代的设备。

　　1978年党的十一届三中全会从根本上改变了我国的社会、经济发展的进程,给露天采矿工业也带来了新的转机。一些大型露天矿如水厂、德兴、抚顺西露天矿,率先突破了原来的生产模式,引进了大型设备和先进技术。中美合资开发的安太堡露天煤矿,已完全按照国际的标准，以国外的先进经营方武、高效率、高速度建成为特大型露天矿。由此，我国的露天采矿技术迈上了一个新的台阶。

0.3　露天采矿的技术进步与现状

现代露天采矿是伴随着炸药和现代装运设备的发明而迅速发展起来的。炸药的应用使瞬间破碎大量矿岩成为可能，而大型装运设备的应用则为把破碎矿岩搬运到指定地点提供了有力的保证。

0.3.1　爆破技术方面的进步与现状

0.3.1.1　常用炸药的改进

矿山广泛应用的炸药多为硝铵类炸药，按使用条件可分为普通矿用炸药和煤矿安全炸药。普通矿用炸药适用于露天矿和无瓦斯或煤尘爆炸危险的矿井，其中部分炸药品种只能用于露天矿。煤矿安全炸药含有一定量的消焰剂，适用于有瓦斯或煤尘爆炸危险的地下矿。

铵梯炸药是 20 世纪 60 年代初的主要矿用炸药，有露天、地下和煤矿等专用品种，其缺点是防水性差，易吸湿结块且成本高，现已逐步被铵油炸药、浆状炸药和乳化炸药等所取代，这些炸药大多抗水性强、密度高、威力大，加工使用安全，是我国露天采矿目前使用的主体品种。

0.3.1.2　爆破工艺的改进

露天采矿的第一个重要环节就是爆破。爆破效率的提高在很大程度上依赖于钻凿设备的发展，同时，爆破工艺也随着钻凿设备的更新换代得到不断的改进。

20 世纪 50 年代前采用的钻凿设备主要有火钻和钢绳冲击钻机，现在已逐渐被牙轮钻机和潜孔钻机取代，火钻和凿岩台车仅在某些特定条件下采用。21 世纪初又出现了集钻孔、装药和装岩为一体的遥控采掘设备，使得爆破作业的效率大大提高，爆破效果更加理想，促进了爆破技术的发展。

同时，爆破效果与爆破参数和装药方式有直接的关系。现代爆破工艺根据矿岩的特性，改进和调整了爆破参数，包括调整台阶盖度、孔深、孔径和孔距等；在装药方式上先后创造出连续装药、间隔装药、耦合（不耦合）装药以及正（反）向起爆装药等，大大提高了露天开采的爆破效率。

0.3.2　采装技术的改进

露天采矿的中心环节是采装工作，采装工作的主要设备是电铲。世界上最早的动力铲出现于 1835 年，此后经历了由小到大，由轨道行走式到履带式，由蒸汽机驱动到内燃机驱动再到电力驱动的发展历程。电铲斗容也由最初的 2.73m³ 发展到目前用于露天煤矿剥离的世界最大电铲斗容 138m³。20 世纪 80 年代以来，电铲的技术进步主要表现在改进其驱动系统，增加提升和行走动力，改进前端结构，采用双驱动级模块化设计等方面。我国露天矿在 20 世纪 50 年代至 70 年代一直以仿苏的 C3-3 型 3m³ 斗容铲为主，70 年代中期开始生产 4～4.6m³ 的 WK-4 系列电铲，1985 年研制出 10～14m³ 电铲，1986 年与美国合作制造出 23m³ 电铲，近 20 年来，我国露天矿使用较多的是 WK-4 型、WK-10 型、WD1200 型和 P&H2300XP 型电铲。由于国产大型电铲在技术上尚有缺陷，一些大型露天矿从国外引进了 7m³ 以上电铲来与大型汽车配套。

用于条带式露天矿剥离作业的另一种大型设备是索斗铲。索斗铲的斗容由最初的 1.5m³ 发展到目前的 173m³。目前西方国家常用的索斗铲斗容大多在 42～88m³ 之间，而在我国露天矿则应用得很少。

0.3.3　运输技术的改进

运输是露天采矿最重要的环节之一。运输设备的投资约占采矿设备总投资的 60% 以上，运输成本约占采矿总成本的 50% 以上。运输方式的选择和运输系统的改进是露天采矿设计和技术改造的重点。

露天采矿运输方式可分为三大类：单一机械运输、重力运输和联合运输。单一机械运输是指单一汽车、铁路或胶带运输，重力运输是指采用溜井或明溜槽等放矿的运输方式，联合运输是指机械-重力、机械-机械联合运输的运输方式。

铁路运输由于其运输费用低于其他运输方式，在 20 世纪 40 年代前一直居于露天矿运输的主导地位。但随着露天矿山向深凹方向发展，铁路运输爬坡能力小、转弯半径大、灵活性差等缺点越来越突出，极大地影响了露天采矿的生产效率和制约了露天采场的参数选择。因此，从 20 世纪 60 年代初开始，铁路运输逐步被汽车运输代替或与汽车运输联合使用，目前采用单一铁路运输的矿山已为数不多。我国采用铁路运输或铁路-公路联合运输的大中型露天矿主要使用 150t 及以上的牵引电机车，个别矿山使用 80t、100t 牵引电机车和 60～100t 的翻斗矿车（最大达 180t）。

汽车运输于 20 世纪 30 年代中期开始应用于露天采矿，20 世纪 80 年代以来，已成为露天矿生产的主要运输设备，国外各类金属露天矿 80% 左右的矿岩量由汽车运输完成。最早的矿用汽车载重量约为 14t，到 20 世纪 50 年代中期，单后轴驱动车问世，60 年代矿用汽车大型化开始高速发展，70 年代中期，载重量为 318t 的矿用汽车诞生。据统计，到 1992 年，用于露天矿的不同载重量汽车占全部保有量的比例为：118～136t 的占 25%，154～177t 的占 50%，200t 以上的占 25%。我国露天矿 20 世纪 60 年代和 70 年代以 12～32t 汽车为主，70 年代末引进 100t 和 108t 电动轮汽车，80 年代引进 154t 电动轮汽车。国产 108t 电动轮汽车在 80 年代初投入使用，与美国合作制造的 154t 汽车于 1985 年通过鉴定。目前我国大多数露天矿仍以 20～36t 汽车为主，100t 以上的大型汽车只在少数大型露天矿应用。

振动给矿机转载站技术的研制成功不仅解决了我国冶金深凹露天矿山汽车-铁路联合运输的转载问题，而且具有节省矿山基建投资、降低转载成本、提高转载能力、减少污染等优点。该技术已在鞍钢眼前山、本钢歪头山、马钢南山等露天矿得到应用。由马鞍山矿山研究院设计的国内最大的振动给矿机也在本钢南芬露天矿建成并通过验收，设计生产能力为 1000 万吨/a。

随着间断-连续开采工艺的问世，可移式破碎站成为汽车、破碎机和胶带运输机组成的间断-连续运输工艺的核心技术装备之一。相比固定式破碎机组造价高、建设时间长、移动拆装工作量大、费用高、搬迁困难、难以适应深凹露天矿采矿下降速度的缺点，可移式破碎站更能满足间断-连续开采工艺的要求。近年来，国内外大型移动破碎机组的研制与开发取得了迅速发展。我国鞍钢齐大山铁矿在采场内建成了一套矿、岩可移式破碎胶带运输系统，实现了间断-连续开采工艺，该系统自1997年投产后一直运转正常。

0.3.4　开采技术的改进

0.3.4.1　陡帮开采

自20世纪70年代以来，我国金属矿山开始进行陡帮开采工艺的实验研究。"八五"期间，陡帮开采被列入了国家科技攻关项目，且在南芬铁矿开展了大规模的工业试验，并取得了成功。生产剥采比由原来的2.7t/t降为2.44t/t，年推迟剥岩量832万吨，获经济效益3477万元。该技术已在我国金堆城、紫金山、眼前山等金属露天矿山得到推广应用。实践证明：该技术是减少矿山前期剥岩量、均衡生产剥采比、减少边坡维护量、降低生产成本的有效技术。

0.3.4.2　高台阶采矿

随着露天开采设备大型化，国外一些矿山研究并采用了高台阶开采工艺。我国对高台阶开采技术的研究起步较晚，采用高台阶开采的露天矿不多。"八五"期间，南芬露天矿南山扩帮区开采参数优化表明：与12m台阶相比，18m高台阶开采的单位成本可降低5.76% ~6.12%，动态效益每年可节省1052万~1162万元，经济效益可观。

0.3.4.3　陡坡铁路

陡坡铁路主要是为克服铁路运输爬坡能力低的弱点，利用已有的铁路运输设备，提高铁路运输线路的坡度，减少铁路展线长度，增大铁路运输可能达到的采深。马鞍山矿山研究院和攀钢矿业公司共同承担的国家科技部"十五"重点科技攻关项目——陡坡铁路运输系统研究，顺利完成了4% ~4.5%陡坡铁路工业试验，150t单机牵引和150t双机牵引，尤其是224t电机车牵引试验均取得了预期效果。本钢歪头山铁矿也做了采用陡坡铁路开拓的方案，该方案采用4‰的坡度铁路，可将铁路运输最低水平大大降低，矿山基建工程和汽车集运量分别减少了2.5‰和1.5‰，汽车运距缩短30%，采场向上提升矿岩费用降低20%，减少了线路的移道工作量，同时加大了上盘最终边坡角，减少剥岩量，经济效益显著。

0.3.4.4　间断-连续开采工艺

20世纪80年代开始，我国先后在大孤山、东鞍山、齐大山等铁矿和德兴铜矿应用间断-连续开采工艺，标志着我国深凹露天矿开采工艺进入了世界先进水平。

0.3.5　计算机技术在露天采矿中的应用

20世纪80年代之前，采矿技术的发展主要依靠采矿工艺与设备的不断进步，80年代之后，露天采矿的技术进步主要是通过以计算机及相关的信息技术为核心取得的，采矿业从此由机械化时代步入信息化时代。计算机技术在露天采矿中的应用具体体现在两个方面。

（1）露天采矿设备的自动化。自动化技术在露天采矿中的应用可以归纳为四类：单台设备自动化、过程控制自动化、远程控制自动化和系统控制自动化。

（2）计算机技术在露天矿的多层面应用。计算机在矿山的应用始于20世纪60年代初，最初只是用于简单的数据计算，随着计算机速度、容量、图形能力和相应软件的快速发展，计算机技术已广泛应用于露天矿的设计优化和生产管理方面。

0.4　我国露天采矿水平与世界露天采矿水平的差距

我国的露天采矿技术发展不均衡，主要的大中型矿山在采矿工艺技术方面与世界先进水平相接近，但多数矿山的装备只相当于发达国家20世纪60年代的水平，开采条件差，工艺落后，设备更新困难，生产成本较高，严重地制约了矿山的持续发展，众多小矿山仍采用手工作业方式。与世界露天采矿业的差距主要体现在以下几个方面。

（1）开采规模小。我国露天采矿单个矿山生产规模小、劳动生产率低、效益低下。以露天铁矿为例，我国现有露天铁矿36座，单个矿山原矿的平均生产规模不到300万吨/a，最大的也不足1000万吨/a，劳动生产率只有国际水平的1/10左右。

（2）采矿装备水平落后。采矿装备一直是制约我国采矿技术发展的主要因素。我国露天矿山的穿孔、采装和运输设备的整体装备水平只有发达国家20世纪70年代的水平，致使矿山规模较小、矿山建设周期长、采矿效率低、矿山整体效益差。

（3）开采工艺技术落后。我国广泛采用的全境界开采，随着开采期间技术和经济环境的不断变化，容易带来因开采境界的不确定性引起的开采盲目性，严重影响开采的总体经济效益；而个别矿山采用的分期开采，也往往是因为采剥严重失调或是扩大生产规模的需要而进行的，未进行建设前的规划设计，导致分期数很少，分期长，没有充分发挥分期开采的优势；我国采用单一缓坡铁路运输的矿山还比较多，严重影响开采强度和开采顺序的合理性；此外，陡帮开采还未在我国得到普及使用，现普遍采用的缓帮开采使得剥岩量大，开采成本高。

（4）深凹露天矿的开采技术落后。我国大型重点露天矿多已进入深部开采，采场空间逐渐缩小，生产条件恶化，生产率低。随着采场的延深，运输线路的布设越来越困难，运距增加，运输周期增长。目前多数深凹露天矿的运输成本占作业成本的40%左右，生产效率低，生产成本高。

（5）资源综合利用总体水平低。铁矿资源的伴生成分有30余种，总的回收率仅10%左右；另外，我国重点露天矿山大多为采选联合企业，每年排放尾矿上亿吨，目前我国尾矿利用率仅为7.4%，远低于全国工业固体废物综合利用率43%的平均水平。

（6）计算机技术在露天矿的应用水平落后。20世纪80年代中期，计算机技术得以在我国露天矿开始应用，并取得了很大的进展，尤其是在优化方法和算法上达到了国际水平，但并未很好地用于露天矿的生产实践中，主要表现在应用的深度、广度及其发挥的作用十分有限。

0.5　露天采矿与地下采矿相比的优缺点

0.5.1　优点

国内外露天开采的实践证明，露天开采与地下开采相比具有如下突出的优点：

（1）机械化程度高，劳动生产率高。受开采空间限制较小，易于实现机械化和设备大型化，大中型露天矿的机械化程度为100%，劳动生产率高，为地下开采的5~10倍。

（2）矿石贫化损失小。矿石损失率和贫化率不超过3%~5%，可大规模开采低品位矿石。

（3）开采成本低。一般为地下开采的1/3~1/2。

（4）基建期短，基建投资省。基建时间约为地下开采的一半，基建投资比地下开采低。

（5）安全和劳动条件好。工作比较安全，尤其对高温易燃矿体的开采，比地下开采安全可靠，劳动强度低。

（6）矿山生产能力大。特大型露天矿的年产矿石量达3000万~5000万吨，采剥总量达1亿~3亿吨。

0.5.2　缺点

国内外露天开采的实践证明，露天开采与地下开采相比具有如下缺点：

（1）对矿床埋藏条件要求严格，合理的开采深度较浅。

（2）受气候条件影响大。暴雨、大风、严寒、酷暑对露天开采均有影响。

（3）占用土地多，对生态环境造成不同程度的破坏。

（4）破坏环境。作业环境粉尘、一氧化碳排放量大，噪声高，废石场的有害成分流入江河湖泊和农田等，污染大气、水域和土壤等，有害身体健康和破坏生态环境。

（5）初期投资大。露天开采占地面积大，应用大型机械化设备，这两项的初期投资比较大。对于埋藏稍深的矿体，由于初期需要剥离大量的岩土，剥离费比较高，这也增加了初期的投资。

模块 1　露天开采认知及露天开采境界圈定

项目 1.1　露天开采基础认知

【项目描述】

露天开采是指用一定的采掘运输设备，在敞露的空间里从事开采矿床的工程技术。但矿体埋藏较浅或地表有露头时，露天开采比地下开采优越。

露天开采分为原生矿床开采和砂矿床开采。原生矿床采用机械开采，而砂矿床则根据赋存条件分别采用机械开采、水力开采和采砂船开采。机械开采是采用各种采、装、运机械设备进行开采，是最常用的一种露天采矿方法。

【能力目标】

（1）能作图表示露天矿台阶要素；
（2）能作图表示露天开采境界。

【知识目标】

（1）掌握露天开采台阶要素；
（2）掌握露天开采境界的组成。

【相关资讯】

1.1.1　露天开采基本概念

1.1.1.1　常用名词

（1）露天采场：露天开采所形成的采坑、台阶和露天沟道的总和。

（2）山坡露天矿：当矿体赋存于地平面以上或部分赋存于地平面以上时，露天采场没有形成封闭的矿坑。位于地平面以上部分的露天采场就称为山坡露天矿，如图 1-1-1 所示。

（3）深凹露天矿：当矿体赋存于地平面以下时，露天采场形成封闭圈。位于封闭圈以下部分的露天采场称为深凹露天矿。

（4）露天矿田：划归一个露天采场开采的矿床或其一部分称为露天矿田。

1.1.1.2　露天矿床开拓方面的名词

露天矿床开拓就是建立地面与露天矿场内各工作水平之间的矿岩运输通道的工作。通道的形式为堑沟或各种地下井巷，用以保证露天矿正常生产的运输联系，从而形成从露天

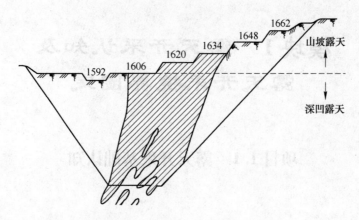

图 1-1-1　山坡露天和深凹露天示意图

采场到选矿厂、排土场或工业广场之间的运输系统，以保证采剥工作的正常进行。露天开采是分台阶进行的。采装与运输设备在工作台阶的下部平盘作业，为了将采出的矿岩运出采场，必须在新台阶顶面的某一位置开一道斜沟（即掘沟工程），使采运设备到达作业水平。掘沟为一个新台阶的开采提供了运输通道和初始作业空间，完成掘沟后即可开始台阶的侧向推进；随着工作面的不断推进，作业空间不断扩大，为下面新水平的开采创造条件，如果需要加大开采强度，可布置两台或多台采掘设备同时作业。因此，掘沟是新台阶开采的开始。

（1）台阶：露天开采内的矿岩通常被划分为若干具有一定高度的分层，自上而下逐层开采，在开采过程中上下分层保持一定的超前关系，构成阶梯状，每个水平分层就是一个台阶，它是露天采场的构成要素之一。上部台阶的开采使其下面的台阶被揭露出来，当揭露面积足够大时，就可进行下一个台阶的开采。

台阶由上部平盘、下部平盘、台阶坡面、台阶坡顶线、台阶坡底线、台阶高度、台阶坡面角组成，其构成要素如图 1-1-2 所示。台阶上部平盘与下部平盘的垂直高度称为台阶高度。台阶坡面与水平面的夹角称为台阶坡面角。台阶坡面与上部平台的交线称为台阶坡

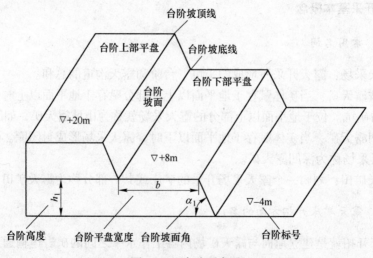

图 1-1-2　台阶要素图

顶线。台阶坡面与下部平台的交线称为台阶坡底线。

台阶的命名通常以台阶下部平盘（即装运设备站立平盘）的标高表示，如××水平。台阶的上部平盘与下部平盘是相对的，一个台阶的上部平盘同时又是其上一个台阶的下部平盘。

（2）工作台阶：正在进行开采工作的台阶。

（3）工作平盘：是工作台阶的水平部分，是进行爆破、采掘、运输作业的场地。

（4）非工作台阶：没有进行开采工作的台阶称为非工作台阶。

（5）新水平准备：露天开采由上向下发展过程中，需开辟新的水平形成新的台阶，这项工作叫新水平准备。它包括掘进出入沟、开段沟和为掘进出入沟、开段沟所需空间的扩帮工程。

（6）出入沟：由新水平准备首先向下开挖的一段倾斜的梯形沟段，称为出入沟，如图1-1-3 所示。

（7）开段沟：出入沟掘进到达一定深度（台阶高度）再开挖一定长度的梯形段沟叫开段沟。深凹露天矿形成完整的梯形开段沟，山坡露天矿形成半壁开段沟，如图 1-1-3 所示。

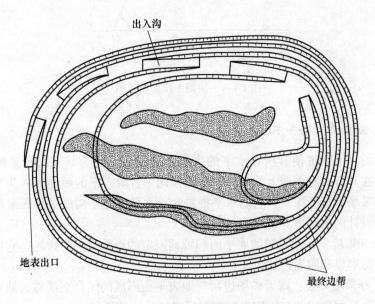

图 1-1-3　露天开采的露天坑

1.1.1.3　露天矿生产方面的名词

（1）采掘带：开采时将台阶划分成若干具有一定宽度的条带顺序开采，这种条带称作采掘带。按其相对于台阶工作线的位置分为纵向采掘带和横向采掘带。采掘带平行于台阶工作线的称纵向采掘带，垂直于台阶工作线的称横向采掘带，如图 1-1-4 所示。采掘带长度可为台阶全长或一部分。

（2）采区：采掘带如果长度足够和有必要，可沿长度划分成若干区段，各配置独立的采掘运输设备进行开采，这样的区段称采区，如图 1-1-4 所示。

（3）采掘工作面：在采区中，采掘矿岩体或爆堆装运的工作场所称为采掘工作面。

（4）工作线：已做好采掘准备，即具备穿爆、采装和运输作业条件的台阶称为工作线。它表示露天矿具备的生产能力的大小。一般情况下，工作线长，具备的生产能力大，反之则小。

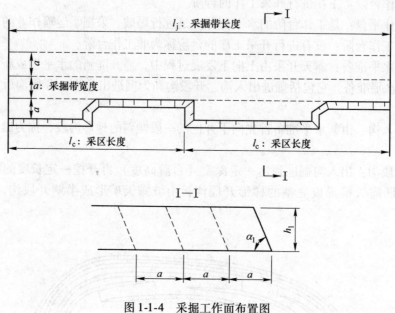

图 1-1-4　采掘工作面布置图

1.1.1.4　露天开采境界方面的名词

一个台阶的水平推进使其所在水平的采场不断扩大，并为其下面台阶的开采创造条件，每一台阶在其所在水平面上的任何方面均以同一台阶水平的最终境界为界。新台阶工作面的建立使采场得以延深。台阶的水平推进和新水平的建立构成了露天采场的扩展与延深，直至达到设计的最终境界。

（1）露天开采境界：露天矿的底平面和坡面限定的可采空间的边界。它由露天采场的地表境界、底部周界和四周边坡组成。

（2）露天开采境界线：露天矿场边帮与地表平面形成的闭合交线称为地表境界线。露天矿场边帮与底平面形成的交线称为底部界线或称为底部周界。

（3）露天矿场的底：露天矿场开采终了时在深部形成的底部平面。

（4）露天采场边帮：是指露天开采境界四周表面部分。露天采场边帮由台阶组成，位于开采矿体上盘的边帮称为顶帮或上盘边帮（见图 1-1-5 中的 *BH*），位于开采矿体下盘的边帮称为底帮或下盘边帮（见图 1-1-5 中的 *AG*），位于两端的边帮称端帮。

由若干工作设备在上进行穿爆、采装作业的台阶组成的边帮称为工作帮（见图 1-1-5 中的 *DE*）。它是露天采场构成要素之一，其位置是不固定的，随开采工作的进行而不断改变，其空间形态取决于组成工作帮的各台阶之间的相互位置关系，并随矿山工程延深而不断发展。

由结束开采工作的台阶组成的边帮称为非工作帮（见图 1-1-5 中的 *AC*、*BF*），当非工作帮位于采场最终境界时，称为最终边帮或最终边坡。

（5）帮坡面：露天矿边帮是由台阶组成的，帮坡面分为工作帮坡面和非工作帮坡面（或称最终帮坡面）。

工作帮坡面是指由工作帮最上一个台阶和最下一个台阶坡底线形成的假想平面（见图 1-1-5 中的 *DE*）。非工作帮坡面（或称最终帮坡面）是指通过非工作帮最上一个台阶的坡顶线和最下一个台阶坡底线所形成的假想平面（见图 1-1-5 中的 *AG*、*BH*）。

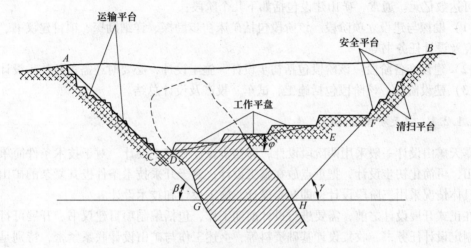

图 1-1-5　露天采场构成要素

最终帮坡面上的台阶按其用途称为安全平台、清扫平台或运输平台。清扫平台是用于阻截滑落的岩石并用清扫设备进行清理作业的平台，上面能运行清扫设备，通常是每隔两个台阶设一个清扫平台，我国大型露天矿清扫平台宽度一般为 7~10m；安全平台是为保持边坡稳定和阻截滚石下落而设立的平台，它与清扫平台交替设置，其宽度一般为台阶高度的 1/3，我国大型露天矿安全平台宽度一般为 4~6m，小型露天矿一般为 2~4m；运输平台是为行走运输设备而设立的平台，它设在与出入沟同侧的非工作帮和端帮上，其位置依据开拓系统的运输线路而定，宽度依据所采用的运输方式和线路数目决定。我国金属矿山采用单线铁路运输时，运输平台最小宽度一般为 6~8m，采用单线汽车运输时，载重量为 154t 汽车的运输平台最小宽度一般为 18m，32t 汽车为 10m，如图 1-1-5 所示。

（6）帮坡角：帮坡角分为工作帮坡角和非工作帮坡角（或称最终帮坡角）。

非工作帮坡面与水平面的夹角称为非工作帮坡角（也称最终帮坡角）（见图 1-1-5 中的 *β*、*γ*），分为上盘最终帮坡角（见图 1-1-5 中的 *γ*）和下盘最终帮坡角（见图 1-1-5 中的 *β*）。它是按露天矿边坡结构要素布置后形成的实际角度。

工作帮坡面与水平面的夹角称为工作帮坡角（见图 1-1-5 中的 *φ*）。工作帮坡角的大小反映了在采出矿石量相同情况下所需剥离的岩石量的不同，一般工作帮坡角大，剥岩量少，反之则多。我国金属露天矿工作帮坡角较缓，一般为 8°~12°，从 20 世纪 80 年代开始逐步使用陡帮开采后，工作帮坡角可达 20°~25°。

（7）开采深度：是指开采水平的最高点到露天矿场的底平面的垂直距离。

1.1.2　露天矿山设计与生产建设简述

露天矿山设计是矿山建设过程中的一个关键环节，矿山设计工作的质量将影响到矿山的正常生产，所以必须按计划、有步骤地进行，遵循科学合理的程序，才能达到预期效果。

一个露天矿从计划建设到建成投产，少则需要 2~3 年，多则需要 7~8 年或更长，其投资可达数亿元。通常，矿山建设包括如下几个阶段：

（1）勘探与建设立项阶段。该阶段包括矿床初步勘探、详细勘探、项目建议书、可行性研究及设计任务书等。

（2）建设准备阶段。该阶段包括初步设计、施工设计，必要时还需进行技术设计。

（3）建设阶段。该阶段包括施工、试车、投产及设计总结。

1.1.2.1　露天矿山设计

露天矿山设计一般采用两阶段设计，即初步设计和施工设计。对于技术条件简单的小型矿山，可简化初步设计，把重点放在施工设计；对于开采技术条件极其复杂的矿山，可根据具体情况采用三阶段设计，即初步设计、施工设计和技术设计。

在正式开展设计之前，需要进行设计前期工作，包括编制项目建议书、开展可行性研究、制定设计任务书、收集设计基础资料等，上述工作与矿山设计联系紧密，特别是可行性研究工作，常由设计单位配合完成。

露天矿山建设程序如图 1-1-6 所示。

A　露天采矿设计

露天矿设计涉及地质、采矿、选矿、总图、矿机、土建、电气、环保、技术经济等专业，各专业需要互相协调配合，其中采矿设计是中心，其他专业需配合采矿设计进行。就露天采矿设计部分而言，其设计程序主要包括：

（1）初步确定露天开采境界。

（2）初步确定矿山生产能力。

（3）初步确定矿山总图布置及外部运输。

（4）初步确定开拓运输方式及装运设备类型。

（5）具体进行开拓运输布线。

（6）修订露天开采境界。

（7）编制采掘进度计划，验证生产能力。

（8）确定采剥设备数量及工艺参数。

（9）具体进行总图布置及外部运输。

B　主要设计方法

在矿山设计中经常遇到许多技术决策问题，如开拓方案的选择、设备类型的确定、开采技术参数的选取等。解决此类技术决策问题的方法有如下几种。

（1）类比法。此方法是设计中常用的一种方法。它根据类似条件的生产矿山，选用行之有效的方案或技术措施。如台阶高度、爆破参数、台阶结构等参数的选取常用此法确定。对于重大的技术方案，常通过类比法选取几个可行方案，再用方案法选择最优方案。

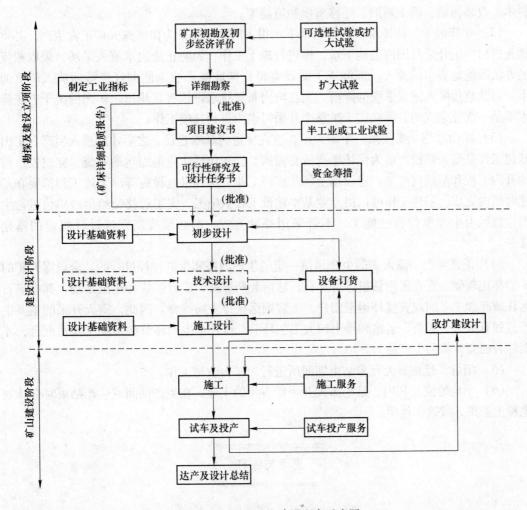

图 1-1-6　露天矿山建设程序示意图

（2）方案比较法。此法是确定设计方案时应用最广泛的一种方法。进行工程设计时，根据已知条件列出在技术上可行的若干个方案进行具体的技术分析和经济比较，然后全面研究技术和经济的合理性，全面衡量各方案在技术上和经济上的差异和利弊。在技术上合理的数个方案中，经济指标是决定取舍的主要根据，最后从各方案中选出最优的方案作为设计方案。如开拓系统的确定、设备选型和厂址选择等重大技术决策，常常采用此法。

（3）优化方法。采用矿山系统工程的思想，运用运筹学、计算机模拟、现代优化设计理论等高新技术手段对设计进行优化。如露天开采境界圈定、设备配比和采掘进度计划的编制等，可采用此法。

1.1.2.2　露天矿山建设与生产

设计部门完成的露天矿施工设计图，在提交主管部门批准后即可进行露天矿的建设和生产。露天矿的建设与生产一般有以下几个程序。

（1）地面准备工作。是指排除开采范围内和建立地面设施地点的各种障碍物。如砍伐树木、改移河道、疏干湖泊、迁移房屋和道路等。

（2）矿床疏干与防排水。在开采地下水很大的矿床时，为保证露天矿正常生产，必须预先排出一定开采范围内的地下水，即进行疏干工作；为防止地表水流入采场，采取截流的办法隔绝地表水的流入，未经疏干或没有得到彻底疏干或未能彻底拦截而流入矿坑的水，以及直接降入露天采场的降雨，须在坑内布置排水设施将其排出。矿床的疏干、防排水不是一次能完成的，要在露天矿整个开采时期内进行这项工作。

（3）矿山基建。要开采一个露天矿，首先要进行基本建设，之后才能投入生产。矿山基建工作是露天矿投产前为保证生产所必需的工程，包括建立地面运输系统、完成投产前的开沟工程和基建剥离量、建设排土场及修建工业厂房和水电设施等。上述工程都要在基建时期内完成。基建工作可以由专业基本建设工程队施工，完工后移交给生产单位进行生产，也可由生产单位自己施工。不管采用哪种方式，都必须按期完成设计规定的基建任务。

（4）正常生产。露天矿的生产是按一定的生产顺序和生产过程进行的。金属露天矿的矿岩都比较硬，首先需用钻机进行穿孔，然后装药爆破、矿岩铲装并运出采场，其中矿石运往破碎加工车间或直接外运至用户，土岩则运往排土场排弃。因此，露天开采的主要生产过程有穿爆、采装、运输和排土四大工艺环节，这几个生产环节必须相互紧密配合，才能综合提高全矿的生产能力。

（5）闭坑。是指露天开采结束期间所进行的矿山收尾工作。

（6）土地的恢复利用。是把露天开采所占用的土地，在生产期间或生产结束时有计划地覆土造田，或改作他用。

思考与练习

1. 什么叫露天开采方法？什么样的矿床适合用露天开采？
2. 什么叫露天矿、露天采场？区分山坡露天矿和深凹露天矿的依据是什么？
3. 什么叫台阶？台阶工作面的参数有哪些？图示说明。
4. 什么叫采掘带？什么叫采区？
5. 露天矿建设与生产的程序有哪些？
6. 什么是最小工作平盘宽度？它对露天矿山生产有什么意义？
7. 最终边帮上有哪些平台？各平台的作用是什么？
8. 什么是露天矿工作帮坡面和非工作帮坡面？什么是露天矿工作帮坡角和非工作帮坡角？
9. 露天矿非工作帮由哪些部分组成？
10. 露天开采有哪些主要工艺？

项目 1.2　露天开采境界的圈定

【项目描述】

露天开采境界的大小决定着露天矿场的工业储量、剥离岩石总量、生产能力、矿山服务年限、开拓方法、开采程序、总平面布置、运输干线及出入沟的位置等，从而影响整个矿床开采的经济效果。因此，合理确定露天开采境界是矿床开采设计的首要任务。

露天开采境界实质上是矿床露采矿段与地采矿段的界线，或是矿床开采矿段与不采矿段的界线。从经济角度而言，露天开采境界的设计目标是圈定一个使整个矿床的开采效益最佳的露天采场边界，即最优露天开采境界。

【能力目标】

(1) 会用图示表示各种剥采比；
(2) 会用公式计算经济合理剥采比和境界剥采比；
(3) 会作图确定露天开采境界。

【知识目标】

(1) 掌握各种剥采比的计算；
(2) 掌握影响露天开采境界圈定的因素；
(3) 掌握露天开采境界圈定的原则；
(4) 掌握露天开采圈定的作图方法。

【相关资讯】

1.2.1　剥采比的概念

为了采出矿石，露天开采需要先剥离覆盖在矿体上部的岩石。露天开采矿床在某个特定区域或特定时期内，剥离的岩石量与采出矿石量之比称为剥采比，或者说，剥采比表示在该区域或该时期内采出单位矿石量所分摊的剥离岩石量。剥采比通常用 n 表示，其单位有 m^3/m^3、t/t、m^3/t，设计中多用体积比，生产统计中多用质量比。

在露天开采设计中，常用不同含义的剥采比来反映不同开采空间与时间的剥采关系以及在经济上的合理性，露天开采境界设计中常涉及下列几种剥采比，如图 1-2-1 所示。

1.2.1.1　平均剥采比（n_p）

如图 1-2-1（a）所示，平均剥采比是指露天开采境界内的岩石总量 V_p 与矿石总量 A_p 之比，即：$n_p = V_p/A_p$。平均剥采比反映了露天开采境界内总的矿岩比例，标志着露天矿的总体经济效益。在设计中常作为参照指标，用来衡量设计的质量。

1.2.1.2　分层剥采比（n_f）

如图 1-2-1（b）所示，分层剥采比指露天开采境界内某一水平分层的岩石量 V_f 与矿石量 A_f 之比，即：$n_f = V_f/A_f$。尽管露天矿极少采用单一水平生产，但分层剥采比能反映某一水平或几个相邻水平的开采条件，可以作为参照指标用于理论分析。

1.2.1.3　境界剥采比（n_j）

如图 1-2-1（c）所示，境界剥采比是指在境界设计内，露天开采境界内每增加单位深

度 ΔH 时，所引起的岩石增量 ΔV 与矿石增量 ΔA 之比，即：$n_j = \Delta V / \Delta A$。在露天开采境界设计中，境界剥采比是一个重要指标。境界剥采比一般随着深度的增加而增加。

1.2.1.4　生产剥采比（n_s）

如图 1-2-1（d）所示，生产剥采比是指露天矿投产后，在一定生产时期内剥离的岩石量 V_s 与采出矿石量 A_s 的比值，即：$n_s = V_s / A_s$。生产剥采比在矿山生产与设计中经常使用，一般按年、季、月计算。

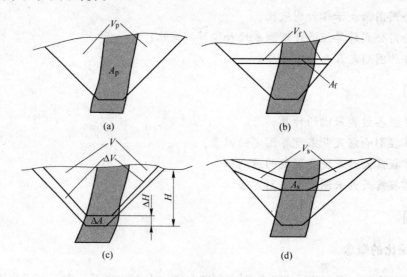

图 1-2-1　剥采比示意图

1.2.1.5　经济合理剥采比（n_{jh}）

经济合理剥采比是指露天开采经济上允许的最大剥岩量与采矿量之比，主要根据经济因素确定，是确定露天开采境界的主要依据，其大小直接影响到是否适合采用露天开采或露天开采所占的比例。它没有具体的几何意义，不表示露天开采境界内某一具体空间或时间的岩石量与矿石量之比。

除经济合理剥采比外，各种剥采比的计算都是以采出矿石量和剥离岩石量为基础的。在矿山生产统计中，采出矿石常用原矿计算；在设计中，常按储量计算。因此，计算剥采比时又分原矿剥采比和储量剥采比。

1.2.2　影响露天开采境界圈定的因素

露天开采境界的圈定，涉及面广、影响因素多，归纳起来有以下几项因素。

（1）自然因素。包括矿床埋藏条件，矿岩的物理机械性质，矿区地形及水文地质情况等。

（2）经济因素。包括机械投资、基建时间、达产时间、矿石的开采成本和售价、矿石开采的贫化损失以及经济水平等。

（3）技术组织因素。包括露天和地下开采的技术水平、装备水平，矿山附近的交通运输道路、河流和主要构筑物对开采境界的影响。

上述这些因素，对于不同的矿床，在不同时间、地点和条件下，对露天开采境界的影响程度是不同的。其中，经济因素十分重要，在一般情况下，露天开采境界是根据经济因素来确定的。但经济因素并不是唯一的，考虑经济的因素初步确定露天开采境界后，尚需考虑自然因素、技术组织因素等方面对开采境界的影响，进行综合分析后最终确定开采境界。

所应注意的是在进行露天开采境界的确定时，往往只能以当前的技术经济条件作为确定的依据，但一个矿山的服务年限很长，随着技术经济的发展，露天开采的经济效果不断改善，原设计的境界常常要扩大。所以，所确定的露天开采境界不是一成不变的，所谓正确地确定露天开采境界，是指对一定时期、一定条件而言。

1.2.3　圈定露天开采境界的原则

1.2.3.1　合理的露天开采境界应满足的条件

（1）露天开采成本一般不应超过地下开采成本或允许成本。

（2）在经济因素允许范围内，尽可能使开采境界内获得的矿石储量最大，以充分利用矿产资源。

（3）露天矿基建投资不应超过允许投资。

（4）保证生产安全。

1.2.3.2　圈定露天开采境界的原则

露天境界一般采用某种剥采比不大于经济合理剥采比的原则进行圈定，主要有以下几种圈定原则。

A　境界剥采比不大于经济合理剥采比，即 $n_j \leqslant n_{jh}$

该原则是针对临近露天境界的那层矿岩而言的，要求在露天境界边界层矿石的露采费用不高于地采费用，具有使整个矿床开采的总经济效益最佳的含义。使用简单方便，国内外都普遍采用。

但是，按此原则确定的露天开采境界不能直接控制露天矿投资和生产成本（生产剥采比）。另外，在图 1-2-2 所示的情况下，对某些不连续矿床、上薄下厚矿床或上部覆盖层为高耸山峰的矿床，应用此原则确定境界时，其境界剥采比可能符合要求，但初期剥采比将会超过允许值。所以，对这类矿床不能单独使用此原则确定开采境界，需采用其他原则进行补充。

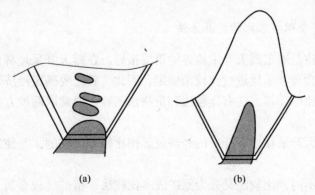

（a）　　　　　　　　　　　（b）

图 1-2-2　不适宜采用 $n_j \leqslant n_{jh}$ 原则确定开采境界的矿床

（a）不连续矿床、上薄下厚矿床；（b）上部覆盖层为高耸山峰的矿床

B　平均剥采比不大于经济合理剥采比，即 $n_p \leqslant n_{jh}$

该原则认为用露天开采境界内全部储量的总费用不高于用地下开采该部分储量的总费用。由于采用算数平均，露天开采某个时期经济效益可以劣于地下开采，但总体平均经济效益不劣于地下开采即可。与第一原则相比，扩大了露天开采境界。

该原则适用于某些贵重的有色、稀有金属矿床，通过该原则扩大开采境界，减少资源损失。但由于开采境界过大，使矿床开采的总费用不能达到最小，并且可能引起基建剥离量大，投资多，基建时间长。所以，该原则一般作为 $n_j \leqslant n_{jh}$ 原则的补充。对于某些覆盖层厚或不连续的矿体，当采用 $n_j \leqslant n_{jh}$ 原则确定境界后，还要核算境界内的平均剥采比。另外，当采用 $n_j \leqslant n_{jh}$ 原则确定境界后，境界外余下的矿量不多，用地下开采这部分矿石经济效益较差时，应考虑扩大开采境界，将余下的矿量用露天开采，此时也需要验算平均剥采比。

C　生产剥采比不大于经济合理剥采比，即 $n_s \leqslant n_{jh}$

该原则认为露天矿任一时期按正常工作帮坡角进行生产时，其生产成本不超过地下开采成本或允许成本。它反映了露天开采生产剥采比的变化规律，保证各个开采时期的生产剥采比不超过允许值。圈定的开采境界一般比 $n_p \leqslant n_{jh}$ 原则小，但比 $n_j \leqslant n_{jh}$ 原则大。

该原则没有考虑矿床开采的总体经济效益，另外，对同一矿床，由于开拓方式和开采程序不同，最大生产剥采比出现的时间、地点、数值及其变化规律不同，这对开采深度影响较大，也给开采境界的圈定带来一定的困难。因此，设计中一般不采用。

综上所述，我国冶金矿山设计中普遍采用 $n_j \leqslant n_{jh}$ 原则来圈定露天开采境界，同时应保证 $n_p \leqslant n_{jh}$。但是，对于特厚的巨大矿床，有时是根据勘探程度来确定开采境界的，而不是按 $n_j \leqslant n_{jh}$ 原则来确定；而对于石灰石、白云石、硅石等很少采用地下法开采的矿床，则主要是按矿山服务年限和勘探程度来圈定合理的开采境界。

1.2.4　剥采比的计算方法

平均剥采比和分层剥采比只是简单的体积比，作为理论研究可直接按定义在横剖面图上测量计算，作为工程计量可采用常规的平行截面法统计计算。生产剥采比是在矿山生产期间，根据实际生产中的矿岩量确定的。下面重点讨论经济合理剥采比和境界剥采比的计算方法。

1.2.4.1　经济合理剥采比的计算方法

经济合理剥采比是确定露天开采境界的重要指标。在露天开采境界的圈定中，都要将某种剥采比与经济合理剥采比进行比较来确定，因此，首先要确定经济合理剥采比。

经济合理剥采比的计算方法有比较法和价格法两种，通常取两种方法计算的低值。

A　比较法

比较法是用露天开采和地下开采的经济效果作比较来计算的，并使露天开采的经济效益不劣于地下开采。

按比较的内容不同，比较法又分为原矿成本比较法、精矿（或金属）成本比较法及储量盈利比较法。一般来说，多采用原矿成本比较法；当露天开采和地下开采的贫化率相差较大时，则采用精矿（或金属）成本比较法；当开采价格昂贵或资源稀缺的金属矿床时，则采用储量盈利比较法。

    a 原矿成本比较法

原矿成本比较法是以原矿作为计算基础，以开采单位原矿的露天开采成本不大于地下开采成本为计算依据。

$$C_L = \gamma a + nb \qquad C_L \leqslant \gamma C_D$$

这样得到的剥采比就是我们要求的经济合理剥采比 $n_{jh}(m^3/m^3)$，即

$$n_{jh} = (C_D - a)\gamma/b \tag{1-2-1}$$

式中 C_L——露天采出矿石成本，元/m^3；

      C_D——地下采出矿石成本，元/t；

      a——露天开采的纯采矿成本（不包括剥高），元/t；

      b——露天开采的剥离成本，元/m^3；

      γ——矿石容重，t/m^3。

原矿成本比较法是计算经济合理剥采比中最简单的一种，它要求的基础数据少，数据来源方便，但没有考虑露天开采和地下开采在贫化损失方面的差异，未反映出露天开采在这方面的优越性。所以常在露天开采和地下开采的贫化损失差异不大、矿石不贵重时使用。

    b 精矿成本比较法

精矿成本比较法是以精矿作为计算基础，以开采获得 1t 精矿时，露天开采的总成本不大于地下开采的总成本为计算依据，此时的经济合理剥采比（m^3/m^3）为：

$$n_{jh} = (a_P - a_L)\gamma/(T_L b) \tag{1-2-2}$$

式中 a_P——地下开采时生产 1t 精矿的采、选费用，元/t，$a_P = (C_D + f_D)T_D$；

      a_L——露天开采时生产 1t 精矿的采、选费用，元/t，$a_L = (a + f_L)T_L$；

  T_L，T_D——分别为露天开采和地下开采生产 1t 精矿所需的原矿量，t；

  f_L，f_D——分别为露天开采和地下开采 1t 原矿的选矿费用，元；

    a，b，C_D，γ 符号意义同前。

精矿成本比较法考虑了露天开采和地下开采在贫化率上的差别，但未考虑在矿石回收率上的差别。且该法要求的基础数据较多，计算烦琐。所以主要应用在露天开采和地下开采时贫化率相差不大，损失率接近，且精矿成本低于市场售价时的情况。

    c 储量盈利比较法

储量盈利比较法以矿山拥有的矿石工业储量作为计算基础，依据露天开采和地下开采采出相同矿石储量获得的盈利相等为计算依据。

（1）单一有用成分矿床：

1）产品为原矿时，经济合理剥采比（m^3/m^3）为：

$$n_{jh} = \frac{\eta'_L(B_L - a) - \eta'_D(B_D - c)}{b}\gamma \tag{1-2-3}$$

式中 η'_L，η'_D——分别为露天开采和地下开采的视在回收率，%；

    B_L，B_D——分别为露天开采和地下开采的原矿价格，元/t；

        c——水下开采的纯成本，元/t。

2）产品为精矿时，经济合理剥采比（m^3/m^3）为：

$$n_{jh} = \frac{\gamma}{b}(\mu_L - \mu_D) \tag{1-2-4}$$

$$\mu_L = \frac{a_0 \eta_L \varepsilon_L}{B_L} A_L - \frac{\eta_L}{1-\rho_L}(a+f_L) \qquad \mu_D = \frac{a_0 \eta_D \varepsilon_D}{B_D} A_D - \frac{\eta_D}{1-\rho_D}(c+f_D) \tag{1-2-5}$$

式中　μ_L，μ_D——分别为露天开采和地下开采每吨工业储量矿石所获得的盈利，元；

　　　a_0——矿石地质品位，%；

　　　η_L，η_D——分别为露天开采和地下开采的矿石实际回收率，%；

　　　ε_L，ε_D——分别为露天开采和地下开采的选矿回收率，%；

　　　A_L，A_D——分别为露天开采和地下开采的精矿价格，元/t；

　　　ρ_L——露天开采实际贫化率；

　　　ρ_D——地下开采实际贫化率。

　　式（1-2-3）和式（1-2-4）的含义是将露天开采单位工业储量的盈利超过地下开采单位工业储量的盈利的数额全部用于剥岩，其允许的剥岩量即是经济合理剥采比。

　　（2）多种有用成分矿床。对于多种有用成分矿床，计算方法有两种：一种是每种成分逐个计算法；另一种是把所有成分折合成一种主要成分来计算。

　　1）逐个计算法：设围岩品位为零，则经济合理剥采比（m^3/m^3）为：

$$n_{jh} = \frac{\gamma}{b}\left[(\eta_L - \eta_D)\sum_{i=1}^{n} a_{0j}\varepsilon_j p_i + (\eta'_D D_D - \eta'_L D_L)\right] \tag{1-2-6}$$

式中　η_L，η_D——分别为露天开采和地下开采的矿石实际回收率，%；

　　　η'_L，η'_D——分别为露天开采和地下开采的视在回收率，%；

　　　D_L，D_D——分别为露天开采和地下开采 1t 原矿采、选加工费，元；

　　　a_{0j}——矿石地质品位，%；

　　　b——露天开采剥离费用，元；

　　　p_i——某种精矿中含有用成分（如金属）1t 的价格，元；

　　　n——有用成分序号的上限；

　　　i——有用成分序号的下限；

　　　ε_j——选矿回收率，%。

　　2）折合法：综合开采多种有用成分矿床时，以一种有用成分为主，其他矿物顺便采出。计算经济合理剥采比时，应在露天开采和地下开采收益中分别加上顺便采出矿物收益，此时经济合理剥采比（m^3/m^3）为：

$$n_{jh} = \frac{[\eta'_L(A_L - a_L) - \eta'_D(A_D - C_D)]}{T_L b}\gamma + \sum_{i=1}^{n}\frac{[K_{LSi}(A_{LSi} - f_{LSi}) - K_{DSi}(A_{DSi} - f_{DSi})]}{T_L b}\gamma$$

$$\tag{1-2-7}$$

式中　K_{LSi}，K_{DSi}——分别为露天开采和地下开采 1t 最终产品（主矿物）时顺便采出有用成分回收量；

　　　A_{LSi}，A_{DSi}——分别为露天开采和地下开采顺便采出的有用成分的最终产品价格，元/t；

    f_{LSi}，f_{DSi}——分别为露天开采和地下开采顺便采出的有用成分的选矿费用，元/t；

           C_D——地下开采获得 1t 精矿的采选费用，元；

    A_L，A_D——分别为露天开采和地下开采的精矿价格，元/t。

    储量盈利比较法综合考虑了露天开采和地下开采两者之间的技术经济因素差别，以及对矿床资源的利用程度、产品的数量和质量等因素的差别；但需要的基础数据繁多，计算烦琐，且受产品价格影响，所以在一般矿床开采设计中应用不多，只有当露天开采和地下开采均有盈利的富矿床，两种开采方法的贫化损失率相差较大时应用此法计算。

    B 价格法

    价格法的计算依据是使露天开采的原矿成本不超过其销售价格，以保证矿山不亏本。所以此法受产品价格的影响是明显的。价格法主要适用于采用露天开采的低价矿床（如石灰石、白云石等）和技术上不宜用地下开采的砂矿以及含硫高有自燃性的矿床。

    经济合理剥采比的确定除了用上述方法计算外，还可根据矿山的具体情况参照其他类似矿山用类比法进行选取。

1.2.4.2 境界剥采比的计算方法

    根据矿体埋藏条件，境界剥采比的计算可分为长露天矿和短露天矿两种。所谓长露天矿和短露天矿是根据露天矿端帮量与矿岩总量的比值来划分的，该比值小于 0.15~0.20 时（其长宽比约大于或等于 4 时）为长露天矿，反之为短露天矿。长露天矿可不考虑端帮量，短露天矿必须考虑端帮量。

    确定境界剥采比首先要计算边界的矿岩量。因此，必须知道矿体的最低工业品位、边界品位及可采厚度和夹石剔除厚度等指标。在计算矿量时，矿层大于或等于最低可采厚度的计入矿量，否则按岩石计算。在可采的矿层中夹有岩层时，岩层厚度小于夹石剔除厚度的，上下层矿体及夹石一起计入矿量，但平均品位还应大于最低工业品位，否则按矿层计算矿量。

    A 长露天矿境界剥采比的计算方法

    对于走向延伸较大的长露天矿通常采用局部法来计算境界剥采比，亦即长露天矿的地质横剖面图能充分反映矿体的赋存特征，在设计中常用横剖面图来计算境界剥采比。计算方法有面积比法和线段比法。

    a 面积比法

    如图 1-2-3 所示，在地质横剖面图通过深度 H 和 H-Δh 的水平线（常取 Δh 等于台阶高度），按照确定的露天矿底宽和顶底板边坡角，绘出开采警戒线，量出矿岩面积 ΔS_1、ΔS_2

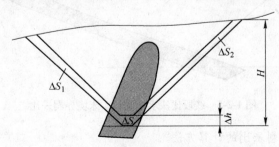

图 1-2-3 面积比法求境界剥采比

及 ΔS，则深度为 H 的境界剥采比为：

$$n_j = \frac{\Delta S_1 + \Delta S_2}{\Delta S} \tag{1-2-8}$$

用面积比法计算境界剥采比需用求积仪求算面积，工作烦琐，为了简化设计，采用线段比法。

　　b　线段比法

（1）倾斜矿床。如图 1-2-4 所示，境界剥采比的计算步骤如下：

1）在地质横剖面图上通过深度 H 和 $H-\Delta h$ 作水平线（常取 Δh 等于台阶高度）；

2）按照选取的最终边坡角和露天底宽，绘出深度 H 和 $H-\Delta h$ 的底 BC、$B'C'$，以及顶底盘边坡线 AB、CD 等；

3）矿山工程由 $H-\Delta h$ 降到 H，将这两个水平露天矿底的下盘坡底线相连，得 CC'，表示露天矿底的延深方向，以此作为基准线；

4）然后通过地表境界点 A、D 和边坡线与矿体的交点 E、F、G、H、I、J，分别作 CC' 的平行线，与深度为 H 的水平线相交于 E'、F'、G'、H'、I'、J'；

5）计算深度为 H 的境界剥采比为：

$$n_j = \frac{A'G' + H'I' + J'E' + F'D'}{G'H' + I'J' + E'F'} \tag{1-2-9}$$

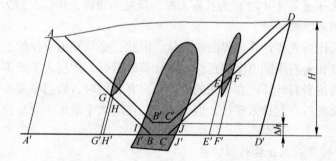

图 1-2-4　线段比法求倾斜矿床境界剥采比

（2）缓倾斜或近水平矿床。

如图 1-2-5 所示，对于缓倾斜或近水平矿床，深度为 H 的境界剥采比可简化为：

$$n_j = AB/BC \tag{1-2-10}$$

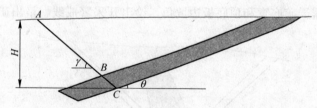

图 1-2-5　线段比法求缓倾斜矿床境界剥采比

　　B　短露天矿境界剥采比的计算方法

对于走向短的露天矿，要考虑端帮的矿岩量，一般不用横剖面图来确定境界剥采比，而是把露天矿作为一个整体，用平面图计算境界剥采比。

如图 1-2-6 所示，I—I 横剖面上 $abcd$ 表示深度 H 的露天开采境界，地表周界为 ad，其水平投影为面积 S_1；底部周界为 bc，其水平投影为面积 S_2；露天开采境界与分枝矿体交于 e、f 两点，其水平投影为面积 S_3。于是得深度为 H 的境界剥采比为：

$$n_j = \frac{S_1 - S_2 - S_3}{S_2 + S_3} = \frac{S_1}{S_2 + S_3} - 1 \qquad (1\text{-}2\text{-}11)$$

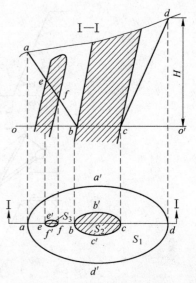

图 1-2-6　平面图法计算境界剥采比

1.2.5　露天开采境界的圈定方法

露天开采境界的诸要素中，底部周界、最终边坡和开采深度一旦确定，露天开采境界的大小和形态也就确定了。露天开采境界的底部周界又取决于底部宽度和底部位置。

露天开采境界的设计方法分为计算机设计方法和手工设计方法。目前，在露天开采境界的手工设计法中，广泛采用境界剥采比不大于经济合理剥采比的原则。下面以急倾斜长露天矿为例，介绍依据境界剥采比不大于经济合理剥采比的原则手工圈定露天矿床开采境界的设计方法和操作步骤。

1.2.5.1　底部宽度和底部位置的确定

A　底部宽度的确定

从地质横剖面图上不难看出：露天开采境界底部宽度越小，开采境界的平均剥采比就越小，开采效益越佳，因此，露天开采境界通常按最小底宽设计。

露天矿最小底宽应以满足采装、运输设备的工作要求为准，保证矿山工程的正常发展。露天矿最小底宽的大小与运输方式有关，下面分别介绍铁路运输和汽车运输矿山最小底宽的确定方法。

a　铁路运输露天矿山最小底宽的确定

对于铁路运输的矿山，露天矿的最小底宽与其装车方式有关，如图 1-2-7 所示。

（1）平装车时露天矿的最小底宽。所谓平装车就是采装设备和运输设备在同一水平时的装车方式，此时露天矿最小底宽为：

平装车时　　　　　　　　$B_{\min} = 2R_{WH} + T + 3e - h_1\cot\alpha$

上装车时　　　　　　　　$B_{\min} = 2(R_{WH} + e - h_1\cot\alpha)$　　　　　　　(1-2-12)

式中　R_{WH}——挖掘机机体回转半径，m；

　　　T——铁道线路宽度，m；

　　　e——挖掘机机体、边坡及车辆三者之间的安全距离，$e = 1.0 \sim 1.5$m；

　　　h_1——挖掘机机体的底盘高度，m；

　　　α——台阶坡面角，(°)。

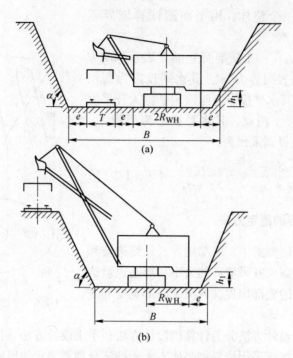

图 1-2-7　铁路运输最小底宽计算方法

（a）平装车；（b）上装车

（2）上装车时露天矿的最小底宽。所谓上装车就是运输设备的位置比采装设备的位置高一个台阶水平时的装车方式，此时露天矿最小底宽为：

$$B_{\min} = 2R_{\mathrm{WH}} + T + 3e - h_1 \cot\alpha \qquad (1\text{-}2\text{-}13)$$

式中　e——采装设备至边坡间的安全距离，$1.0 \sim 1.5\mathrm{m}$；

其余符号意义同前。

b　汽车运输露天矿山最小底宽的确定

当采用汽车运输时，露天矿的最小底宽应满足汽车调车的要求，如图 1-2-8 所示。

（1）回返式调车时的最小底宽：

$$B_{\min} = 2(R_{\mathrm{cmin}} + 0.5b_{\mathrm{c}} + e) \qquad (1\text{-}2\text{-}14)$$

（2）折返式调车时的最小底宽：

$$B_{\min} = R_{\mathrm{cmin}} + 0.5b_{\mathrm{c}} + 2e + 0.5L_{\mathrm{c}} \qquad (1\text{-}2\text{-}15)$$

式中　R_{cmin}——汽车最小转弯半径，m；

b_{c}——汽车宽度，m；

e——汽车距边坡的安全距离，m；

L_{c}——汽车长度，m。

B　底部位置的确定

露天开采境界底部位置不仅决定了最终边坡角的位置，而且还关系到开采境界内矿、岩量的多少及其比例的大小。每个开采境界深度方案，均存在着使平均剥采比最小的境界底部位置。因此，开采设计应考虑下列因素确定露天开采境界的底部位置。

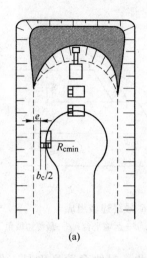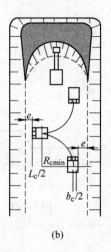

(a)　　　　　　　　　　　(b)

图 1-2-8　汽车运输最小底宽的计算示意图

（a）回返式；（b）折返式

（1）对均质矿体，使平均剥采比最小；对非均质矿体，使开采效益最佳。

（2）使最终边坡避开不良工程地质地段。

（3）使露天开采境界与周边现有保护对象保持足够的安全距离。

（4）在圈定露天矿境界时，若矿体厚度小于最小底宽，则底平面按最小底宽绘制。

（5）若矿体的厚度比最小底宽大得不多，则底平面可以矿体厚度为界。

（6）若矿体的厚度远大于最小底宽时，按最小底宽作图，但露天矿底的位置不易确定，此时应按照"多采矿、采好矿、少剥岩"的原则注意以下几点：

1）使境界内的可采矿量最大而剥岩量最小；

2）使可采矿量最可靠，通常露天矿底宜置于矿体中间，以避免地质作图误差所造成的影响；

3）根据矿石品位分布，使采出的矿石质量最高；

4）根据岩石的物理力学性质调整露天矿底位置，使边坡稳固且穿爆方便。

（7）当矿体厚度远大于最小底宽时，也可以先按矿体厚度作图，然后继续向下无剥离采矿，直至最小底宽为止，如图 1-2-9 所示。

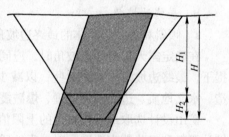

图 1-2-9　厚矿体无剥离开采深度

H_1—最初确定的开采深度；

H_2—无剥离开采深度；

H—最终的露天开采深度

1.2.5.2　最终边坡组成设计和最终边坡角的确定

如图 1-2-10 所示，露天矿最终边坡由最终台阶和其间的出入沟组成；台阶坡面和平台形成了最终边坡面，台阶平台按其功用分为安全平台、清扫平台和运输平台。

A　最终边坡组成

露天矿最终边坡组成要素包括最终台阶高度、最终台阶坡面角和最终台阶平台宽度。最终台阶高度与工作台阶高度有直接关系，最终台阶或是由一个工作台阶修筑而成、

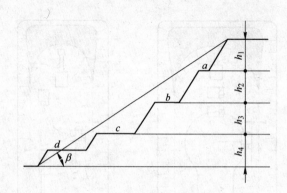

图 1-2-10　露天矿最终边坡组成

a—安全平台；b—清扫平台；c，d—运输平台；β—最终边坡角

或是由数个工作台阶合并（并段）而成。因此，最终台阶高度是工作台阶高度的 1 倍或数倍。

最终台阶坡面角与岩石性质，岩层的倾角、倾向、构造、节理以及穿爆方法等因素有关，通常比工作台阶坡面角缓一些。

最终台阶平台宽度按平台性质不同而有所不同。通常数个工作台阶组成一个单元，每个单元中或是一个台阶设置清扫平台，其他台阶设置安全平台，或是全部台阶并段只设置一个清扫平台，不设置安全平台。运输平台位置随开拓系统布置的运输线路而定。

安全平台宽度一般不小于 3m；清扫平台宽度为保证清扫设备的正常工作，通常大于 6m；运输平台宽度取决于运输设备类型、规格和线路数目。当运输平台与安全平台或是清扫平台重合时，其宽度要增加 1~2m。

B　最终边坡角

a　倾斜和急倾斜矿体的最终边坡角

在确定露天矿最终边坡角时，应同时考虑安全因素和经济因素，在保证露天矿安全前提下，最终边坡角尽可能大些，以减少剥离量。边坡稳定受岩体物理力学性质、地质构造、水文地质、边坡破坏机理、爆破震动效应等一系列因素的影响。

矿山设计选取最终边坡角的上限值时仍然采用类比法，即参照类似矿山的实际资料、统计资料和经验数表选取。对工程地质条件复杂的矿山，在进行设计的同时，由研究部门通过系统的工程地质调查后，用计算方法验证。

露天开采境界的实际边坡角取决于最终边坡角。如图 1-2-10 所示，按几何关系有：最终边帮水平投影的宽度应为最终边帮上所有台阶坡面水平投影的总宽度与所有台阶平台的总宽度之和，亦即：

$$L = H\cot\beta$$
$$L_1 = H\cot\alpha_t$$
$$\cot\beta = \cot\alpha_t + L_2/H \qquad (1\text{-}2\text{-}16)$$

式中　L——最终边帮水平投影的宽度，m；

　　　L_1——最终边帮上所有台阶坡面水平投影的总宽度，m；

　　β——最终边坡角，（°）；

　　H——露天开采境界深度即最终边帮高度，m；

　　α_t——最终台阶坡面角，（°）；

　　L_2——所有台阶平台的总宽度之和，m。

　　当然，依式（1-2-16）确定的最终边坡角不得大于选取的上限值，也不宜过小，否则，需对某些平台的宽度进行相应调整。

　　b　缓倾斜矿体的最终边坡角

　　对缓倾斜矿体，若边坡角大于矿体倾角，则最终边坡角应沿矿体下盘布置，以便充分采出下盘矿石。如图 1-2-11 所示，应以 cd 作境界线，而不能用 cd'。

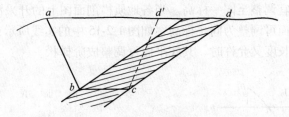

图 1-2-11　缓倾斜矿体下盘边坡角

1.2.5.3　开采深度和端帮位置的确定

A　开采深度及底部纵向设计

　　露天开采深度的确定分两步，首先是在各地质横剖面图上初步确定开采深度，然后再用地质纵剖面图调整露天矿底部标高。

　　a　在各地质横剖面上初步确定露天开采深度

　　（1）在各地质横剖面图上作出若干个开采深度的开采境界方案，如图 1-2-12 所示。开采深度方案应选取境界剥采比有显著变化的地方。当矿体埋藏条件简单时，深度方案取得少一些；矿体复杂时，深度方案取多些。绘制境界时，依据前面选定的最小底宽和边坡角，这时既要注意露天矿底在矿体中的位置，还要鉴别该横剖面是否与采场走向斜交，若是斜交则图上的边坡角应该用伪边坡角，如图 1-2-13 所示，伪边坡角换算公式为：

$$\tan\beta' = \tan\beta\cos\delta \qquad (1\text{-}2\text{-}17)$$

式中　β'——斜交横断面上的伪边坡角，（°）；

　　　　β——选定的实际边坡角，（°）；

　　　　δ——正交横断面与斜交横断面在平面上的夹角，（°）。

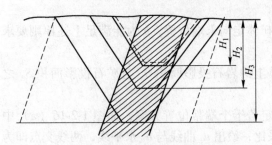

图 1-2-12　开采境界深度方案

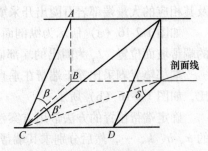

图 1-2-13　伪边坡角计算

（2）针对各深度方案，用面积比法（见图 1-2-12 中方案 H_1）或线段比法（见图 1-2-12 中方案 H_3）计算其境界剥采比。

（3）将各方案的境界剥采比与开采深度绘成关系曲线，如图 1-2-14 所示，再画出代表经济合理剥采比的水平线，两线交点的横坐标 H_j，就是所要求的开采深度。

至此，完成了一个地质横剖面图上露天开采理论深度的确定。按同样的方法，可将露天矿范围内所有横剖面图上的理论深度都确定下来。

b　在地质纵剖面图上调整露天矿底部标高

将各地质横剖面图上确定的开采深度投影到地质纵剖面图上，连接各点，通常得到一条纵向起伏不平的原始底部线，如图 1-2-15 中的虚线所示。为了便于开采和布置运输线路，露天矿的底平面宜调整至同一标高。当各地质横剖面图上的开采深度不大或境界纵向长度不够大时，底平面可调整为同一标高，如图 1-2-15 中的实线所示；当矿体埋藏深度沿走向变化较大，而且长度又允许时，其底平面可调整成阶梯状。

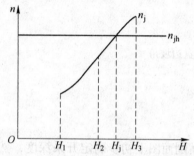 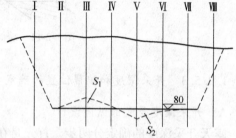

图 1-2-14　境界剥采比与深度的关系曲线　　　图 1-2-15　在地质剖面图上调整露天底平面标高

在地质纵剖面图上调整开采境界底部标高时应遵循以下原则：

（1）调入（图 1-2-15 中的 S_1）和调出（图 1-2-15 中的 S_2）境界的矿岩量基本均衡。

（2）开采境界调整后的平均剥采比不得大于经济合理剥采比。

（3）所有底平面的纵向长度应满足设置运输线路的要求。

B　端帮位置设计

露天矿开采深度或底部标高确定之后，在各地质横剖面图上按修正后的开采境界可确定露天矿侧帮（坡底）位置，而端帮（坡底）位置需要在矿床端部的纵剖面图上确定。

端帮位置设计的实质是在走向上确定露天开采境界，以便减少露天矿两个端帮岩石量对露天开采经济效益的影响。也就是在端帮按 $n_j \leqslant n_{jh}$ 原则，把不符合要求的少量端部矿体及其相应的大量端部岩石圈出开采境界。

如图 1-2-16（a）所示为纵剖面图，k 为矿体走向末端位置，b 为能满足上述原则要求的端帮坡面位置，L_y 为圈出的端部矿体长。

端部境界剥采比等于端帮在垂直面 A—A 上的岩石投影面积 S_V 与矿石投影面积 S_A 之比，如图 1-2-16（b）所示。

确定端帮位置的方法常用方案法。即选定若干个端帮位置方案，如图 1-2-16（a）中的 a、b、k、…，然后分别求其端帮境界剥采比，绘出 n_j 曲线与 n_{jh} 水平线，两线交点即为所求的端帮位置，如图 1-2-16（c）所示。

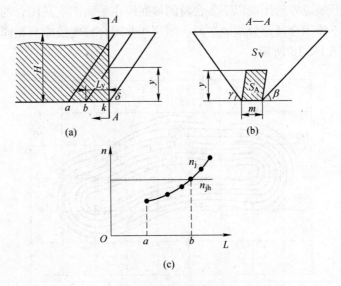

图 1-2-16　端帮位置确定

对于极长的矿体沿走向圈定开采境界时，则不必去掉矿体两个端帮的圈出长度，可直接由矿体端部圈定。在这种情况下，端部内的矿岩量不会超过全部矿岩的计算误差。

1.2.5.4　圈定露天开采境界的底部周界

如图 1-2-17 所示，圈定底部周界的步骤如下：

（1）按调整后的露天开采深度，绘制该水平的地质分层平面图。

（2）在各地质横剖面图及辅助剖面图上绘制或修正开采境界，并在纵剖面图上确定开采境界的端部位置。

（3）将各剖面图上露天矿底部周界投影到分层平面图上，连接各点，得出原始底部周界（见图 1-2-17 中的虚线）。

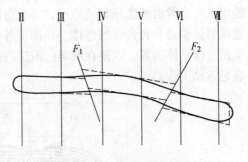

图 1-2-17　底部周界的确定

（4）为了便于采掘运输，原始底部周界尚需进一步修整，修整的原则是：

1）底部周界要尽量平直，弯曲部分要满足运输设备对曲率半径的要求；

2）露天矿底的长度应满足运输线路的要求，特别是采用铁路运输的矿山，其长度要保证列车正常出入工作面。

这样得出的底部周界，就是最终的设计周界，如图 1-2-17 的实线所示。

1.2.5.5　绘制露天矿开采终了平面图及开采境界剖面图

露天矿开采终了平面图的绘制方法是：

（1）将露天开采境界设计的底部周界绘在地形平面图上。

（2）按最终边坡组成设计，从底部周界开始，由里向外依次绘出各个台阶的坡底线。

很明显，露天矿开采境界封闭圈以下各台阶的坡底线在平面图上是闭合的，而处在封闭圈以上的坡底线则不能闭合甚至分割成多段，但这些非闭合坡底线应与相同标高的地形等高线交接闭合，如图 1-2-18 所示。

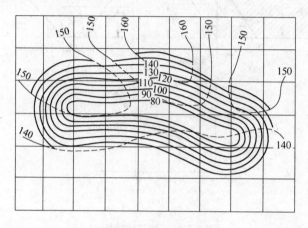

图 1-2-18　各台阶的坡底线

（3）按选择的开拓运输方案，在平面图上布置开拓运输线路，即图上定线。图上定线要选择好开采境界上部出入口位置和下部露天采场底部沟道端口位置。由于边坡插入了倾斜运输沟道，该边坡上的最终台阶的位置会有不同程度的外移。当最终边坡位置变动过大时，应及时检查开采境界合理性，以便进行调整和修正。

（4）按最终边坡组成设计和开拓运输线路布置，从底部周界开始，由里向外依次重新绘出各个台阶的坡底线和坡顶线，形成台阶坡面和平台，如图 1-2-19 所示。绘制时，要注意倾斜运输道和各台阶的连接。在圈定各个水平时，应经常用地质横、纵剖面图和分层平面图校核矿体边界，以使在圈定的范围内矿石量多而剥岩量少。此外，各水平的周界还要满足运输工作的要求。

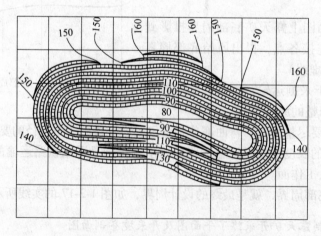

图 1-2-19　露天矿开采终了平面图

（5）开采终了平面图完成后，按投影关系，绘制开采境界内的横剖面图和纵剖面图。

（6）检查和修改上述露天开采境界。由于在绘图过程中，原定的露天开采境界常受开拓运输线路影响而有变动，因而需要重新计算其境界剥采比和平均剥采比，检查它们是否合理。假如差别太大，就要重新确定境界。此外，上述境界还要根据具体条件进行修改。例如，当境界内有高山峻岭时，为了大幅度减小剥采比，就需要避开高山部位；又如，当境界外所剩矿量不多，若全部采出所增加的剥采比又不大，则宜扩大境界，全部用露天开采。至此，便完成了露天矿床开采境界的圈定。

应该指出，上述方法均是在选用的若干地质剖面图上确定开采深度，并据此圈定露天开采境界。这种确定露天开采境界的方法，虽然仍被广泛应用，但由于所选剖面并不一定垂直露天矿边坡走向，上部交角与深部交角不一，上盘交角与下盘交角不一的现象屡见不鲜，所以用剖面图上矿岩面积相比来模拟真正剥采比，有时会产生很大的误差，因而所确定的露天开采境界，往往难以获得经济上最优的结果。而当今发展起来的借助于矿床模型，通过电子计算机程序以确定露天开采境界的方法，则可以成为最佳采场境界的确定方法。

思考与练习

1. 什么叫露天开采境界？露天开采境界的圈定中主要是确定哪几个要素？
2. 简述按境界剥采比不大于经济合理剥采比来确定露天开采境界的含义及其优、缺点。
3. 为什么要合理确定露天矿最终边坡角？如何合理确定露天矿最终边坡角？
4. 什么是剥采比？常用的剥采比有哪几种？
5. 什么是平均剥采比、分层剥采比、境界剥采比、生产剥采比和经济合理剥采比？
6. 影响露天开采境界圈定的因素有哪些？

模块 2　露天矿采剥程序与矿床开拓

项目 2.1　露天矿采剥程序与方法认知

【项目描述】

露天矿的开采方式、采剥方法和开采程序是露天矿开采全部生产工艺环节的关键环节。

露天矿开采方式主要是指采用怎样的设备、方法进行采装作业。坚硬矿岩一般用穿孔爆破的方法进行松碎，然后用采装设备进行铲装，将矿岩分别装车。松软矿岩一般不需凿岩爆破，而用采装设备直接铲装，或用推土机配合铲运机对矿岩进行集堆和铲运工作，也有使用挖掘机进行采装作业的。

露天矿采剥方法就是指露天开采中的掘沟、剥离和采矿工程的开采程序以及它们之间的时空关系。采剥方法与生产工艺系统、开拓运输方式有密切联系，往往也会影响生产工艺系统和开拓运输方式的选择与确定，最终将影响露天开采的技术经济效果。因此，合理确定露天矿采剥方法不仅是一个技术问题，也是一个经济问题。

露天矿开采程序是指露天开采范围内采矿与剥岩在空间和时间上的发展变化关系。露天开采程序内容主要包括台阶划分及几何要素、采剥初始位置的确定、新水平的降深方式、台阶推进方式等。深入细致地研究开采程序，在露天矿设计和矿山生产过程中进行多方案比较，选择最优的开采程序，是一项至关重要的工作。

【能力目标】

(1) 会根据图示判断露天矿台阶推进方式；
(2) 会确定露天矿开采工作面参数。

【知识目标】

(1) 掌握露天矿开采工作面参数的确定；
(2) 掌握露天矿台阶推进方式的确定；
(3) 掌握露天矿几种典型的采剥方法。

【相关资讯】

2.1.1　露天矿开采顺序的确定

2.1.1.1　采剥初始位置的确定

在矿山规模和开采方案能满足需要的基础上，采剥初始位置应选择在矿体厚度较大、矿石品位高、覆盖层薄、基建剥离量小和开采技术条件好的部位，以减少基建工程量，缩短投产和达产时间，提高矿山初期经济效益。

2.1.1.2 新水平降深方式的确定

在露天开采过程中，随着矿山工程的发展，工作台阶的生产必将逐渐结束而转化为非工作台阶。因此，为了保证矿山的持续生产，就必须准备新的工作台阶，亦即进行新水平降深。新水平降深表明采剥工程在垂直方向上自上而下的发展特征，主要确定以下问题：新水平降深始点与采场的相对位置、新水平降深方向、新水平降深角和新水平降深速度。

如图 2-1-1 所示，矢量线段 $ABCDEF$ 用来表示采场降深的位置、方向和角度。A、B、C、D、E、F 各点分别表示不同开采台阶采场降深的开始位置，标高 $-20\mathrm{m}$ 以上为沿矿体下盘垂直降深（线段 AC），标高 $-30\sim-70\mathrm{m}$ 为沿下盘开采境界降深（线段 CF），θ_1 和 θ_2 分别表示这两个区间的降深角。新水平降深速度是指新水平准备工程每年垂直下降的深度。

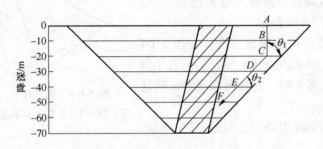

图 2-1-1 采场降深方向示意图

A 露天矿几种典型的采场新水平降深方式

采场新水平降深方式是露天矿开采程序的主要内容之一，它与采场的几何形状及矿体与采场之间的相对位置等条件密切相关。降深位置直接影响基建工程量大小和矿山的投产、达产时间。降深方向和降深角直接影响工作线布置方式和水平推进强度、降深速度，进而影响矿山的生产能力。因此，必须全面考虑相关的工艺技术因素和综合经济效果，经分析比较后加以确定。目前露天矿的降深方式主要有以下几种。随着采掘运输设备的发展，按优化设计要求，还可以采用其他更加灵活多变的降深方式，须根据矿体实际埋藏条件和开采技术条件因地制宜地确定。

（1）沿采场上（下）盘境界降深，如图 2-1-2 所示。

（2）沿矿体上（下）盘降深，如图 2-1-3 所示。

（3）先沿矿体下（上）盘降深，下降一定深度后转为沿采场下（上）盘境界降深，

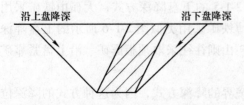

图 2-1-2 沿采场上（下）盘境界降深

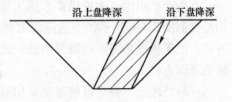

图 2-1-3 沿矿体上（下）盘降深

如图 2-1-4 所示。

（4）先沿矿体下（上）盘地形降深，下降一定深度后转为沿采场下（上）盘境界降深，如图 2-1-5 所示。

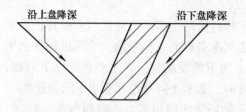 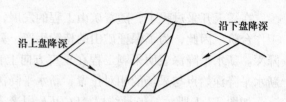

图 2-1-4　沿矿体下（上）盘—沿下（上）　　　　图 2-1-5　沿矿体下（上）盘地形—沿下（上）
　　　　　　盘境界降深　　　　　　　　　　　　　　　　　　盘境界降深

（5）先沿矿体下（上）盘地形降深，后转为沿矿体下（上）盘降深，再转为沿采场下（上）盘境界降深，如图 2-1-6 所示。

（6）沿采场境界周边螺旋降深，如图 2-1-7所示。这种方式多用于团块状矿体，采场近于圆形或椭圆形的短深露天矿，此法可以改善采场运输条件。

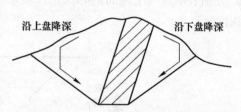

图 2-1-6　沿矿体下（上）盘地形—
沿矿体下（上）盘—沿采场下（上）盘境界降深

（7）沿采场端部境界降深，如图 2-1-8 所示。

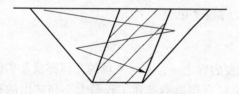 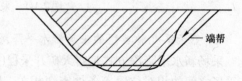

图 2-1-7　沿采场境界周边螺旋降深　　　　　图 2-1-8　沿采场端部境界降深

B　确定采场新水平降深方式时的注意事项

一般沿矿体下（上）盘降深时，由于降深位置紧邻矿体，或距矿体很近，可以减少基建剥离工程，实现早投产、早达产，从而较快地取得经济效益。所以，开采深度较大、走向较长的倾斜或急倾斜层状矿体时，特别是采用铁路运输的大型矿山，常采用这种方式。它的主要特点是沿走向布置工作线，垂直工作线平行推进，由山坡进入凹陷部分后采用移动干线。

在生产矿山中，大冶铁矿东露天采用类似图 2-1-5 的下盘降深方式；大孤山铁矿采用的是类似图 2-1-6 所示的下盘降深方式；白云鄂博铁矿采用类似图 2-1-6 所示的上盘降深方式；而矿体倾角与下盘境界边坡一致或接近的矿山则往往采取顶板露矿、沿上盘紧靠矿体的降深方式。

一般情况下，要尽可能避免采用沿上盘开采境界的降深方式，因为这种方式的降深位置距矿体较远，会加大基建剥离工程量，推迟投、达产时间，经济性较差。

2.1.1.3　开采台阶的划分

一般特征金属露天矿广泛应用台阶式开采。研究开采台阶的划分主要解决两个问题，首先是确定台阶形式，即划分水平台阶还是倾斜台阶，或者二者兼有；其次是确定工作面参数。

台阶形式和工作面参数的确定应满足以下基本要求：生产作业安全；主要生产设备正常工作，提高设备效率；减少矿石损失与贫化。

A　台阶形式

为便于采、装、运主要设备作业，一般把采场划分为具有一定高度的水平台阶。但对于缓倾斜单层或多层薄矿体的露天矿，如果划分成水平台阶，则在划定的开采台阶高度内往往可能由两种以上的矿岩组成，如图2-1-9（a）所示。在这种情况下，为了减少贫化损失，要实现矿岩分采是很困难的，甚至无法采出质量合格的产品。因此，在采矿地段可以考虑采用图2-1-9（b）所示的倾斜台阶开采，而在覆盖岩层中仍采用水平台阶开采。倾斜台阶的倾角应与矿层的倾角一致，倾斜台阶的高度应与矿层及岩石夹层的

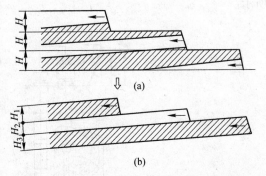

图 2-1-9　缓倾斜单层或多层露天矿台阶的划分

厚度一致，以保证每一个倾斜台阶高度内矿石或岩石单一化，即全部为矿石或全部为岩石，减少矿石的贫化损失。

确定的台阶高度及倾角要与主要设备的选择相适应。当矿层或岩层的厚度超过设备正常安全作业的高度时，应按设备安全作业要求确定倾斜台阶的高度，将矿层或岩层划分成两个或数个倾斜台阶。特定的台阶倾斜角必须满足主要设备安全作业的要求，即要求台阶倾角小于穿孔、挖掘、运输设备在斜面上作业的最大允许角度。

在开采缓倾斜多层薄矿体时，由于采用倾斜台阶在减少矿石的贫化损失方面具有突出的优越性，尽管在生产管理上要复杂一些，设备效率可能要受些影响，但也应尽量采用。

B　工作面参数

工作面参数包括台阶高度、采掘带宽度、工作平盘宽度和采区长度。采装工作是露天开采的中心环节，挖掘机是采装工作应用的主要设备。为了充分发挥挖掘机的采装效能，工作面参数应与挖掘机相适应。工作面参数确定得合理与否不仅影响挖掘机的采装工作，也影响露天矿其他生产工艺过程的顺利进行。

a　台阶高度

在确定露天开采境界之前，必须首先确定台阶高度，因为台阶高度对开拓方法、基建工程量和矿山生产能力等都有很大影响，同时，合理的台阶高度对露天开采的技术经济指标和作业的安全都具有重要的意义。

影响台阶高度的因素是多方面的，如采掘工作方式及挖掘机工作参数、矿岩性质和埋藏条件、穿孔爆破工作要求、矿床开采强度以及运输条件等。

（1）采掘工作方式及挖掘机工作参数对台阶高度的影响。采掘工作的要求是影响台阶

高度的重要因素之一。一般爆堆的高度可能为台阶高度的 1.2～1.3 倍，用挖掘机采装时，采装工作要求爆堆高度不应大于挖掘机最大挖掘高度；用小型机械化（装岩机、电耙）或人工装矿时，台阶高度的确定，则主要考虑工作的安全性，一般都在 10m 以下。

一般来说，采掘工作方式及挖掘机工作参数，往往是确定台阶高度的主要因素。目前，我国大多数露天矿，在采用铲斗容积为 1～8m³ 的挖掘机时，台阶高度一般为 10～14m。对于山坡露天矿，在岩石较稳定的条件下，储量大和有发展前途的矿山，台阶高度应取 10～14m，为今后采用大型设备准备条件。下面介绍不同采掘工作方式下的台阶高度。

1）平装车时的台阶高度。平装车即运输设备与采装设备位于同一台阶，如图 2-1-10 所示。

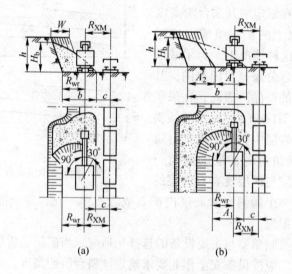

图 2-1-10　坚硬矿岩的采掘工作面

（a）一爆一采；（b）一爆两采

c—道路中心到爆堆距离；W—爆堆实体宽度；b—爆堆宽度；H_b—爆堆高度；

A_1—挖掘机第一采掘带宽度；A_2—挖掘机第二采掘带宽度

当挖掘不需爆破的土岩时，为便于控制挖掘，台阶高度一般不大于挖掘机最大挖掘高度。否则挖掘时会引起上部岩土突然塌落，可能会局部埋住或砸坏挖掘机，甚至危及作业人员的安全。

只有在开采松软的土岩时，工作面随采随塌落，不形成伞岩，不威胁人员和设备安全的条件下，台阶工作面的高度才可以超过最大挖掘高度，但不得大于最大挖掘高度的 1 倍半。

挖掘经爆破的坚硬矿岩堆时，如图 2-1-11 所示，爆堆高度应与挖掘机机工作参数相适应，要求爆破后的爆堆高度不大于最大挖掘高度。

台阶高度也不应过低。否则，由于铲斗铲装不满使挖掘机效率降低，同时使台阶数目增多，铁道及管线等铺设与维护工作量相应增加。因此，松软土岩的台阶高度和坚硬矿岩的爆堆高度都不应低于挖掘机推压轴高度的 2/3。

2）上装车时的台阶高度。上装车即运输设备位于台阶上部平盘，采装设备位于台阶的下部平盘，如图 2-1-11 所示。采用上装车时，台阶高度应满足挖掘机最大卸载高度和最大卸载半径的要求，保证矿岩卸入台阶上面的运输设备内，即：

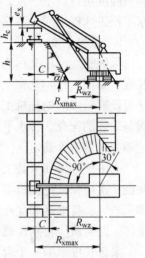

$$h \leqslant H_{xmax} - h_c - e_x \tag{2-1-1}$$

$$h \leqslant (R_{xmax} - R_{wz} - C)\tan\alpha \tag{2-1-2}$$

式中　h——上装车时的台阶高度，m；

H_{xmax}——最大卸载高度，m；

h_c——台阶上部平盘至车辆上缘高度，m；

e_x——卸载时铲斗下线至车辆上线间隙，一般 $e_x \geqslant 0.5$
　　　　～1.0m；

R_{wz}——最大卸载半径，m；

C——线路中心至台阶坡顶线的间距，与台阶岩土稳定
　　　程度有关，m；

图 2-1-11　上装车台阶高度

α——台阶坡面角，(°)。

上装车的台阶高度取式（2-1-1）及式（2-1-2）中的较小值。

（2）其他因素对台阶高度的影响：

1）矿岩性质。合理的台阶高度首先应保证台阶的稳定性，以便矿山工程能安全进行。因此，对于松软岩土不宜采用大的台阶高度。

2）开采强度。台阶高度对工作线推进速度和掘沟速度都有很大的影响，因而也影响露天矿的开采强度。台阶高度增加，掘沟工程量也急剧增加，因而延长了新水平的准备时间，影响矿山工程的发展速度。所以，在实践中为加速矿山建设，尽快投入生产和达到设计生产能力，在露天矿的初期，最好采用较小的台阶高度，以保证初期的矿山工程进展较快；而当露天矿转入正常生产后，台阶高度可适当增加。

3）穿孔爆破工作。台阶高度的增加，能提高爆破效率，但往往增加不合格大块的产出率和根底，使挖掘机生产能力降低。另外，台阶的高度还影响穿孔人员和设备的工作安全。装药条件对台阶高度也有一定的限制，即钻孔的容药能力必须大于所需的装药量。

4）运输条件。从露天矿场更好地组织运输工作来看，台阶高度较大是有利的，因为这样可以减少露天矿场的台阶数目，简化开拓运输系统，从而能减少铺设和移设线路的工程量，但在露天矿场长度较小的情况下，台阶高度又受运输设备所要求的出入沟长度的限制。

5）矿石贫化与损失。开采矿岩接触带时，由于矿岩混杂而引起矿石的损失贫化。在矿体倾角和工作线推进方向一定的条件下，矿岩混合开采的宽度随台阶高度的增加而增加，矿石的损失贫化也随之增大。所以，在确定台阶标高时，为了减少矿石的贫化损失，应尽量使每个台阶都由均质岩石组成，台阶上下盘的标高尽可能与矿岩接触线一致。

综上所述，影响台阶高度的因素较多，这些因素往往既互相矛盾，又互相联系、互相影响，因此，不能单纯地、片面地以某一个因素来确定台阶高度，应当由技术经济的综合分析来确定。同一矿山采矿和剥离台阶高度可以不一致；不同开采时期不同开采空间位置

台阶高度也可以不一致，这些都应根据具体条件和实际需要确定。但由于台阶高度不同，水平推进速度不同，不要使这种速度上的差异影响正常生产。

b　采区长度

采区长度（l_c 又称为挖掘机工作线长度）是把工作台阶划归一台挖掘机采掘的那部分长度，如图 1-1-4 所示。采区长度的大小应根据需要和可能来确定。较短的采区使每一台阶可设置较多的挖掘机工作面，从而能加强工作线推进，但采区长度不能过短，应依据穿爆与采装的配合、各水平工作线的长度、矿岩分布及矿石品级变化、台阶的计划开采以及运输方式等条件确定。

为了使穿爆和采装工作密切配合，保证挖掘机的正常作业，根据露天矿生产经验，每爆破一次应保证挖掘机有 5 ~ 10d 的采装爆破量。为此，通常将采区划分为三个作业分区，即采装区、待爆区和穿孔区。有时，由于台阶长度的限制，只能分成两个作业区或一个作业区。此时就应特别注意加强穿孔能力，以适应短采区作业的需要。

采区长度影响一个台阶可布置的采掘设备台数，从而影响台阶的开采强度。采区长度与采运设备的作业技术规格有关，同时运输方式对采区长度也有较大影响。采用汽车运输时，由于各生产工艺之间配合灵活，采区长度可以缩短，一般不小于 150 ~ 200m，同一水平上的工作挖掘机数可为 2 ~ 4 台；采用铁路运输时，采区长度一般不小于列车长度的 2 ~ 3 倍，即不小于 400m，以适应运输调车的需要。尽头式工作的平台，在一个水平上同时工作的挖掘机数不得超过 2 台，环形运输时，则同时工作的挖掘机数不超过 3 台。

此外，对于矿石需要分采和质量中和的露天矿，采区长度可适当增大。对于中小型露天矿，开采条件困难，需要加大开采强度时，则采区长度可适当缩短。

c　采掘带宽度

采掘带宽度是指挖掘机一次采掘实方岩体的宽度，如图 2-1-12 所示。它取决于装载设备的工作规格、运输方式和采掘方法。对于铁路运输工作面，采掘带宽度过窄，挖掘机移动频繁，作业时间减少，履带磨损增加，移道次数增加；采掘带过宽，采掘带边沿部分满斗系数低，清理工作量大，挖掘条件恶化。合理的采掘带宽应保证挖掘机向里侧的回转角不大于 90°，向外侧的回转角不大于 45°；对于汽车运输工作面，宽采掘带有利于提高挖掘机装载效率和缩短汽车入换时间。

以铁路运输平装车为例，采掘带宽度的确定如图 2-1-12 所示，其变化范围为：

$$b_c = (1 ~ 1.5) R_{wz} \qquad (2\text{-}1\text{-}3)$$

$$b_c \leqslant R_{wz} + f R_{xmax} - C \qquad (2\text{-}1\text{-}4)$$

式中　b_c——采掘带宽度，m；

　　R_{wz}——挖掘机站立水平挖掘半径，m；

　R_{xmax}——挖掘机最大卸载半径，m；

　　　f——铲杆规格利用系数，$f = 0.8 ~ 0.95$；

　　　C——外侧台阶坡底线或爆堆坡底线至车辆边

　　　　　缘距离，$C = 2 ~ 3m$。

台阶高度、采取长度和宽度之间是互相联系又互

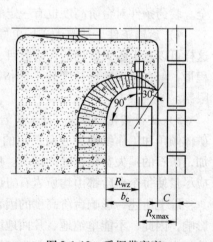

图 2-1-12　采掘带宽度

相制约的。一般情况下，3 个参数中台阶高度是主要的，因为它对于采掘效果以致全矿生产及工程发展都有较大的影响。设计时一般先是确定台阶高度。

d 采区宽度与采掘带宽度的关系

采区宽度是爆破带的实体宽度，采掘带宽度是挖掘机一次采掘的宽度。当矿体松软无需爆破时，采区宽度等于采掘带宽度。绝大多数金属矿山都需要爆破，故采掘带宽度一般指一次采掘的爆堆宽度。如图 2-1-13 所示，图 2-1-13（a）为一次穿爆两次采掘，图 2-1-13（b）为一次穿爆一次采掘。

有的矿山采用大区微差爆破，采区宽度很大。这时可以采用横向采掘，如图 2-1-14 所示。采用一爆一采时，爆堆宽度即为采掘带宽度（即 $b = A_c$），可根据式（2-1-3）及式（2-1-4）反算出采区宽度。

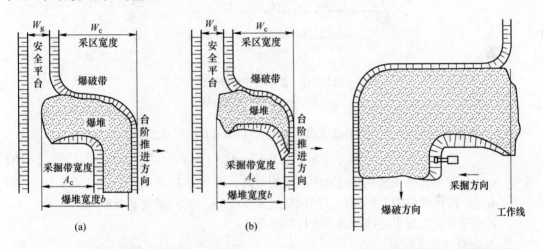

图 2-1-13 采区与采掘带示意图　　图 2-1-14 垂直工作线横向采掘

e 工作平盘宽度

工作平盘宽度取决于爆堆宽度、运输设备规格、设备和动力管线的配置方式以及所需的回采矿量，是影响工作帮坡角的重要参数。

仅按布设采掘运输设备和正常作业所必需的宽度，称为最小工作平盘宽度，其组成要素如图 2-1-15 所示。

（1）汽车运输时最小工作平盘宽度，如图 2-1-15（a）所示。

$$B_{min} = b + c + d + e + f + g \qquad (2-1-5)$$

式中　B_{min}——最小工作平盘宽度，m；

　　　b——爆堆宽度，m；

　　　c——爆堆坡底线至汽车边缘的距离，m；

　　　d——车辆运行宽度（与调车方法有关），m；

　　　e——线路外侧至动力电杆的距离，m；

　　　f——动力电杆至台阶稳定边界线的距离 $f = 3 \sim 4m$；

　　　g——安全距离，$g = h(\cot\gamma - \cot\alpha)$（$\alpha$ 为台阶坡面角，γ 为台阶稳定坡面角，（°））。

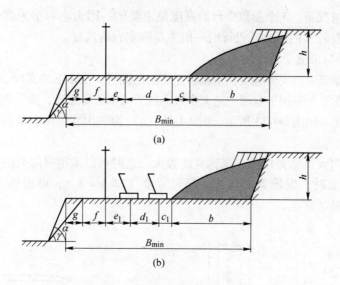

图 2-1-15　最小工作平盘宽度
（a）汽车运输；（b）铁路运输

（2）铁路运输时最小工作平盘宽度，如图 2-1-15（b）所示。

$$B_{\min} = b + c_1 + d_1 + e_1 + f + g \tag{2-1-6}$$

式中　c_1——爆堆坡底线至铁路线路中心线的距离，通常为 2~3m；

　　　d_1——铁路线路中心线间距，同向架线 $d_1 \geqslant 6.5m$，背向架线 $d_1 \geqslant 8.5m$；

　　　e_1——外侧线路中心线至动力电杆的距离，$e_1 = m$；

　　　其余符号意义同前。

按照一定生产工艺所确定的最小工作平盘宽度，是在该条件下维持正常剥采作业的最低尺寸。露天矿实际工作平盘宽度通常大于最小工作平盘宽度。当工作平盘宽度小于最小工作平盘宽度时，就意味着正常生产被破坏，它将使下部台阶减缓或停止推进。所以，保持一定的工作平盘宽度，是保证上下台阶各采区之间正常进行采剥工作的必要条件。

2.1.1.4　台阶推进方式的确定

A　台阶推进方式基本概念

单个台阶的开采程序为开掘出入沟、开段沟，然后进行台阶的推进（亦即扩帮）。台阶开采时的立体图如图 2-1-16 所示。

（1）爆破带。工作台阶上正在被爆破、采掘的部分，其宽度为爆破带宽度（或采区宽度）。

（2）台阶宽度。台阶宽度 W 为爆破带宽度 W_c 和安全平台宽度 W_s 之和。

（3）台阶的采掘方向。挖掘机沿采掘带前进的方向。

（4）台阶的推进方向。台阶向外扩展的方向。

（5）安全平台。在开采过程中，工作平台不能一直推进到上各台阶的坡底线位置，而是应留下一定宽度，留下的这部分叫安全平台。安全平台宽度一般为 2/3~1 个台阶高度。

（6）安全挡墙。在工作平盘的外沿用碎石堆筑的一道安全挡墙。

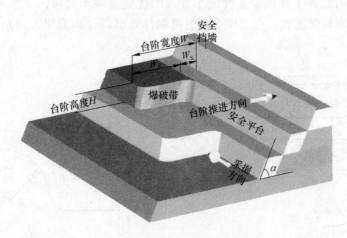

图 2-1-16　台阶立体图

B　台阶的推进方式

台阶的推进方式有垂直推进和平行推进两种。

a　垂直推进采掘

垂直采掘时，电铲的采掘方向垂直于台阶工作线走向（即采区走向）、与台阶推进方向相平行（见图 2-1-17）。开始时，在台阶坡面掘出一个小缺口，而后向前、左、右三个方向采掘。图 2-1-17 所示是双点装车的情形。电铲先采掘其左前侧的爆堆，装入位于其左后侧的汽车；装满后，电铲转向其右前侧采掘，装入位于其右后侧的汽车。这种采装方式的优点是电铲的装载回转角度小（10°~110°之间，平均为 60°左右），装载效率高；缺点是汽车在电铲周围调车对位需要较大的空间，要求较宽的工作平盘。当采掘到电铲回转中心位于采掘前的台阶坡底线时，电铲沿工作线移动到下一个位置，开始下一轮采掘。

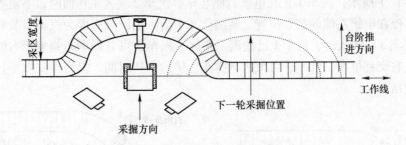

图 2-1-17　垂直采掘平面图

一次采掘深度（即采掘带宽度 A）为电铲站立水平挖掘半径（G），沿工作线一次采掘长度为 $2G$。

b　平行推进采掘

平行采掘时，电铲的采掘方向平行于台阶工作线走向（即采区走向）、与台阶推进方向相垂直，如图 2-1-18 所示。根据汽车的调头与行驶方式（统称为供车方式），平行采掘可进一步细分为许多不同的类型。分为单向行车不调头和双向行车折返调头等。

（1）单向行车不调头平行采掘。如图 2-1-19 所示，汽车沿工作面直接驶到装车位置，装满后沿同一方向驶离工作面。这种供车方式的优点是调车简单，工作平盘只需设单车道。缺点是电铲回转角度大，在工作平盘的两端都需出口（即双出入沟），因而增加了掘沟工作量。

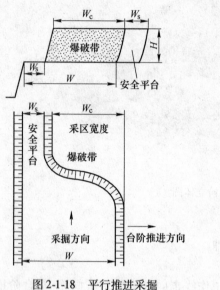

图 2-1-18　平行推进采掘

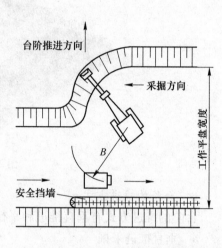

图 2-1-19　单向行车不调头平行采掘

（2）双向行车—折返调车平行采掘。如图 2-1-20 所示，空载汽车从电铲尾部接近电铲，在电铲附近停车、调头，倒退到装车位置，装载后汽车沿原路驶离工作面。这种供车方式只需在工作平盘一端设有出入沟，但需要双车道。图 2-1-20 所示是单点装车的情形。空车到来时，常常需等待上一辆车装满驶离后，才能开始调头对位；而在汽车调车时，电铲也处于等待状态。为减少等待时间，可采用双点装车。

如图 2-1-21 所示，汽车 1 正在电铲右侧装车。汽车 2 驶入工作面时，不需等待即可调头、对位，停在电铲左侧的装车位置。装满汽车 1 后，电铲可立即为汽车 2 装载。当下一辆汽车（汽车 3）驶入时，汽车 1 已驶离工作面，汽车 3 可立即调车到电铲右侧的装车位置。这样左右交替供车、装车，可大大减少车、铲的等待时间，提高作业效率；缺点是工作平盘宽度增加。

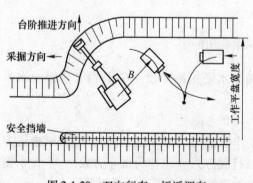

图 2-1-20　双向行车—折返调车
平行采掘（单点装车）

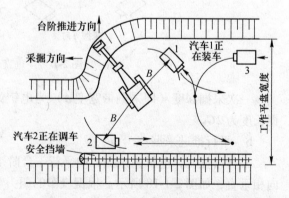

图 2-1-21　双向行车—折返调车平行采掘（双点装车）
B—最大卸载半径

　　其他两种供车方式如图 2-1-22 所示。图 2-1-22（a）为单向行车—折返调车双点装车，此种方式的优点是工作平盘只需设单车道；缺点是需双出入沟，增加了掘沟工作量。图 2-1-22（b）为双向行车—迂回调车单点装车，此种方式的优点是只需单出入沟；缺点是电铲回转角度大，等待时间长，需要双车道。由于汽车运输的灵活性，还有许多可行的供车方式。

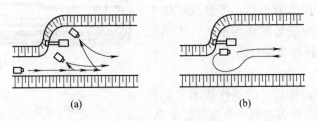

(a)　　　　　　　　　　　　　　　(b)

图 2-1-22　其他供车方式示意图

2.1.2　露天矿采剥方法

　　矿床的赋存条件和产状千差万别，矿岩的物理力学性质、工程地质和水文地质条件也各不相同，这决定了不同的矿床有不同的采剥方法，同一矿床也可能有多种采剥方法。不同的采剥方法对露天矿的生产规模、生产程序、剥采时间和经济效益有不同的影响。

2.1.2.1　采剥方法的分类

　　采剥方法分类的原则和方法很多，目前无统一的分类标准，但无论露天矿采剥方法的一般特征如何，要保证露天矿能够正常生产都必须遵循两条基本规律：（1）相邻两个台阶的开采协调发展的规律；（2）矿山工程延深速度与工作帮水平推进速度成比例发展的规律。采剥方法常用的分类方法有如下几种，其中最常用的是按工作线的布置形式进行分类。

　　按开采程序的技术特征可分为：全境界开采法、陡帮开采法、并段开采法、分期开采法、分区开采法、分区分期开采法。

　　按工作台阶的开采方式可分为：台阶全面开采法（主要指缓帮开采）、台阶轮流开采法（主要指陡帮开采）。

　　按工作线的布置形式可分为：工作线纵向布置采剥方法、工作线横向布置采剥方法、工作线扇形布置采剥方法、工作线环形布置采剥方法。

2.1.2.2　露天矿几种典型采剥方法介绍

　　A　工作线纵向布置采剥方法

　　工作线纵向布置采剥方法是指采剥工作线沿矿体走向布置，垂直矿体走向移动，如图 2-1-23 所示。工作线纵向布置时的开段沟一般沿矿体走向布置，开段沟的位置与开拓方式有关。

　　a　开段沟位置

　　当露天矿采用纵向采剥、固定坑线开拓时，开段沟可以布置在顶帮，工作线由顶帮向底帮推进；开段沟也可以布置在底帮，工作线由底帮向顶帮推进。但一般多采用底帮固定坑线开拓，以减少基建剥岩量。如大冶铁矿、眼前山铁矿均采用底帮固定坑线开拓。

当露天矿采用纵向采剥、移动坑线开拓时，开段沟可以布置在矿体的上盘、下盘或矿体中间，工作线由中间向顶帮和底帮推进。大孤山铁矿曾经采用下盘移动坑线开拓。

b　优点

（1）工作线平行推进，沿工作线的采掘带宽度基本保持不变，因而有利于发挥设备效率，同时工作的台阶数可以减少。

（2）开段沟可以布置在矿体的上盘，并垂直矿体走向推进，因而有利于减少矿石的损失、贫化和剔除走向夹石。

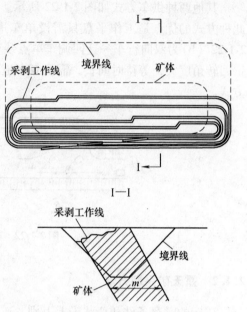

图 2-1-23　工作线纵向布置采剥方法

c　缺点

（1）在一定的矿山技术条件下，矿岩的内部运距大（相比于横向采剥方法）。

（2）开段沟布置在矿体的下盘，工作线由下盘向上盘推进时，矿岩分类比较困难，矿石损失贫化大，基建剥岩量大。

d　应用情况

纵向采剥方法多用于铁路运输矿山、长宽比接近的汽车运输矿山以及有特殊要求的汽车运输矿山，如桦子峪镁矿。

B　工作线横向布置采剥方法

工作线横向布置采剥方法是指采剥工作线垂直矿体走向布置，沿矿体走向移动，如图2-1-24 所示。

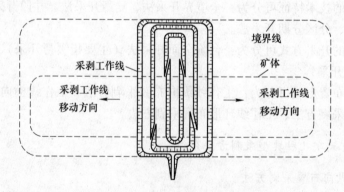

图 2-1-24　工作线横向布置采剥方法

a　开段沟位置

横向采剥时，开段沟可以布置在露天矿的端部或者境界中的任何一个地方，并垂直矿体走向开挖，形成初始工作线，然后从一端向另一端，或从中间向两端推进。

　　b　优点

　　在一定的矿山技术条件下，可以减少露天矿的基建工程量，减少采场内部运距和掘沟工程量等。

　　c　缺点

　　采矿作业台阶多，采掘设备上下调动频繁，影响其生产能力，控制矿石损失、贫化难度大，生产组织和管理比较复杂，容易因计划不周造成采剥失调等。

　　d　应用情况

　　横向采剥方法主要用于汽车运输矿山。因为汽车运输机动灵活，不受工作线长度的限制，能适应各种不同的矿体埋藏条件和品位的空间分布。此外，长宽比较大矿山，在其他条件相同时，应用横向采剥方法较为有利。

　　C　工作线扇形布置的采剥方法

　　工作线扇形布置的采剥方法是指工作线围绕某个点（通常是沟道线路与工作面线路的连接点）移动，如图 2-1-25 所示。

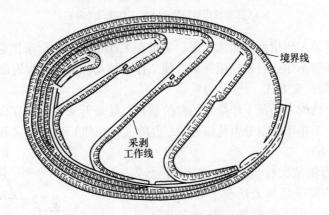

图 2-1-25　工作线扇形布置的采剥方法

　　扇形采剥时，工作线上每个点的推进速度是不一致的，因而设备效率低，损失贫化大。此种采剥方法常常用于矿体特殊的大型矿体，以及对损失贫化无要求矿山。

　　D　工作线环形布置采剥方法

　　工作线环形布置采剥方法是指工作线由里向外或由外向里发展。当开采凹陷露天矿时，工作线由里向外扩展，如图 2-1-26（a）所示；当开采山峰型孤立露天矿时，工作线由外向里扩展，如图 2-1-26（b）所示。

　　采用环形采剥方法时，凹陷露天矿一般先在矿体中间掘一个直径为 50～200m（依采掘运输设备的规格而定）的圆坑，然后向四周扩展。

　　环形采剥时，环形工作线上各点的推进速度是不同的，主要依据矿体倾角及主推进方向而定。沿推进方向的工作线推进速度最大，此时多采用移动坑线开拓，并且坑线多沿圆坑的周边布置。

　　环形采剥方法的主要优点是基建工程量小，使用比较灵活。如国内弓长岭铁矿独木采场、德兴铜矿等，均采用这种采剥方法。

　　E　露天矿陡帮开采

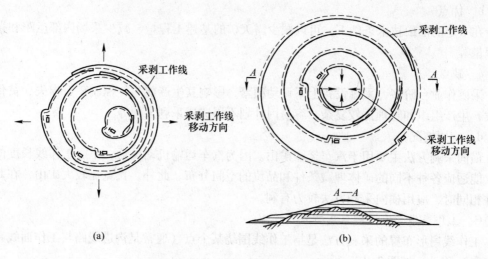

图 2-1-26 工作线环形布置采剥方法

（a）工作线由里向外；（b）工作线由外向里

露天矿陡帮开采主要指台阶轮流开采，是指在工作帮上部分台阶作业，部分台阶暂不作业，作业台阶和暂不作业台阶轮流开采，使工作帮坡角加陡，以推迟部分岩石的剥离。

a 陡帮开采的作业方式

根据剥岩挖掘机的大小及工作帮上的台阶数目，陡帮开采的作业方式分为：工作帮台阶依次轮流开采、工作帮台阶分组轮流开采、台阶（挖掘机）尾随开采和并段爆破分段采装开采。

（1）工作帮台阶依次轮流开采。工作帮台阶依次轮流开采的实质是露天矿整个剥岩工作帮由一台挖掘机自上而下轮流循环开采，先采第一个台阶，再采第二个台阶，依此类推，采完最后一个台阶后，挖掘机再返回到第一个台阶，重新开始下一个条带的剥离工作，如图 2-1-27 所示。采用这种作业方式时，剥岩带内只有一个台阶在作业（B_s），其余台阶均处于暂不作业状态（见图 2-1-27 中 b），所留平盘宽度较窄，故能最

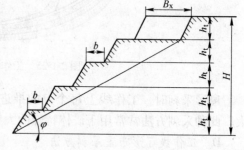

图 2-1-27 工作帮台阶依次开采

大限度地加陡工作帮坡角，可以陡到 25°～35°或更大，但必须保证以下条件：

$$Q \geqslant \frac{B_s h_t L'}{T'} = \frac{B_s NHL'}{T'} \tag{2-1-7}$$

式中 Q——一台或一组（两台）挖掘机生产能力，m^3/a；

B_s——剥岩条带宽度（或称爆破进尺），m；

L'——露天矿的走向长度或剥岩区的长度，m；

N——剥岩帮上的台阶数目，个；

H——台阶高度，m；

h_t——剥岩帮高度，m；

T'——剥岩周期，a。

采用这种作业方式时，工作台阶可以由一台挖掘机采掘，也可以由一组（两台）挖掘机进行采掘，它们在同一个台阶上作业，一前一后，间隔一定距离，并作同向采掘，也可以由端帮向中央作对向采掘。

工作帮台阶依次轮流开采方式在国内外得到了广泛应用，并取得了较好的经济效益，如浏阳磷矿二工区采场。

（2）工作帮台阶分组轮流开采。工作帮台阶分组轮流开采的实质是将工作帮上的台阶划分为若干组，每组 2~5 个台阶，每组台阶由一台挖掘机在组内自上而下逐个台阶轮流循环开采。当挖掘机采完组内最后一个台阶后再返回组内第一个台阶作业，剥离下一个岩石条带。如图 2-1-28 所示。

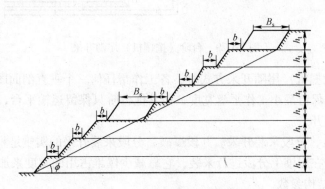

图 2-1-28　工作帮台阶分组轮流开采

台阶分组轮流开采时，组内除正在作业的台阶外，其余台阶均处于暂不作业的状态，所留平台宽度小，或者直接并段，故能加陡工作帮坡角，但加陡的工作帮坡角比台阶依次轮流开采的方式小。

台阶分组轮流开采时，只要与相邻组的挖掘机之间保持一定的水平距离，就可以保证安全生产。非相邻挖掘机由一个或多个宽 30~50m 或更大的平盘隔开，挖掘机即使在同一条垂直线上工作，也可以保证安全生产。

（3）台阶（挖掘机）尾随开采。台阶（挖掘机）尾随开采方式的实质是一台挖掘机尾随另一台挖掘机向前推进，向前尾随的挖掘机构成一组，组内有若干台挖掘机同时作业，如果一组挖掘机的生产能力尚不能满足露天矿剥岩生产能力的要求，则可以布置第二组、第三组。如果露天矿有几组挖掘机同时作业，则上下不同水平的挖掘机很可能在一条直线上工作。为保证安全生产，组与组之间必须有一条宽平台隔开。如图 2-1-29 所示。采用台阶（挖掘机）尾随开采方式时，各工作帮任何一个垂直剖面图上，组内只有一个台阶在作业，它保留最小工作平盘宽度，而其他台阶只保留运输平台，故可以加陡工作帮坡角实施陡帮开采。

台阶（挖掘机）尾随开采的主要优点是：利用规格小的采运设备也能加陡工作帮坡角，并有一定的经济效益。

台阶（挖掘机）尾随开采的主要缺点是：每一个台阶要布置一台挖掘机，并且上下台阶互相尾随，它们之间必然相互影响，降低了挖掘机生产能力，因此对提高陡帮开采的经济效益不利。

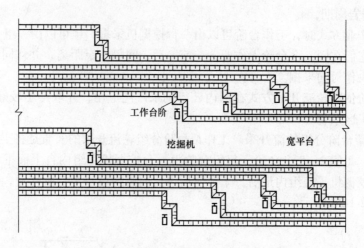

图 2-1-29　台阶（挖掘机）尾随开采

采用台阶（挖掘机）尾随开采方式时，各工作帮任何一个垂直剖面图上，组内只有一个台阶在作业，它保留最小工作平盘宽度，而其他台阶只保留运输平台，故可以加陡工作帮坡角，实施陡帮开采。

（4）并段爆破，分段采装开采。并段爆破，分段采装开采的实质是将工作台阶并段进行穿孔爆破，然后在爆堆上分段进行采装，它靠减少爆堆占用的宽度来加陡工作帮坡角。

b　陡帮开采结构参数

（1）工作帮及工作帮坡角。陡帮开采时，工作帮由作业台阶、运输道路和路间边坡组成，如图 2-1-30 所示。

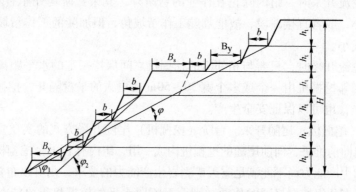

图 2-1-30　陡帮开采工作帮的组成

1）作业台阶。剥岩帮上有作业台阶和暂不作业的台阶，暂不作业台阶恢复推进时，就从该台阶划出一个岩石条带，开辟新的作业台阶。作业台阶的平盘宽度由剥岩带宽度 B_s 和暂不作业平台宽度 b 组成，如图 2-1-30 所示。

作业台阶最小工作平盘宽度取决于挖掘机和汽车作业所要求的空间。在工作帮内同时作业的台阶数与挖掘机的生产能力、工作帮高度以及采区长度等因素有关，即：

$$N_z = \frac{v_p h_t L}{Q} \tag{2-1-8}$$

式中　N_z——同时作业的台阶数目，个；

　　　v_p——剥岩工作线的水平推进速度，m/a；

　　　h_t——剥岩帮高度，m；

　　　L——采区长度，m；

　　　Q——挖掘机的生产能力，m^3/a。

当 $N_z = 1$ 时，即为台阶依次轮流开采方式；当 $N_z = 2 \sim 5$ 时，即为台阶分组轮流开采方式；当 $N_z = n$（剥岩帮上的台阶数目，$n > 5$）时，即为台阶尾随开采方式。

2）运输道路。运输道路主要指运输干线，其宽度和数目影响工作帮坡角。运输道路的数目与开拓运输系统有关，根据具体情况而定。露天矿运输道路的宽度可按《采矿设计手册》选取。

3）路间边坡。几个暂不作业台阶构成路间边坡。因为剥岩帮上的大部分台阶是暂不作业台阶，所以路间边坡对剥岩帮坡角影响较大。暂不作业台阶除个别台阶保留运输平台外，只留暂不作业平台，或者并段，其宽度范围为：

$$0 \leqslant b < b_{min} \tag{2-1-9}$$

式中　b——暂不作业平台宽度，m；

　　　b_{min}——最小工作平台宽度，m。

当 $b = b_{min}$ 时，为台阶全面开采法，即缓帮开采；当 $b = 0$ 时，即台阶并段开采，此时工作帮坡角最陡。

选择 b 时，除使爆堆不压下部台阶外，还应保留一定的平台宽度以作联络之用。根据上述原则和经验，b 值一般取 $10 \sim 15$ 为宜。

4）工作帮坡角。当剥岩帮包括作业台阶、运输道路及路间边坡时，其工作帮坡角称为剥岩总坡角；当剥岩帮上只有运输道路及路间边坡时，称为剥岩帮坡角；当剥岩帮上只有路间边坡时，称为路间边坡角。

（2）剥岩条带宽度。剥岩条带宽度 B_s 是陡帮开采中非常重要的参数之一，其值受工作平盘宽度、最小工作平盘宽度、工作线水平推进速度、采矿工程下降速度等多种因素的影响。

B_s 越小，陡帮开采推迟的剥岩量越多，生产剥采比就越小，经济效益就越优；但 B_s 减小，采掘设备上下调动的次数将增加，运输道路移动频繁，移道工作量将增加，会影响陡帮开采的经济效益。B_s 越大，剥岩周期越大，所需的备采矿量越多，推迟的剥岩量就越小，经济效益就越差。另外，剥岩周期越大，备采矿量的保有期就越长，坑底采矿区的尺寸也将增大，经济上也不合理，故不可能通过增加剥岩周期来大量增加剥岩条带宽度 B_s 值。

为了保证剥岩条带宽度的要求，而又不增加剥岩周期，最好的方法是实施分区开采，增加每个采区的采剥条带宽度，而使总的剥岩量和剥岩周期不变。

陡帮开采时，露天矿一般都是分区条带剥岩，条带宽度即为剥岩宽度 B_s。

（3）采区长度。当剥岩帮高度、条带宽度和挖掘机规格一定时，采区长度越大，剥岩周期就越长，备采矿量就越多，坑底采矿区的尺寸也相应地增加，因而会降低陡帮开采的经济效益。但采区长度越小，剥岩周期越短，采掘设备上下调动频繁，道路工程量大，也会降低陡帮开采的经济效益。

采区的合理长度主要与挖掘机的规格及工作线的推进速度等因素有关。弓长岭铁矿独木采场，采用斗容为 $4m^3$ 的挖掘机，采区长度为 350~400m；若采用斗容为 $10m^3$ 以上的挖掘机，采区长度可达 500~1000m。

（4）采场坑底参数。陡帮开采时，备采矿量的准备是周期性的，每剥完一个岩石条带，坑底就增加一定的备采矿量，同时在剥岩期间也采出一定的矿量。为了保证露天矿能持续地进行生产，备采矿量的保有期应等于或略大于剥岩周期，即：

$$t_b \geq T \qquad\qquad (2\text{-}1\text{-}10)$$

式中　t_b——备采矿量保有期，a；

　　　T——剥岩周期，a。

从图 2-1-31 可以看出，当剥岩帮坡角 φ_1 值及坑底最小宽度 b_{min} 一定时，坑底上口宽度 B_1 越大，备采矿量就越多，其保有期也就越长，反之保有期就越短。所以，确定露天矿坑底尺寸，其实质就是确定出能满足上口宽度 B_1 值，这就是确定陡帮开采时露天矿坑底尺寸的基本原则。

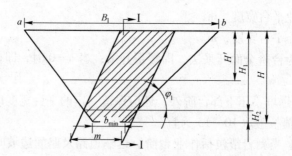

图 2-1-31　工作线横向布置时的采场坑底参数

c　陡帮开采评价

（1）陡帮开采优点：

1）基建剥岩量和基建投资少，基建时间短，投达产快。

2）延缓剥离，减小开采前期生产剥采比，利于生产剥采比的均衡和降低剥采比峰值。

3）推迟最终边坡的暴露时间，减少最终边坡的维护工作量和费用。在一定条件下可增加最终边坡角，减少剥岩量。

（2）陡帮开采缺点：

1）设备调动频繁，影响生产能力。

2）运输线路工程量大。陡帮开采时，露天采场一般采用移动坑线，当一个岩石条带剥离完后，运输干线需移动一次修筑新的线路，因而与固定坑线相比线路的修筑与维护工程量大，费用高。

3）管理工作复杂。陡帮开采时，上下台阶之间要协调配合，且每年的采剥量不但要数量均衡，而且要部位平衡。

4）采场辅助工程量大。陡帮开采时，采场里的供风管、供水管及供电线路移设次数增加，费用增加。

d　陡帮开采应用条件

（1）适用于开采倾斜和急倾斜矿体，可使前期生产剥采比减小，获得较好经济效益。

（2）对覆盖岩层厚度大的矿体，可减少基建剥岩量和前期生产剥采比。

（3）当开采形状上小下大的矿体时，采用陡帮开采可获得较好经济效益。

（4）适用于开采剥离洪峰期和剥离洪峰期到达以前的矿体。

（5）采运设备的规格越大，越有利于在工作帮上实现台阶依次轮流开采和分组轮流开采，且易于使工作帮坡角加大。

F　分期开采

分期开采是指在合理的境界（或最终境界）范围内，划分几个小的临时开采境界，按各分期时间和开采顺序，由小的临时境界逐渐开采到大境界（最终境界）。目前我国金属露天矿采用分期开采方式的很多，如大孤山铁矿、南芬铁矿、白云鄂博铁矿和华子峪镁矿等。

分期开采每一期开采时间较长，一般 10a 左右，有较长时间过渡期，一般 10a 以上，此即为分期开采与扩帮开采的区别。

a　分期开采境界的划分方法

我国金属露天矿山在设计中对分期开采境界的划分，一直沿用经济合理剥采比原则，先确定最大境界或最终境界，然后在最大开采境界内再划分分期开采小境界。这种划分分期开采境界的方法，有利于远近结合、全面规划、统筹安排。

分期开采小境界划分有两种类型：当矿体厚度大、倾向延续深、储量丰富、开采年限长，沿倾向划分小境界；当矿体走向很长、储量丰富、开采年限长，沿走向划分小境界。

b　分期开采的过渡方式

分期境界之间的边帮，它的过渡必须是第一期矿石采到预定位置时，第二期的扩帮工作也处于完成状态。如果扩帮剥离工作量很大，不仅在第一期采矿的同时进行第二期扩帮剥离，甚至以后几期也可在第一期开采的标高上再次扩帮剥岩。

分期开采不允许停产过渡，其过渡方式按临时非工作帮留法的不同有下列三种情况：

（1）按最终开采境界的边帮条件确定，此方式称为"采死过渡"。

（2）边帮上留设运输平台，宽度根据采用的运输设备确定，一般单台阶或并段台阶为 8～12m 宽度，给扩帮过渡留有基本工作条件，此方式称为"半工作状态过渡"。

（3）边帮上留设宽平台，单台阶或并段台阶宽度大于 16～20m，为扩帮过渡准备工作条件，此方式称为"工作状态过渡"。

c　分期开采的过渡时机

分期开采要求矿山在稳产或不停产情况下实现分期境界边帮的过渡，且要均衡过渡期间的生产剥采比，持续矿山生产。所以选择合理的过渡时机，确定扩帮起始水平标高，是分期开采矿山实现稳产或不停产过渡、均衡过渡期间剥岩量的关键。

扩帮起始时若开采水平标高位置过高，过渡开始时间定得过早，会失去分期开采的意义；扩帮起始时若开采水平标高位置过低，过渡开始时间定得过晚，便会出现上一分期境界矿量已采完，而扩帮岩量尚未剥完，使矿山停产、减产。

扩帮过渡时间可由正常生产时延深速度和扩帮区的延深速度来确定，并以采剥进度计划验证。

　　d　分期开采的安全问题

　　（1）安全平台宽度。安全平台宽度不宜过窄，一般留 10～15m 为宜，为了提高临时边坡角度，可采取并段方法。

　　（2）接滚石平台。当采用陡帮扩帮作业时，除组合台阶扩帮外，一般每隔 60～90m 高度布置一个接滚石平台，其宽度为 20～25m（必要时可以在接滚石平台靠采空区一侧布置碎石堆），以防止扩帮滚石威胁下部正常采剥作业。

　　（3）定向爆破。扩帮采用定向爆破，其目的是防止扩帮爆破滚石威胁下部正常采剥作业安全。

　　（4）保证运输作业安全。陡帮采剥区段，若上部正在扩帮作业，下部临时帮上运输线路一般不允许有运输设备通过。为保证运输作业安全，北美一些国家在设计主要运输干线时，在汽车道路靠陡帮采空区一侧布置 4～5m 宽碎石堆作为护栏。

　　（5）辅助设备。在设计中应考虑配备必要的用于穿孔、装载和运输的辅助设备，同时也用作清扫运输道路及清理边坡碎石，如前装机、推土机等。

　　（6）科学的生产管理和必要的安全规程。制定完善的生产管理和相关的安全技术规程是十分必要的。

　　e　分期开采的适用条件

　　分期开采可首先选择矿床有利地段优先开采，由于此开采方式适应范围广，设计中一般在具备以下几种矿床开采条件时采用。

　　（1）矿床走向长或延续深，储量丰富，而采矿下降速度慢，开采年限超过经济合理服务年限。

　　（2）矿床覆盖岩层厚度不同，地表有独立山峰，基建剥离量大。

　　（3）矿床地表有河流、重要建筑物和构筑物以及村庄等。

　　（4）矿体厚度变化大，贫富矿分布在不同区段，或贫富矿石加工和选别指标不同。

　　（5）矿床上部某一区段已勘探清楚，一般先在已获得的工业储量范围内确定分期开采境界，随着矿山开采和补充勘探扩大矿区范围和深度，并增加矿产资源，引起境界扩大，形成自然分期开采。

　　G　分区开采

　　分区开采是在已确定的合理开采境界内，在相同开采深度条件下在平面上划分若干小的开采区域，根据每个区域的开采条件和生产需要，按一定顺序分区开采，以改善露天开采的经济效果。

　　分区开采旨在均衡生产剥采比，持续矿山生产，与分期开采的目的是一致的。二者所不同的是，分区开采是在平面上划分开采分区，而分期开采是在深度上划分采区。如图 2-1-32 所示为分区开采示意图。

　　图 2-1-32 中，整个露天采矿场分 3 个区进行生产，其顺序为 Ⅰ、Ⅱ、Ⅲ。Ⅰ区开采条件最好，Ⅱ区次之，Ⅲ区条件最差。

　　图 2-1-33 中，分区与不分区两种开采方式的矿石发展曲线相同，*OABCDEFG* 是分区开采时的剥岩发展曲线，*OAHIJKLMG* 是不分区开采时的剥岩发展曲线。显而易见，分区开采比不分区开采效果要好得多。我国露天煤矿中采用分区开采的较多，冶金露天矿中金堆城钼矿和峨口铁矿也是采用分区开采方式。

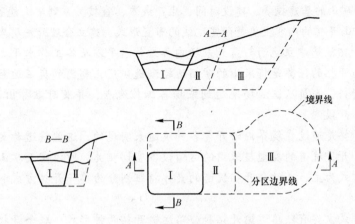

图 2-1-32　分区开采示意图

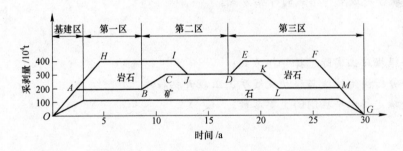

图 2-1-33　分区与不分区开采的采剥量发展曲线

　　采用分区开采的矿山，各区内部的开采程序如降深方法、工作线布置及推进、工作帮形式等都需要根据具体条件确定。此外，还应注意协调各区生产的正常衔接。

思考与练习

1. 按工作线布置形式可将露天矿采剥方法分为哪几种？什么叫陡帮开采？有哪几种陡帮开采的作业方式？试述陡帮开采的优缺点。
2. 按工作帮坡角的不同，露天开采分为哪些开采方式？
3. 按采剥工程在露天开采境界内空间、时间上的先后顺序特征，开采程序分为哪几类？
4. 什么是全境界开采？与分期开采和分区开采相比有哪些优缺点？
5. 什么是分期开采？什么是分区开采？二者有什么异同？
6. 什么是分期分区开采？

项目 2.2　露天矿山开拓认知

【项目描述】

　　露天开采开拓是矿山生产建设中的一个重要问题。所选择的开拓方法和运输设备是否合理，直接关系到矿山的基建投资、建设时间、生产成本，直接关系到矿山能否稳定均衡持续地生产。露天矿山开拓的内容主要是研究坑线的布置形式，建立合理开发矿床的运输系统。

露天矿山开拓就是建立地面与露天采场内各工作水平以及各工作水平之间的矿岩运输通路。露天矿山开拓的任务是将采出的矿石运输到选矿厂，剥离的废石运往排土场，生产设备、工具、材料、人员从工业场地运到采场各工作地点，并及时准备出新的工作水平，即开挖出入沟和开段沟。

露天矿床开拓是通过在境界内外开挖各种坑道来实现的，这些坑道称为开拓坑道，也称为开拓坑线。开挖坑道的类型与采用的运输设备密切相关，所以露天矿山开拓方式的分类通常以运输方式为主，并结合开拓坑道的具体特征划分为单一开拓方式和联合开拓方式两大类。

单一开拓方式主要有铁路运输开拓和公路运输开拓两种形式；联合开拓方式可以由铁路运输与公路运输联合，还可以由铁路运输、公路运输与胶带运输机、提升机、平硐、溜井等形式相联合形成多种形式的开拓方式。

【能力目标】

(1) 会根据矿山实际选择开拓方式；

(2) 会分析固定坑线与移动坑线矿山工程开拓程序；

(3) 会确定新水平掘沟的主要参数。

【知识目标】

(1) 掌握露天矿开拓方式的优缺点；

(2) 掌握露天矿开拓坑道的布线形式；

(3) 掌握露天矿开拓坑线的形成与扩展延深；

(4) 掌握露天矿新水平掘沟方法；

(5) 掌握新水平掘进的主要参数确定。

【相关资讯】

2.2.1　单一开拓方式

2.2.1.1　概述

铁路运输开拓和公路运输开拓是露天矿床单一开拓的主要方法。20 世纪四五十年代，单一斜坡铁路开拓曾经盛行一时，占据着世界露天矿床开拓的统治地位。近数十年来，由于其他开拓方式发展迅速，再加上目前我国大多数矿山已转入深凹露天矿开采，所以，虽然我国目前仍有一些露天矿采用铁路运输开拓方法，但单一斜坡铁路开拓在露天矿的应用已大大减少。在深凹露天矿中，往往是用公路运输开拓做新水平准备，待扩展一定空间后，铁路运输尾随跟进。而汽车运输开拓是现代露天矿山广泛应用的一种开拓方式，特别是在深凹露天矿中更体现了其优越性。

我国的化工、建材等非金属矿山和核工业总公司的露天矿，多数是中小型矿山，以采用公路运输开拓为主；有色金属露天矿绝大多数也采用公路运输开拓；黑色金属露天矿山中, 按矿石产量计算约 60% 采用铁路运输开拓, 30% 采用公路运输开拓。

A　铁路运输开拓

铁路运输开拓运输能力大、运营费低、设备及线路结构坚实、工作可靠、易于维修、作业受气候条件影响小。但铁路运输开拓在线路的平面曲线及纵向坡度上要求严格, 线路坡度小、曲率半径大、展线长, 因此基建工程量大, 基建时间长, 对矿山工程的发展有一定制约; 另外, 铁路运输设备的投资多, 线路移设、维修工作量大, 运行管理复杂, 灵活性差, 特别是在凹陷露天矿中, 随开采深度的下降, 效率下降越发明显。所以, 只有当矿床埋藏较浅, 平面尺寸较大的凹陷露天矿或者在开采深度较大的凹陷露天矿的上部及其矿床走向长、高差相差较小的上山坡露天矿, 采用铁路运输开拓可取得良好的技术经济效益。

按单位矿岩运输费用考虑, 对于凹陷露天矿单一铁路运输开拓的经济合理开采深度约为 120 ~ 150m, 当采用牵引机组运输时, 可将运输线路的坡度提高到 6%, 开采深度最大可达到 300m。对于山坡露天矿, 在地形标高变化不超过 150 ~ 200m 的条件下, 可取得理想的经济效益。因此, 单一铁路运输开拓的合理使用范围在地表上下 300 ~ 350m 的范围内 (不含牵引机组运输), 否则, 应改单一铁路运输开拓为联合运输开拓, 如铁路-公路联合开拓、公路-胶带-铁路联合开拓等。

B　公路运输开拓

公路运输开拓中最常用的运输设备是自卸汽车, 因此也称为汽车运输开拓。与铁路运输开拓相比, 沟道坡度大、展线短、基建工程量小、基建时间短、基建投资少、沟道布置可适应各种地形条件、机动灵活、分采分运方便、有利于选别开采。此外, 汽车配合电铲装运矿岩, 能充分发挥电铲效率; 采场可设置多出入口, 有利于空车与重车分道行车, 运输分散, 运输效率较高; 最小工作线长度短, 能适应各种开采程序的需要, 可采用无段沟或短段沟开拓新水平, 缩短新水平服务时间, 减少掘沟工程量; 对于分期开采的矿山, 易实现扩帮过渡扩大采场; 便于采用移动坑线, 加速露天矿的新水平准备, 有利于强化开采; 可适当加陡工作帮坡角, 提高露天矿的生产能力, 易实现均衡生产剥采比; 便于采用高、近、分散的排土场。公路运输开拓可以说是万能的开拓方式。但公路运输开拓也存在运输成本高、运输费随运距加长而增加的缺点。

目前, 采用普通载重自卸汽车运输时, 其合理运距一般不超过 3km, 当采用大型电动轮自卸汽车运输时, 由于载重量增大, 其合理运距可以增大为 5 ~ 6km。

在合理运距范围内, 单一公路运输开拓的合理深度, 当采用载重量 40t 以下汽车时为 80 ~ 150m, 当采用载重量 80 ~ 120t 电动轮汽车时可达 200 ~ 300m。如美国碧玛铜矿、加拿大罗伯特铁矿, 应用汽车运输的开采深度均超过 200m。

当地面运输距离较长时, 可在采矿场境界外附近设置转载站或破碎站, 重载汽车运出采矿场后, 通过转载站将矿岩装入列车, 经铁路运输至卸载地点, 或经破碎站破碎后, 用胶带运输机运至卸载地点。由于它们的运输费用较低, 就可适当增加露天采场内汽车运输的开采深度。

2.2.1.2　开拓坑道

A　总出入沟的布置形式

总出入沟是用以连接露天采场和地面的运输通道。总出入沟口是整个开拓系统的咽喉部位，其位置应尽量设置在地形标高较低、工程地质条件较好，距工业广场、选矿厂和排土场较近的地方，以降低矿岩综合运输功。

开拓沟道多设在采场内，埋藏较浅的缓倾斜矿床也可将开拓沟道延伸到境界以外，采用采场外部出入沟以改善运行条件。因此，按与开采境界相对位置的不同，开拓坑线分为外部坑线和内部坑线，或称外部沟和内部沟。如图 2-2-1 所示，af 为外部沟，fbc 及其以下坑线均为内部沟。若将坑线 afb 改为内部沟，则可设在境界内的 $a'b'$ 位置。内部沟和外部沟的方向取决于矿岩卸载点的方位，以及地表地形及天然河流、人工建（构）筑物等障碍因素。使用外部沟的露天矿，若境界内采剥总量大，外部沟的服务深度可稍大；反之，外部沟不宜太深，一般不超过 2~3 个台阶。

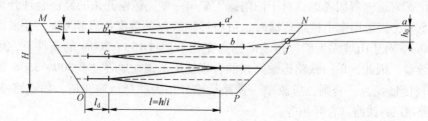

图 2-2-1　开拓坑线系统纵断面透视图

MOPN—露天境界；af—外部沟；H—开采深度；h_0—外部沟服务深度；l_d—折返站长度；
l—每个台阶的倾斜坑线长度；h—台阶高度；i—线路坡度

B　开拓坑道的形式

按总出入沟数、开拓坑道服务水平及每个水平沟道数，开拓坑道分为单沟、总沟和组沟几种形式，其各自的特点及适用条件见表 2-2-1。

表 2-2-1　开拓坑道的形式及各自的特点和适用条件

开拓坑道形式	特　点	适　用　条　件
单　沟	每个台阶均有一个总出入沟，且有各自独立的开拓坑线系统为其服务	开采近水平、埋藏浅的矿床，且矿岩运向不同和运量大
总　沟	有一个总出入沟，一套开拓坑线系统服务露天矿全部开采水平	深露天矿
组　沟	有两个及以上的总出入沟，两套及以上开拓坑线系统服务露天矿全部开采水平，即每套开拓坑线系统为一组台阶服务	露天矿运量大，一套出入沟系统能力不足，或排土场、选矿厂的方位不同，也或有多个排土场

一般情况下，露天开采每个开采台阶只有一条坑线为其服务，但在运量大且长而深的采场，为给工作平盘创造顺向行车条件，可建立双坑线系统，即对沟系统，分别行驶空、重车，如图 2-2-2 所示。空车坑线可按下坡制动条件确定，坡度可比重车坑线大，以缩短运距。

当露天采场运量很大或有两个排土场时，可以建立两条或多条坑线系统，如图 2-2-3 所示，使每个台阶均有两个或多个出入沟口，即组沟系统。组沟可以分散采场的矿岩运输，缩短运输距离，空、重车能顺向运行；当某一个出入口发生故障时，采场的运输工作

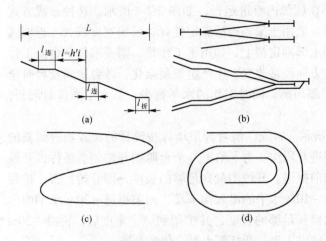

图 2-2-2　开拓坑线的基本布线方式

（a）直进式；（b）折返式（铁路运输）；

（c）回返式（公路运输）；（d）螺旋式

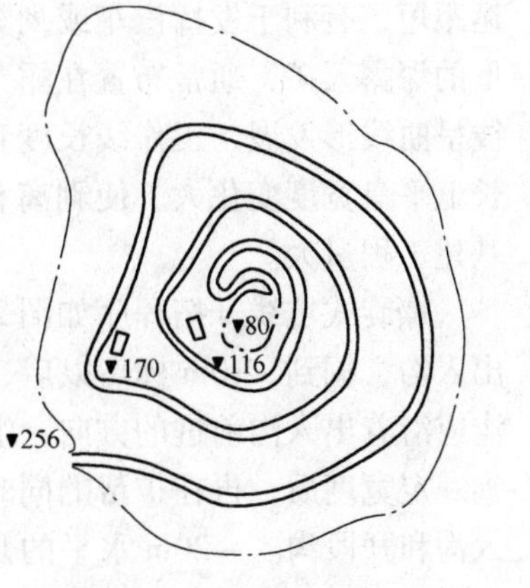

图 2-2-3　公路螺坑线开拓

不会中断。但出入沟口数增多，采场的公路坑线相应增多，导致开拓沟量及采场附近剥岩量的增加。因此，台阶出入沟口的数目应根据生产需要进行综合的技术、经济分析后确定，数目不宜过多。

C　开拓坑线布线方式

a　开拓坑线基本布线方式

对于铁路运输和公路运输来说，采场开拓干线在平面图上的投影形状有如下几种基本方式，如图 2-2-2 所示。

（1）直进式。当开采长而浅的露天矿或长而深的露天矿上部若干台阶时，可把运输干线布置在边帮的一侧，并使之不回弯便开拓全部矿体，运输干线在空间呈直线型，称为直进式坑线开拓。

直进式坑线开拓布线简单，沟道展线最短，汽车运行不回弯、行车方便、运行速度及运输效率高，在可能的条件下应优先采用。

（2）折返式、回返式。当开采深度较大的深凹露天矿或比较高大的山坡露天矿时，为了使开拓坑线达到所要开采的深度或高度，需要使坑线改变方向布置，通常是每隔一个或几个水平折（回）返一次，从而形成折（回）返式坑线。折返式和回返式都属于线路迂回展线的坑线布置形式，以锐角变换方向，如图 2-2-2（b）和（c）所示。回返式回返曲线半径比较小，一般情况下很难满足铁路的展线要求，而折返式不适合汽车调车，因此，公路运输开拓采用回返式布线，铁路运输开拓采用折返式布线。

折（回）返式坑线如设于采场一帮，由于需要设置折（回）返平台，使采场的边坡角减缓，增加附加剥岩量，车辆运行通过回、折返式区段时，要降低运行速度，影响线路通过能力及运输效率，线路配置及运行组织较复杂。因此，在可能的条件下，尽量采用回返式和折返式与直进式配合应用，减少折（回）返次数。

（3）螺旋式。当开采深凹露天矿时，为了避免采用困难的曲率半径，可使坑线从采矿场的一帮绕到另一帮，在空间呈螺旋状，故称螺旋坑线。这种坑线开拓的特点是坑线设在露天矿场的四周边帮上，汽车或列车在坑线内直进运行，如图 2-2-3 所示。这种布线方式运距短，有利于发挥汽车或列车效率。适用于采场边帮稳定性好、采场宽度较大、近似圆形的深露天矿，通常布置在露天采场上部固定帮上，如用于工作帮，则要求每个台阶工作线呈曲线形发展，工作线长度和推进方向经常改变，生产组织复杂化；各台阶间及台阶全长上平盘宽度变化大，使剥离和采矿部均衡；同时工作的水平数少，新水平准备时间长，基建工程量大。

　　螺旋式坑线开拓程序如图 2-2-4 所示。首先，沿着开采境界按设计的位置掘进倾斜的出入沟，掘到 –10m 标高以后，再掘进开段沟。为了给下一个台阶的开拓创造条件，开段沟应沿着出入沟前进的方向，继续向前掘进。开段沟掘到足够的长度，即开始扩帮，扩帮到一定宽度后，再在扩帮的同时，沿 –10m 水平的出入沟末端，向前掘进 –20m 水平的出入沟和开段沟。–20m 水平的开段沟掘到足够的长度，并扩帮到一定宽度后，再沿 –20m水平出入沟的末端，掘进 –30m 水平的出入沟，开拓新水平，依此类推。

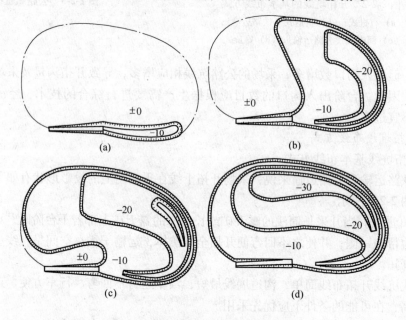

图 2-2-4　螺旋式坑线开拓程序示意图

　　公路运输开拓有直进式、回返式和螺旋式三种基本布线方式，其中以回返式（或直进-回返的联合形式）应用最广泛，此外，公路地下斜坡道也是一种常用的开拓坑线布线方式。

　　公路地下斜坡道布置在采场境界以外，自地表向下环绕采场呈螺旋线形向下延伸（如图 2-2-5 所示），或在矿体下盘以回返式坡道向下延伸（如图 2-2-6 所示），在采场各生产台阶通过平硐与斜坡道相连接。

　　b　公路运输的坑线布置方式

　　公路斜坡道的出入口有两种方式：一种是地表出入口，需设有上部结构，以便对出入口加以保护，如图 2-2-7 所示；另一种是通向生产台阶的出入口，出入口位于台阶坡面上，不需要修筑出口建筑物，但为了防止雨雪进入地下斜坡道，平硐朝向生产台阶的出口方向

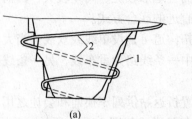 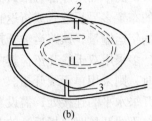

(a)　　　　　　　　　　　　(b)

图 2-2-5　环绕采矿场的公路地下螺旋斜坡道开拓示意图

1—露天开采境界；2—公路地下斜坡道；3—连通平硐

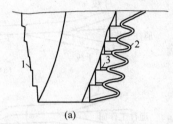 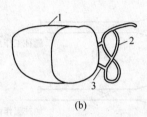

(a)　　　　　　　　　　　　(b)

图 2-2-6　采场下盘开采境界外的公路地下回返斜坡道开拓示意图

1—露天开采境界；2—公路地下斜坡道；3—连通平硐

倾斜 1°~3°，如图 2-2-8 所示。

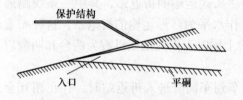 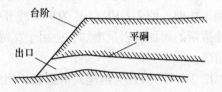

图 2-2-7　保护公路地下斜坡道　　　　图 2-2-8　公路地下斜坡道通向

入口的上部构筑物　　　　　　　采矿场生产水平的出口

采用公路地下斜坡道，虽然要增加露天矿的巷道掘进和支护工作量，掘进速度比掘进露天沟道低，单位体积掘进费用比掘进露天沟道的费用高，但它可以从因边坡加陡而减少的剥岩量中得到一定的补偿。因而，它仍因具有如下一些优点而得到广泛应用。

（1）不需要在采场边帮上设置开拓坑线，因此可以加陡采场最终边坡角，减少剥岩量。如图 2-2-9 所示。

（2）地下斜坡道比露天沟道的岩石风化作用小，维护工作量及维护费用少。

（3）地下斜坡道不受雨、雪、冰的影响，还可避免因边坡的稳定性问题而影响运输工作。

（4）可集中和强化采掘工作。

c　铁路运输的坑线布置方式

由于铁路干线的限制坡度较缓，曲线半径较

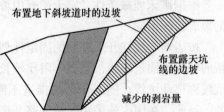

图 2-2-9　布置地下斜坡道

加陡边坡减少剥岩量

大，而大多数露天矿的平面尺寸都有限，而且地形较陡、高差较大，因而采用铁路开拓的矿山，铁路干线的布置多呈折返式或折返直进的联合方式。

根据露天矿的年运输量，铁路运输开拓沟道可铺设单线或双线。当大型露天矿年运量超过700万吨时，多采用双干线开拓，其中一条线路为重车线，另一条线路为空车线。当年运量小于该值时，则采用单干线开拓。

在出入沟与开采水平的连接处，需设置折返站供列车换向和会让之用。折返站的布置形式较多，采用单干线开拓时，折返站的布置形式如图2-2-10所示，采用双干线开拓时，折返站的布置形式如图2-2-11所示。

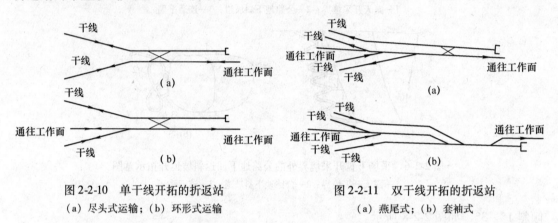

图2-2-10　单干线开拓的折返站　　　　图2-2-11　双干线开拓的折返站
（a）尽头式运输；（b）环形式运输　　　　（a）燕尾式；（b）套袖式

图2-2-10（a）为单干线开拓和工作水平为尽头式运输的折返站，其中一条线路通往采掘工作面；图2-2-10（b）为单干线开拓和工作水平为环形运输的折返站，这种布置形式使边帮的附加剥岩量增加，适用于在每个台阶上同时工作的挖掘机数为两台和两台以上的情况。

图2-2-11（a）为燕尾式折返站，当空、重车列车同时进入折返站时，存在相互会让的问题，对线路通过能力有一定影响，但站场的长度和宽度比套袖式小。图2-2-11（b）为套袖式折返站，空、重列车在站场不需会让，可提高线路通过能力，但站场的长度和宽度均比燕尾式大，因此它只能用于平面尺寸大的露天矿。金属露天矿平面尺寸一般都不很大，套袖式折返站应用较少，仅在凹陷露天矿，对于平面尺寸大的上部几个水平用套袖式折返站，下部由于平面尺寸缩小采用燕尾式折返站。

2.2.1.3　开拓坑线的形成与扩延

根据矿床埋藏条件，露天矿有山坡和深凹之分。开拓坑线在山坡露天矿和深凹露天矿的形成情况不同。

按运输干线在开采期间的固定性划分，可以有固定干线和移动干线两种。设在非工作帮的坑线称固定坑线，服务年限比较长，运输条件好，但要求边坡稳定；设在工作帮上的坑线称移动坑线，随工作帮的推进不断改变位置，服务时间较短，是为尽早见矿而采用的。目前，在国内外采用斜坡铁路开拓的金属露天矿中，多以固定干线开拓为主，但为了某些特殊的目的，铁路移动干线也有所应用。而公路运输开拓由于不需要复杂的铁路工程，出入沟坡度较陡，长度也小，所以在新水平准备和生产组织上较简单。为了缩短运距、减少基建剥岩量和新水平准备工作量，常采用移动斜坡公路开拓法。

A 山坡露天矿开拓坑线的形成与扩延

在金属矿山中，一开始就从深凹露天矿进行开采是少有的，基本上都是先山坡露天矿开采，而后转为深凹露天矿开采。山坡露天矿的运输干线大多采用固定坑线开拓，其开拓程序是：从地表向采矿场最高开采水平一次性铺设线路，形成全矿的运输干线，然后自上而下开采。运输干线随上部台阶开采结束而逐步缩短。其布线原则如下：

（1）当地形条件允许时，开拓干线尽量布置在采场境界外，既不远离境界，又保证干线位置固定，运距最短；需考虑线路技术条件、边坡稳定条件、必要时用挡土墙加固路基。

（2）当采场在单侧山坡上，干线大多布置在采场的端帮境界外。当采场内地形为孤立山峰，四周无依靠或下部有一侧依靠时，干线布置在孤立山峰的非工作山坡上，即工作面由下盘向上盘推进时，干线布置在上盘；反之，干线布置在下盘。这样，多个开采台阶同时推进时，下部开采台阶的推进不会切断上部各开采台阶的线路与干线的联系。

（3）当运输条件许可时，采场内尽量采用两侧进车环形运输线路，提高装运效率、重车下坡运行，在制动条件许可时，可加大干线坡度，减少线路工程量和运距。

（4）充分利用地形，减少线路施工的填、挖方工程量。在满足线路技术条件的要求下，尽量避免或减少回头弯路。在陡峻的山坡上挖方容易，填方难，宜采用路堑坑线。

（5）当采场与工业场区相对高差不大、开采深度较小、开采阶段数较少以及山坡展线条件好时，尽量采用单一直进式开拓系统，或直进式与折（回）返式联合应用开拓系统。

（6）最高开拓台阶应保有一定的装载和运输量，要有采、装、运设备正常作业所必需的宽度和长度。当采用特大型设备时，其宽度和长度需相应增大；当露天采场附近地形较陡，不具备向每个开采台阶修筑固定入车线路的条件时，可每隔 1~2 个开采台阶修筑固定入车线。无固定入车线的开采台阶，可在推进速度较缓的工作帮基岩上或在爆堆上修临时公路，与相邻台阶的固定线路联通，以便建立该台阶的运输线路，如图 2-2-12 所示。

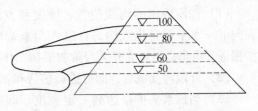

图 2-2-12 工作面移动公路布置示意图

（7）当矿体埋藏延展很深时，不仅要注意山坡露天矿部分开拓坑线合理布置，还应考虑山坡露天矿与深凹露天矿两部分矿体开拓的衔接，以免造成从山坡露天开采向深凹露天开采过渡时期减产或停产。

B 凹陷露天矿开拓坑线的形成与扩延

随着露天开采的不断延深发展，山坡露天矿开采必然逐步转为深凹露天矿开采。目前我国大多数矿山已转入深凹露天矿开采。对于凹陷露天矿来说，一个台阶的水平推进，使其所在水平的采场不断扩大，并为其下面台阶的开采创造条件；新台阶工作面的拉开，使采场得以延深。台阶的水平推进和新水平的拉开，构成了露天采场的扩展与延深。

a 凹陷露天矿采场布线形式

如图 2-2-13 所示的采场扩延过程是，新水平的掘沟位置选在最终边帮上，出入沟固定在最终边帮上不再改变位置。这种布线方式称为固定式布线。由于矿体一般位于采场中部（缓倾斜矿体除外），固定布线时的掘沟位置离矿体远，开采工作线需较长时间才能到达矿体。为尽快采出矿石，可将掘沟位置选在采场中间（一般为矿体上盘或下盘矿岩接触带），在台阶推进过程中，出入沟始终保留在工作帮上，随工作帮的推进而移动，直至到达最终边帮位置才固定下来。这种方式称为移动式布线。采用移动式布线时，台阶向两侧推进或呈扇形推进，如图 2-2-14 所示。无论是固定式布线还是移动式布线，新水平准备的掘沟位置都受到一定的限制。

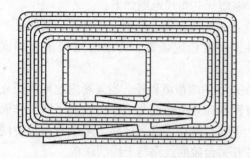 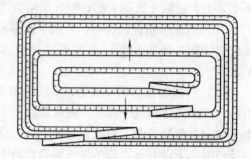

图 2-2-13　直进-回（折）返式固定布线示意图　　　图 2-2-14　直进-回（折）返式移动布线示意图

　　如图 2-2-15 所示的采场扩延过程的一个特点是，新水平的掘沟位置选在最终边帮上，台阶的出入沟沿最终边帮呈螺旋状布置，故称为螺旋布线。

　　b　固定坑线的形成与扩延

　　深凹露天矿的运输干线一般都设置在露天矿边帮上，其布线方式因受露天矿平面尺寸的限制而常呈折返式。当折返坑线沿着露天开采境界内的最终边帮（非工作帮）设置时，则运输干线除向深部不断延深外，不作任何移动，故称为固定坑线。图 2-2-16 为固定折返坑线开拓的矿山工程发展程序示意图。其发展程序如下：

　　（1）按所确定的沟线位置、坡度和方向，从地表向下一水平掘进出入沟，自出入沟末端向采场两端掘进开段沟，以建立开采台阶的最初工作线。

　　（2）开段沟掘成后，即可进行扩帮和剥采工作。

　　（3）当该水平扩帮达到一定宽度，即新水平的沟顶至该扩帮台阶坡底线的距离不小于最小工作平

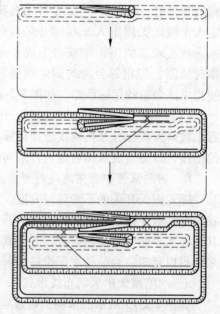

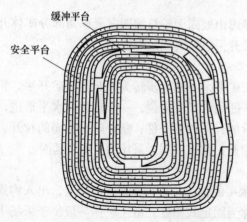

缓冲平台

安全平台

图 2-2-15　螺旋式布线示意图

图 2-2-16　固定折返坑线开拓的
矿山工程发展程序

盘宽度后，在该水平进行剥采工作的同时，开始按设计预定的沟位，向下一新水平开掘出入沟和开段沟。

（4）新水平的开段沟完成后即可进行扩帮工作，以下各水平均按此发展顺序进行。

固定坑线一般布置在矿体底盘非工作帮，为了使采掘工作线能较快地接近矿体进行采矿，也可设在采场的端帮，只有当底盘岩石工程地质条件较差或为了减少矿石在矿岩接触带的损失贫化时，才将固定坑线布置在矿体顶盘非工作帮。

固定折返坑线开拓的主要优点是：

（1）开拓线路质量好，运输设备效率高，汽车运输轮胎磨损少，铁路运输不存在线路移设问题。

（2）工作帮均为完整的台阶高度，穿孔、采掘、运输等设备的效率高。

（3）开采过程中，各水平的工作线长度基本固定，并且推进方向一致，生产工艺和生产管理都比较简单。

（4）可多水平同时工作，有利于均衡和调节生产剥采比。

固定折返坑线开拓的主要缺点是：

（1）采场内至地表出口的平均运距较长，延深新水平的周期比较长，使露天矿产量受限。

（2）运输设备需在折（回）返站停车换向或会让，故运行速度降低，使线路通过能力下降。

为了克服上述缺点，在条件允许的情况下，应尽量减少折返站的数目，亦即根据采矿场的走向长度，使每个折返站尽可能多服务几个台阶，采取直进与折返的联合方式。这种方式的开拓特点与固定折返坑线开拓相同，在此不再重述。

c　移动坑线的形成与扩延

前述固定坑线开拓时，是沿着露天矿最终开采境界掘进出入沟和开段沟。扩帮以后，出入沟内的运输干线就固定在矿场的边帮上。但是，在生产实践中常因特殊的需要，出入沟不是从设计境界的最终位置上掘进，而是在采矿场内其他地点掘进。这时，掘完沟扩帮时，工作台阶上要保留出入沟，以保证上下水平的运输联系。随着台阶的推进，出入沟向前移动，运输干线也向前移动，一直推进到开采境界边缘，出入沟才固定下来。这种开拓方式称为移动坑线开拓。图 2-2-17 是某铁矿移动坑线开拓示意图。图中表示 18m 水平正在用上装车法掘沟，30m、41m 和 53m 水平设有下盘移动坑线，分别有两个工作帮同时向上下盘推进。

从图 2-2-17 中可以看出，移动坑线开拓具有以下特点：

（1）开拓沟道设置在露天矿工作帮上，掘完沟后，通常有两个工作帮同时向上盘和下盘方向推进。

（2）采用移动坑线开拓时，开段沟的位置与工作面推进方向可以根据采剥工作的需要确定。在开采过程中，为了保持上下水平的运输联系，随着工作帮的推进，开拓沟道需要不断改变其位置。

（3）由于沟道穿过工作台阶，因此在移动坑线区内，其工作台阶高度是不恒定的。

为了进一步揭示移动坑线开拓的基本规律，下面以图 2-2-18 为例说明移动坑线的开拓程序。移动坑线的开拓程序如下：

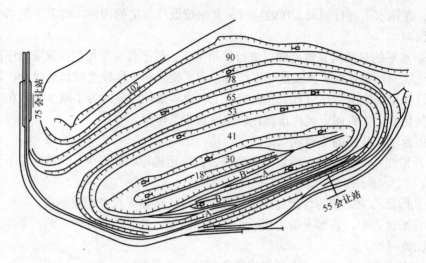

图 2-2-17　某铁矿移动坑线开拓示意图

（1）靠近矿体从采矿场中部按设计的位置掘进出入沟和开段沟，掘沟后，扩帮工程从中间向两帮推进，如图 2-2-18（a）所示。

（2）在向下盘方向推进的工作台阶上，设有出入沟，台阶被出入沟分割成两个倾斜的分台阶，称为"上、下三角掌子"，如图 2-2-18（b）所示。为了保护出入沟内的运输干线不被切断，进行开采时，应先推进出入沟侧帮，即开采"上三角掌子"，扩大出入沟的宽度。出入沟宽度达到一定程度，把运输干线移过去后，再进行原来被运输干线压住的部分，即开采"下三角掌子"。

（3）当露天矿底部平盘宽度扩大到 2 倍最小平盘宽度以后，才能开掘下一个水平的出入沟和开段沟，并保证当下部台阶开段沟结束后，上部台阶还能保持正常的运输联系。上部各台阶继续按箭头指示方向推进，移动坑线随着台阶推移到设计的最终境界时，出入沟及运输干线就固定在最终边帮上，从而变成固定坑线，如图 2-2-18（c）所示。各台阶的开拓均按上述程序类推进行。

从上述开拓程序中可以看出，移动坑线区域内的工作台阶是被分成两个分台阶分别进行开采

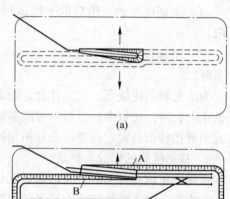

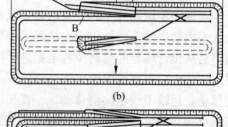

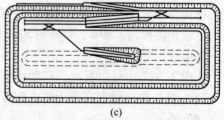

图 2-2-18　移动坑线开拓示意图

A—上三角掌子；B—下三角掌子

的，这就使之具有与正常台阶开采不同的作业特点。即在三角掌子区段内，开采的台阶高度是变化的；在开采上三角掌子时，电铲需要站在斜坡道上装载高度不等的爆堆，列车需在大坡道上启动和制动；同时，出入沟内干线需要经常移设，并在沟内增设装车线。这些

作业特点，必然给移动坑线的应用带来不利的影响。

与固定坑线开拓比较，移动坑线开拓的优点是：

（1）可以靠近矿体掘进出入沟和开段沟，能较快地建立起采矿工作线，减少基建剥岩量，加快矿山建设速度，使矿山早日投产。

（2）移动坑线一开始并不设在固定的非工作帮上。因此，当矿床地质勘探与工程水文地质情况尚未完全探明，最终开采境界与帮坡角都有待最后确定，或由于技术经济发展等原因需要改变开采境界时，采用移动坑线开拓就有可能避免由于边坡角过大或过小而造成资源和经济上的损失，以及由于改变开采境界而造成技术上的困难。

（3）可以自由地选定开拓坑道的位置，有利于根据选择开采的要求确定工作线推进方向，以减少开采过程中的矿石损失和贫化。

（4）由于移动坑线铺设在工作帮上，当露天矿场底部平盘宽度较小时，采用移动坑线能够避免露天矿底为保护 2 倍最小曲率半径而引起的扩帮量。并且可以省掉两端帮的联络线路工作量，缩短运输距离。

当然，由于移动坑线的作业特点也带来了一些不利的因素，其缺点是：

（1）在设有移动坑线的工作台阶上，生产作业比较困难，从而使设备效率、劳动生产率、采剥成本等生产技术指标比用固定坑线开拓都要差些。具体反映在穿孔爆破工程量增加，据研究，三角掌子穿孔工作量大约增加 2 倍，钻机生产能力下降约 10%，而炸药消耗量约增加 4% ~ 10%，电铲装车效率降低，一般约低 4%，线路质量较差，列车重量减少，通过能力降低。

（2）移动坑线占用的台阶工作平盘较大。在移动坑线上，除要铺设运输干线外，还要有铺设装车线和堆置爆堆的宽度。为了使干线移设不影响生产，特别是对于铁路运输来说，尚应预先铺上备用线路，然后才拆除旧有线路，特别是要减少干线移设次数，就要增大一次移设距离，更需加大平盘宽度。其结果使设有移动坑线一帮的台阶数减少，工作帮坡角相对地大为减缓，增加了超前剥离工程量。

（3）由于干线经常移设，线路维修和铁路线路移设的工程量很大，一般移道工作量增加 1 ~ 1.4 倍。同时，运输干线和站场是分段移设的，台阶工作线也要相应地分区推进，产生干线和站场移设与各台阶开采之间的配合问题，使工作组织复杂化。

对于走向长度小的露天矿采用移动坑线，上述缺点更显突出。

2.2.2 联合开拓方式

2.2.2.1 铁路、公路联合开拓方式

公路开拓能加速露天矿新水平准备，提高新水平延深速度，强化矿山的开采，具有运行灵活、基建投资少的特点；铁路开拓适用于运距长的矿山，具有运量大、运费低的特点。把铁路运输和公路运输相结合能充分发挥两者的优点，取长补短。该种方式已成为露天矿常用的开拓方式。

在矿山建设的初期，可以采用单一的公路或铁路开拓方式，也可以二者联合使用。随着矿山工程的发展，矿山采场平面尺寸增大、深度增加，铁路运输线路可以变为固定线路，此时，采场上部水平用铁路运输，下部水平采用公路运输，在采场内设置将矿岩由汽

车向列车转载的转载站，最后用铁路运输将矿岩运往排土场和矿石破碎站，形成铁路、公路联合开拓方式。

铁路、公路联合开拓与单一的铁路和公路开拓相比较具有如下优点：

（1）在采场深部水平使用汽车运输，机动性、灵活性大，能加快掘沟速度，减少新水平准备时间，加大矿山生产能力，提高电铲效率；改善矿石和矿岩分采效果；免除铁路运输复杂的移动工作和改善工作组织，提高铁路运输能力。

（2）采场上部固定线路使用铁路运输，缩短了汽车运距，降低了汽车运营费用，提高了汽车的生产能力和技术经济效益。

2.2.2.2　斜坡运输开拓

铁路运输开拓和公路运输开拓所需设置的开拓坑道都是缓沟，其坡度一般只能在 6° 以下，因此，在深凹露天矿和高山露天矿采用上述两种开拓方式时，线路的展线都很长，不但使运距增大，运输效率降低，而且使掘沟工程量和露天矿边坡的补充扩帮量增加，从而影响矿山基建和生产的经济效果。此时，采用斜坡胶带运输开拓或斜坡卷扬开拓能使这一问题得到有效解决。

斜坡胶带运输开拓和斜坡卷扬开拓的共同特点是，运输堑沟为纵坡较大的陡沟，其坡度一般大于 16°，易于布线，开拓沟道内的运输只是整个露天矿运输系统的中间环节，在陡沟的起点和终点，通常要设置转载站或转换点，从而使露天矿运输系统的统一性和连贯性受到破坏。因此必须要注意运输的衔接和配合，这是保证这类开拓方法可靠而有效的重要前提。

A　斜坡胶带运输开拓

采用斜坡胶带运输开拓时，爆破后的矿岩必须经过破碎机破碎后转载给胶带运输机运输，即需设置破碎转载站。破碎转载站按其固定性分为移动式、半固定式和固定式三种，可随工作水平的延深而下降。

破碎转载站的移设和安装工作较为复杂，所需时间较长，组装形式的半固定式破碎站，每移设一次需要 10~15d，所以在生产中往往采用集运水平减少破碎转载站的个数，一个集运水平服务的深度一般为 60~80m。例如某集运水平服务的台阶个数为 4 个，破碎转载站设在第二个水平，第一个水平矿岩往下运输，而第三、四个水平的矿岩往上运输，如图 2-2-19 所示。

采用斜坡胶带运输开拓方法时，常需开掘坡度适合于布设运输机的陡沟。陡沟一般布置在矿体下盘，或布置在露天矿的非工作帮或端帮上；陡沟的布置多呈直进式，若露天矿很深，长度小，可按螺旋式或折返式布置，如图 2-2-20 所示。

当露天矿边坡不稳定且有滑坡危险时，胶带运输机布置在地下坑道（如斜井）比较好。矿岩通过斜井内的胶带运输机提升至地表，斜井内要

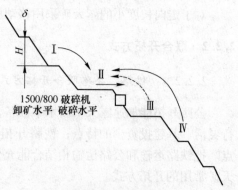

1500/800　破碎机
卸矿水平　破碎水平

图 2-2-19　各台阶往集运水平运输
Ⅰ，Ⅲ，Ⅳ—开采水平；Ⅱ—集运水平
（破碎转载水平）；H—台阶高度

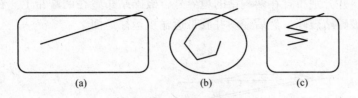

图 2-2-20　胶带运输机的布置示意图

设置胶带运输机和运送备件及检修用的窄轨铁路，斜井断面参考图如图 2-2-21 所示。斜井胶带运输机的优点是不受气候条件及采剥作业的影响，能缩短运输机长度，避免与采场边坡上的运输干线交叉，但基建工程量大，建设周期长，基建投资大。

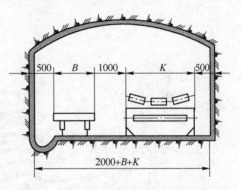

图 2-2-21　胶带运输机斜井断面示意图

按破碎转载站的固定性、胶带运输机的布置方式以及生产工艺流程，露天矿常用的胶带运输开拓系统分为三种：汽车—半固定破碎转载站—胶带运输机开拓、汽车—半固定或固定破碎转载站—斜井胶带运输机开拓、汽车—移动式破碎转载站—胶带运输机开拓。

a　汽车—半固定破碎转载站—胶带运输机开拓

汽车—半固定破碎转载站—胶带运输机开拓系统如图 2-2-22 所示。破碎转载站和胶带运输机布置在采场的非工作帮上。由于露天边坡角一般比胶带运输机允许的坡度大，故胶带运输机与边坡斜交布置。矿石和岩石用汽车运输至破碎转载站，破碎后经板式给矿机转载给胶带运输机运至地面，再由地面胶带运输机或其他运输设备转运至卸载地点。

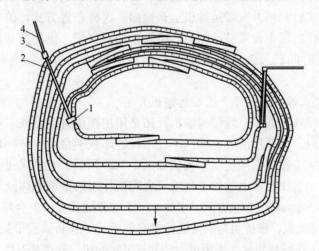

图 2-2-22　汽车—半固定破碎转载站—胶带运输机开拓
1—破碎站；2—边帮胶带运输机；3—转载点；4—地面胶带运输机

b　汽车—半固定或固定破碎转载站—斜井胶带运输机开拓

汽车—半固定或固定破碎转载站—斜井胶带运输机开拓系统如图 2-2-23 所示。岩石和矿石胶带运输斜井分别布置在两端帮的境界外，破碎站布置在两端帮上。在采场内，用汽车将矿岩运至破碎站破碎，然后经斜井胶带运输机运往地面。

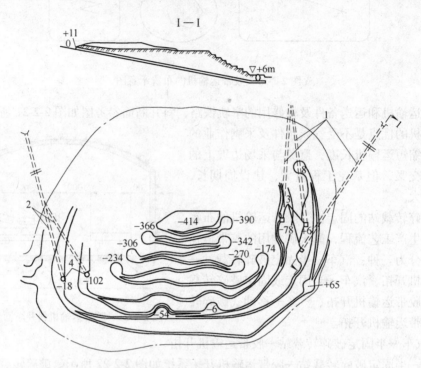

图 2-2-23　汽车—半固定或固定破碎转载站—斜井胶带运输机开拓
1—岩石胶带运输斜井；2—矿石胶带运输斜井；3—岩石破碎站；4—矿石破碎站

破碎转载站还可固定设在露天矿境界底部，矿石和岩石通过溜井下放到地下破碎站破碎，然后经板式给矿机和斜井胶带运输机运至地面。这种布置方式，破碎站不需移设，生产环节简单，减少在边帮上设置破碎站而产生的附加剥岩量。但初期基建工程量较大，基建投资较多，基建时间长，溜井易发生堵塞和跑矿事故，井下粉尘大，影响作业人员安全。

c　汽车—移动式破碎转载站—胶带运输机开拓

汽车—移动式破碎转载站—胶带运输机开拓是用挖掘机将矿石或岩石直接卸入设在采掘工作面的破碎机内，也可用前装机或汽车在搭设的卸载平台上向破碎机卸载，破碎后的矿岩用胶带运输机从工作面直接运出采场，如图 2-2-24 所示。在开采过程中，破碎机随工作面的推进而移动。工作台阶上的胶带运输机也随工作线的推进而移设。

工作台阶上胶带运输机的布置方式，主要取决于工作线长度。但台阶工作线较长时，胶带运输机可平行台阶布置，破碎机与胶带运输机之间敷设一条桥式胶带运输机，如图 2-2-25（a）所示；当台阶工作线较短时，采用可回转的胶带运输机，如图 2-2-25（b）所示。

胶带运输机运输能力大；爬坡能力强，可达 16°~18°；运输距离短，约为汽车运输的 1/4 ~ 1/3，为铁路运输的 1/10 ~ 1/5；基建工程量少；运输成本低，采用汽车运输时，开采深度每增加 110m 成本就增加 1.5 倍，用胶带运输机时仅增加 5% ~ 6%，因此，可扩大开采范围，加大开采深度；由于连续运输，便于实现自动控制；能强化开采作业。胶带运

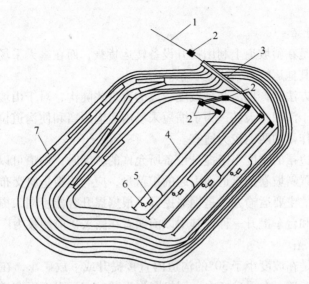

图 2-2-24　汽车—移动式破碎转载站—胶带运输机开拓

1—地面胶带运输机；2—转载点；3—边帮胶带运输机；4—工作面胶带运输；

5—移动式破碎机；6—桥式胶带运输机；7—出入沟

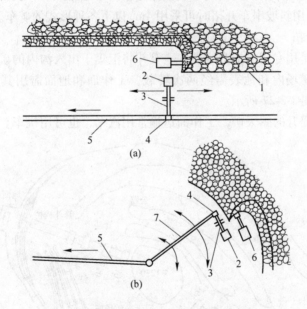

图 2-2-25　胶带运输机在工作台阶上的布置方式

（a）工作线较长时；（b）工作线较短时

1—爆堆；2—移动式破碎机；3—桥式胶带运输机；4—转载点；

5—工作面胶带运输机；6—挖掘机；7—可回转的胶带运输机

输机运输是露天矿广泛应用的开拓方式。

但是，胶带运输开拓对矿岩块度有一定要求，矿岩进入运输机之前，必须先破碎，因而在采场内需设置破碎站，破碎站的建设费用较高，移设工作复杂；运送棱角锋锐的矿岩对胶带磨损大；敞露的胶带运输机，在一定程度上受气候条件的影响较大，因此可设简易的防护棚。

　　B　斜坡卷扬开拓

　　斜坡卷扬开拓是在斜坡道上利用提升设备转运货载，而在露天采场内的工作台阶和地表，则常需借助于其他运输方式建立联系。

　　采用这种开拓方法时，也需开掘坡度较大的直进式陡沟，对于山坡露天矿，陡沟应设在开采境界外，对于深凹露天矿，为了缩短采场内运输距离和使沟道位置固定，一般将沟道设在端帮或非工作帮的两侧较为适宜。

　　当露天矿最终边帮的坡度小于提升设备所允许的坡度时，沟道可以垂直边帮布置。反之，为减少由于设置斜坡卷扬机道而引起的扩帮量，应与边帮呈斜交布置。

　　斜坡卷扬开拓的主要运输方式是钢绳提升。根据提升容器不同，提升方式又可分为串车提升、箕斗提升和台车提升三种。其中以前两者在露天矿应用较为广泛。

　　a　斜坡串车开拓

　　斜坡串车提升是在坡度小于30°的沟道内直接提升或下放矿车，在卷扬机道两端不需转载设备，只设甩车道。在采矿场内，用机车将重载矿车牵引至甩车道，然后由斜坡卷扬提升（或下放）至地面甩车道，再用机车牵引至卸载地点。

　　斜坡串车开拓适用于采场内使用窄轨铁路运输的小型露天矿，提升或下放垂直高度在100m左右为宜。采用斜坡串车开拓时可采用4m^{3}以下各种形式的矿车。

　　b　斜坡箕斗开拓

　　斜坡箕斗提升是用专门的提升容器——箕斗将汇集于出入沟内的矿岩提升或下放至地面。矿岩在露天采矿场内和地表需经两次转载，工作面和地面需用其他运输方式与之配合，如图 2-2-26、图 2-2-27 所示。

　　采用斜坡箕斗提升的露天矿，工作面运输常用汽车，也可用机车。在露天矿场内需设

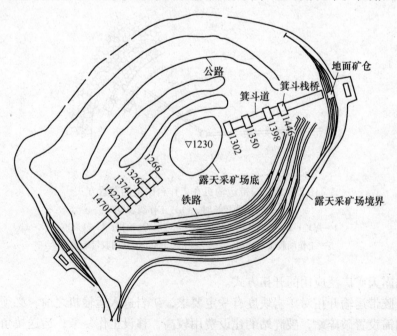

图 2-2-26　凹陷露天矿斜坡箕斗开拓

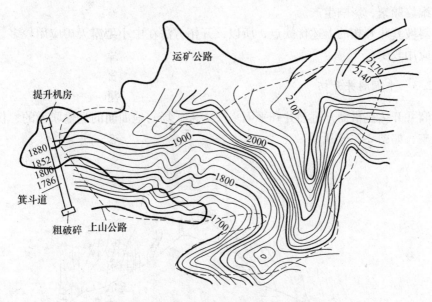

图 2-2-27 山坡露天矿斜坡箕斗开拓

箕斗装载站，以便把矿岩从汽车转载到箕斗中。在地表则要有箕斗卸载站，使矿岩通过矿仓向自卸汽车或矿车转载。

转载方式有直接转载和漏斗转载。图 2-2-28 所示为汽车直接向箕斗装载的转载站。箕斗载重量一般为汽车载重量的 1~2 倍。这种转载方式结构简单，但汽车与箕斗相互制约大，使设备效率降低，矿岩堆箕斗的冲击力较大，影响箕斗使用寿命。

漏斗装载是车辆在转载平台上将矿岩卸入矿仓，通过漏斗闸门装入箕斗。因漏斗口距箕斗较近，矿岩对箕斗的冲击力比用直接转载小，但转载站的设施较为复杂。

在凹陷露天矿，随着开采水平的下降，箕斗道需不断延深，转载站需每隔 2~4 个水平移设一次，即每隔 2~4 个台阶设一集运水平。为了不中断生产，一般采用两套及以上箕斗提升系统交替延深。

斜坡箕斗开拓的主要优点：

（1）能以最短的距离克服较大的高差，使运输周期大大缩短；

（2）投资少，建设快，经营费低；

（3）设备简单，便于制造和维修。

斜坡箕斗开拓的主要缺点：

（1）转载站结构庞大，移设复杂；

（2）矿岩需几次转载，管理工作比较复杂；

（3）大型矿山的矿岩块度往往比较大，箕斗受冲

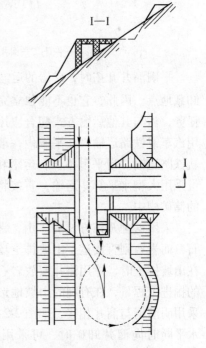

图 2-2-28 汽车直接向箕斗装载的转载站

击严重，维修频繁，影响生产。

由于斜坡箕斗开拓的上述优缺点，所以该开拓方法在中小型露天矿应用较多，在大型露天矿的应用较少。

2.2.2.3　平硐溜井开拓

平硐溜井开拓是借助开掘溜井和平硐来建立采矿场与地面间的运输联系的，仅适用于山坡露天矿，如图 2-2-29 所示。

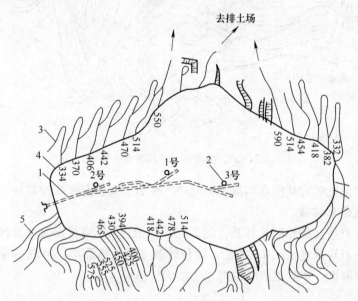

图 2-2-29　平硐溜井开拓
1—平硐；2—溜井；3—公路；4—露天开采境界；5—地形等高线

平硐溜井开拓时，矿岩的运输不需任何动力，而只靠自重沿溜井溜下至平硐再转运到卸载地点。因此，它也不能独立完成露天矿的运输任务，需与其他运输方式配合应用。在采矿场常采用汽车或铁路运输，在平硐内一般可采用准轨或窄轨铁路运输。当平硐不长，运距和运量不大时，还可采用大型水平箕斗运输，直接将矿石卸至粗破碎的储矿槽中。

采用这种开拓方式的矿山，常只用溜井溜放矿石，而岩石则直接运至山坡排土场排弃，只有不能在山坡排土时，才用溜井溜放岩石。为了减少溜井的掘进工程量，在有利的山坡地形条件下，上部可采用明溜槽与溜井相接，如图 2-2-30 所示。当几个水平同时向溜井卸矿时，可采用短溜槽与主溜槽相连。

采用平硐溜井开拓时，为运送设备、材料和人

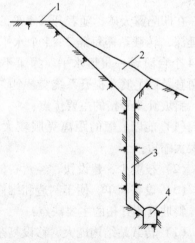

图 2-2-30　设有溜槽的平硐溜井示意图
1—卸矿平台；2—溜槽；3—溜井；4—平硐

员，需设置辅助运输线路。溜井承担受矿和放矿任务，是平硐溜井开拓中的关键部位。合理确定溜井的位置和结构，防治溜井堵塞和跑矿，对保证矿山正常生产具有重要意义。溜井的结构要素参见《金属矿床地下开采》，此处从略。溜井的布置原则、溜井降段、溜井堵塞和跑矿及其预防等内容，在露天矿运输章节中介绍。

溜井位置与采场内采用的运输方式有关。采场内采用汽车运输时，为缩短运距，溜井一般设在采场内；采场内采用铁路运输时，由于其灵活性和线路坡度的限制，一般是在采场境界外的端部布置分散放矿溜井，如图2-2-31所示，每个溜井负担的开采台阶数为2~3个。为了不因溜井发生故障和溜井降段等影响正常生产，应设置备用溜井。

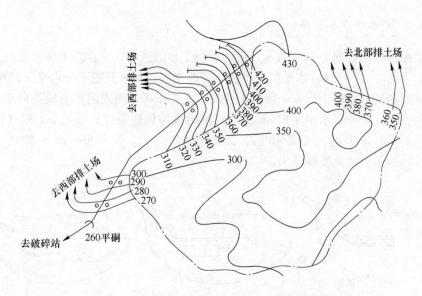

图 2-2-31　采场境界外端部布置分散放矿溜井开拓

平硐位置应与溜井位置同时确定。确定平硐位置时，除应考虑溜井的合理布置外，还应注意以下几点：

（1）尽可能缩短平硐长度；

（2）平硐位于采矿场下部时，平硐顶板距露天采场底的最小垂直距离，要根据爆破安全条件确定，避免在开采最终开采水平时因爆破而使平硐受到破坏；

（3）平硐口应设在当地洪水位以上，且山坡岩层稳固不易产生滑坡之处。

生产实践证明，平硐溜井开拓应用在地形复杂、高差较大、坡度较陡的山坡露天矿，可利用地形高差自重放矿，运营费低；缩短了运输距离，减少了生产运输设备。但是溜井壁易受冲击磨损，易引起溜井堵塞和跑矿事故；溜井放矿时，空气中的粉尘会影响作业人员安全健康，尤其含矽多的矿石应加强通风防尘；对要求一定块度而易粉碎的矿石，一般不宜采用此开拓方法，以免造成粉尘过多。

在采场内采用胶带运输机运输时，由于进入溜井的是经过破碎的矿石，可避免大块矿石堵塞溜井，减轻矿石对溜井壁的冲击和磨损，而且可以缩小溜井断面，减少开拓系统基建工程量，有利于加速矿山建设。

2.2.3　新水平的准备

在露天开采过程中，随着矿山工程的发展，工作台阶的生产必将逐渐结束而转化为非工作台阶。因此，为了保证矿山的持续生产，就必须准备新的工作台阶，即新水平准备。新水平的准备工作包括掘进出入沟、开段沟和为掘沟而在上水平所进行的扩帮工作。

新水平准备的及时与否，关键在于掘沟速度的快慢。掘沟速度在很大程度上决定着露天开采强度，并影响露天矿生产能力，所以在上部工作水平扩帮生产的同时，要及时地向下部水平开掘出入沟和开段沟，开辟新的工作水平，以便使露天矿保持足够的作业台阶。否则会破坏露天矿正常生产条件，造成严重的恶果。

2.2.3.1　新水平准备程序

新水平准备程序如图 2-2-32 所示，随着采掘工作的进行，工作线不断向前推进。如图 2-2-32（a）所示，当 +154m 水平扩帮推进一定距离后，即可开挖下一水平 +142m 水平的出入沟，然后掘进开段沟；当整个段沟形成后，沿工作帮一侧或两侧的段沟向水平方向推进，以便为在下一个开采水平 +130m 水平开掘出入沟创造条件，如图 2-2-32（b）所示；当 +142m 水平扩帮推进一定距离后，即可挖掘下一水平 +30m 水平的出入沟，如图 2-2-32（c）所示，如此发展下去。

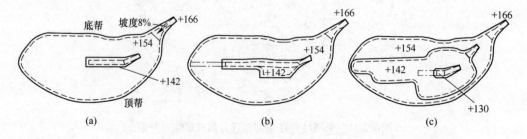

图 2-2-32　新水平准备工程平面示意图

2.2.3.2　新水平掘进方式

新水平掘进方式与采剥工作比较起来，虽然生产工艺环节基本相同，但新水平掘进工作又有自身的特点。其特点是在尽头区采掘，工作面狭窄，靠沟帮的钻孔挟制性大，采用铁路运输掘沟时装运设备效率低，尤其雨季沟内积水对掘沟工作影响很大。

在大型金属露天矿中，新水平掘进的主要设备是单斗挖掘机，按其配用的运输方式和装载方式的不同，新水平掘进方式分为以下几类。

按采用的运输方式，新水平掘进方式分为铁路运输掘沟、汽车运输掘沟、汽车-铁路联合运输掘沟以及无运输掘沟等，此外，对于采用斜坡串车提升运输的中小型矿山，还有其他一些与之相配合的掘沟方法。前三类掘沟方法常用于凹陷露天矿掘进梯形横断面的双壁沟，而无运输掘沟法多用于沿山坡掘进近似三角形横断面的单壁沟。在山坡也可用汽车运输掘进宽工作面单壁沟。

按挖掘机的装载方式，新水平掘进方式分为平装车全段高掘沟、上装车全段高掘沟和分层掘沟。

A　汽车运输掘沟法

汽车运输掘沟是采用平装车全断面掘进的方法，即在沟的全段高一次穿孔爆破，汽车驶入沟内全段高一次装运。个别情况也采用分层掘沟，分层装载。汽车运输具有高度的灵活性，适合于在狭窄的掘沟工作面工作，使挖掘机装车效率能得到充分的发挥。因此，它是提高掘沟速度的有效方法。

汽车运输掘沟方法的掘沟速度，除受穿孔、爆破、采装、运输各工艺密切配合关系的影响外，主要是取决于汽车在沟内的调车方式，因为它不但影响调车时间，而且是确定沟底宽度的重要因素。

汽车在沟内的调车方式，常用回返式调车（又称环形调车）和折返式调车（见图 2-2-33），后者又分为单折返线调车和双折返线调车。

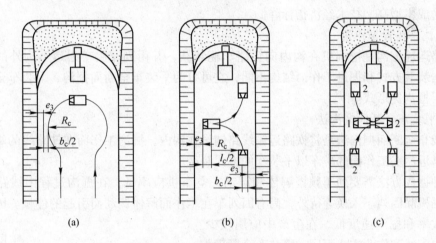

图 2-2-33　汽车在沟内的调车方式
（a）回返式调车；（b）单折返线调车；（c）双折返线调车

回返式调车又称环形调车，汽车以迂回的方法在掘沟工作面附近改变运行方向，所需沟底宽度较大，掘沟工程量较大，但此法空、重汽车入换时间短，挖掘机效率高。实际应用表明，采用自卸汽车运输时，回返式调车需要的沟底宽度大约为 25～27m，使掘沟工程量增加，因此与折返式调车掘沟速度相比有时反而降低。

折返式调车是汽车以倒退方式接近挖掘机，所需沟底宽度较小，掘沟工程量较少。单折返线调车时，空、重汽车入换时间比回返式调车多 2～4 倍，因而装运效率低；双线折返调车是当一辆汽车装载结束时，另一辆汽车已经入换完毕等待装车，故可缩短挖掘机等车时间，提高装载效率，其掘沟速度最快，但所需汽车数量较多。当汽车数量供应充足时，可采用双折返调车方法掘沟，否则宜采用回返式调车法掘沟。

为加速新水平准备，可将堑沟分成几个区段同时掘进。为方便汽车出入工作面，在每个区段要设置临时斜沟，而临时斜沟一般应为堑沟的一部分，待各区段堑沟掘完后再处理临时斜沟。

在坚硬岩石中，汽车运输掘沟工艺包括穿孔爆破、采装、运输、二次破碎，在有涌水的露天矿尚需进行排水工作。

掘沟的穿孔爆破工作是在断面狭窄的尽头处进行的，为提高掘沟速度，广泛应用多排孔微差挤压爆破，其起爆方式按其起爆顺序的不同可分为斜线微差起爆、排间微差起爆、行间微差起爆（即纵向掏槽起爆）。

在凹陷露天矿掘进双壁沟时，由于沟的断面较小，边孔爆破的挟制作用较大，为了按设计断面成沟，边孔的装药量应比其他孔增加 15% ~ 20%。靠非工作帮掘沟时，为保护边坡稳定性，应实施控制爆破。位于最终边帮平台部分的钻孔宜采用较小的孔网参数和孔径。钻孔不超深或少超深，并应适当减少钻孔的装药量；在沟帮坡面上加一行孔径小的垂直短孔或布置与沟帮坡面平行的钻孔。

汽车运输掘沟的优点很多，主要是工作机动灵活，没有移设线路和爆破埋道的问题，汽车可停靠至挖掘机的有利装载地点，所需入换时间短，供车比较及时。因此可提高挖掘机的生产能力和掘沟速度。但是，汽车运输掘沟受运距的限制，一般不应超过 2 ~ 3km，否则运输成本增高，技术经济指标降低。

B　铁路运输掘沟法

铁路运输掘沟是挖掘机在沟内向铁路车辆装载，并由列车将矿岩运至沟外的一种方法。根据装载方式和掘进工作面结构不同，它可分为平装车全断面掘沟、上装车全断面掘沟和分层掘沟等形式。

a　平装车全断面掘沟法

平装车全断面掘沟法是将铁路运输线路铺设在沟内，掘沟工作面在铁路线的端部，挖掘机向靠近尽头工作面的矿车以平装车的方式装载。

这种掘沟方法需要列车频繁解体和调动，空车供应率低，在掘沟过程中线路工程量大，挖掘机除因列车入换等待外，尚有因列车在工作面解体调动而引起的停顿。因此，装运设备效率和掘沟速度低，在生产中应用较少。根据沟内配线和作业方式不同，平装车全断面掘沟法又可有下述掘进方案。

（1）单铲单线全宽掘进法。这是平装车全断面掘沟法中一种最基本的掘进方案。沟内一侧设置一条装车线，并接出一条调车线。工作面用一台挖掘机进行装车（见图 2-2-34）。空载列车以推进方式进入工作面装车线装车，每装完一辆矿车，列车被牵出工作面、推至调车线甩下重车，再将空列车推入装车线装车。如此反复直到装完整列车后，才在调车线上挂上所有重车驶出工作面。这种方法的特点是沟内配线简单，但需频繁解体调车，挖掘机待车时间长，挖掘机效率低，从而影响掘沟效率。为了缩短调车时间，许多矿山在此基础上创造了一些新型的调车方法，如成组调车法、留车作业法和双机梭形调车法等。

成组调车法，是挖掘机利用空、重车入换的

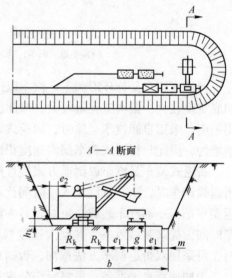

图 2-2-34　单铲单线掘沟示意图

R_k—挖掘机回转半径；g—铁路宽度；

e_1—矿车与挖掘机及水沟间距；

e_2—挖掘机与边坡间距；h_k—挖掘机

底盘高度；m—水沟宽度

等车时间，将部分岩石捣至不设装车线一侧的沟边，空列车进入装车线后，挖掘机首先挖掘爆堆装满接近工作面的第一辆车，然后后退5~6m，挖掘沟边岩石装满第二辆车。装完两辆车后，机车将已装车辆调出，待其余空车再进入装车线时，电铲则在原位置上装车尾第二辆车，再回到工作面装接近工作面的第一辆车，如此依次进行。这样，一次可装两辆矿车。列车在沟内的调车时间约缩短一半。但挖掘机需多次做短距离移动，当大块多时，沟内可能无处堆放大块。

留车作业法是在列车入换时，留1或2辆矿车在装车线继续装车，当另一列空车进到工作面时，留在工作面的车辆业已装满，即可以调至调车线，从而增加装车时间，缩短机车在工作面停留时间。这种方法在出入沟的坡度大、机车牵引车辆少或机车不足时更能发挥作用。但是由于机车离开工作面后，空车仍占用装车线，使辅助作业（如架线、接轨等）不能在列车入换时间内进行。为此，在掘沟组织过程中应综合考虑，合理安排，以发挥该方法的优越性。

双机梭形调车法是在沟内铺设梭形调车线，如图2-2-35所示，用2台机车在调车线上倒调，交替地向挖掘机供应空车进行装载，重车分别调挂到对方机车的后面，待车辆全部装完，到沟口会让站或调车线编组，然后由一台机车牵引运往排土场。这样能改善空车供应情况，比单个机车调车方法效率高。虽然该法占用机车较多，调车复杂，但仍是一种行之有效的方法。

（2）单铲双线全宽掘进法。改善调车条件的另一方法是在沟底两侧铺设两条装车线和一条调车线或调车站，如图2-2-36所示。列车交替地向两条装车线供应空车或牵出重车，这样能使挖掘机等车时间减少。

双装车线掘进虽能提高挖掘机效率，但需要增大沟底宽度。此外，双装车线的工作面

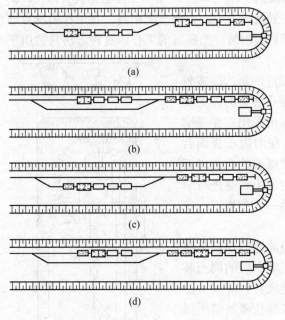

（a）

（b）

（c）

（d）

图 2-2-35　双机梭形调车法
1—1 号机车；2—2 号机车

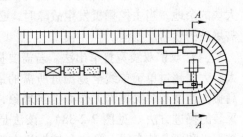

A—A 断面

图 2-2-36　单铲双线掘沟示意图

比较拥挤，没有堆放大块的余地，而且加大沟的底宽后，沟的两帮超出挖掘机站立水平的挖掘半径，挖掘机需频繁移动挖掘两侧的岩石。

（3）双铲单线全宽掘进。双铲单线全宽掘进法是用两台电铲同时向一列车装载（见图2-2-37）。紧靠工作面的电铲除直接装车外，还要在调车的间隔时间内，将岩石捣至两台电铲之间的岩石堆上，供第二台电铲装载。空车进入工作面后，两台电铲同时装车。

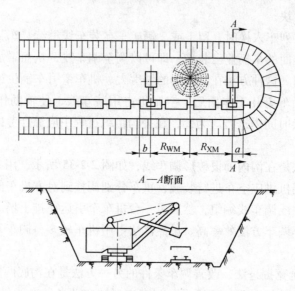

图 2-2-37　双铲单线掘沟示意图

应用两台挖掘机同时装车的方法，可以减少调车时间，提高掘沟速度。但是，两台挖掘机的生产能力仅比一台挖掘机生产能力提高20%～30%，而第一台挖掘机负荷大，第二台挖掘机却未发挥应有的效率。同时，在坚硬岩石中，大块发生率高，在工作面没有堆放大块的余地，当主挖掘机发生故障时，必将影响另一挖掘机的工作。这种方法只适用于不需爆破的软岩层掘沟。

（4）双铲双线宽打窄出法。若需要掘进的堑沟底宽较大，大大超过单铲单线全宽掘进所需的最小底宽时，为提高掘沟速度和解决掘沟工作面拥挤现象，可采用宽穿爆窄采装的掘进方法（见图2-2-38）。该法是在沟内布置两台挖掘机和两条装车线。第一台挖掘机在已爆破的松散岩石中，按能放置一台挖掘机和一条装车线的最小底宽进行窄工作面正面装车，第二台挖掘机落后于第一台挖掘机一定距离进行侧面装车。

此法第一台挖掘机的空车供应情况与前述的单铲单线全宽掘进法相同，而第二台挖掘机则与正常台阶的侧面装车效率相似，因此总的来说能提高掘沟速度。但应用本法时，要求沟底较宽，同时必须用大面积多排孔微差挤压爆破方法。故用于开掘开段沟较为有利。

综上所述，铁路运输平装车全断面掘沟法的最大困难

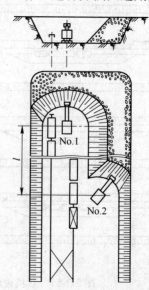

图 2-2-38　宽打窄出掘沟示意图

是在狭窄的工作面布置尽头线路，挖掘机在端工作面条件下进行平装车，调车工作复杂、有效作业时间短。此外，接长线路等工作又增加了辅助作业时间。

　　b　上装车全断面掘沟法

　　上装车全断面掘沟法的装车线设在沟帮上部水平，长臂挖掘机站在沟底按沟的全断面挖掘岩石，并向停在上部水平的列车进行侧装，每装完一辆矿车，列车向前移动一次，逐个装完整个列车。掘沟时的运输工作组织和空车供应条件与工作台阶开采基本相同，列车无需解体调动（见图 2-2-39）。

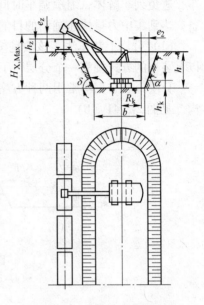

　　掘进出入沟时，沟道较浅的区段可采用多排孔微差爆破，上装车运输；沟深较大的区段，爆破后用平装铲将岩石倒入段沟内暂不装运，待以后扩帮时一并运出。采用这种掘沟工艺时，其掘沟速度比平装后掘沟提高 25%～30%，可加快新水平的准备工作。

图 2-2-39　上装车全断面掘沟

h_k—车辆高度；e_z—铲斗下缘与车辆距离

　　上装车全断面掘沟的主要优点是：

　　（1）这种掘沟方法列车不需解体，可缩短调车时间，沟内不铺设线路，工作组织比平装车掘沟简单，挖掘机利用率较高，掘沟速度较快。

　　（2）用长臂挖掘机上装车掘沟时，除可按先掘出入沟，然后掘开段沟的顺序作业外，在开采水平的工作平盘宽度不足的情况下，还可先在开段沟位置中部长约 80m 的区段进行穿孔爆破，然后按 8°～10° 的坡度呈"之"字形下挖爆堆进行上装车，最后下卧到开段沟底之后继续向两端掘进开段沟，当到达设计的出入沟位置时，在继续掘进开段沟的同时，掘进出入沟（见图 2-2-40），这样可加快新水平的准备。

　　（3）减少了用于掘沟的运输设备及人员。

　　上装车全断面掘沟的主要缺点是：

　　（1）由于卸载高度大，操作不方便，装载工作循环时间增加，因而挖掘机的小时技术生产能力降低。

　　（2）为采用这种掘沟方法需特制长臂铲。但是，只要设备条件允许，这还是一种提高掘沟速度的有效方法。

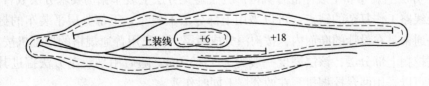

图 2-2-40　下卧开段沟上装车掘沟示意图

　　c　分层掘沟法

　　在没有长臂挖掘机的情况下，为提高掘沟速度，可用普通规格的挖掘机或半长臂挖掘机进行分层掘沟，方法是按沟深分成几个分层掘进，使之能用普通规格的挖掘机进行上装车，避免列车解体，缩短调车时间，同时又能增加掘沟工作面，以便投入较多的掘沟设备，达到集中力量快速掘沟的目的。根据分层装车方式不同，可分三种基本形式。

（1）分层上装车法。该法是按沟的全深分成若干分层，采用一台普通规格的挖掘机，以上装车的方式掘完一个分层再下降到下一个分层，逐层开掘至符合设计断面为止。

分层上装车掘沟常用两种方案，即交错分层掘沟［见图2-2-41（a）］和顺序分层掘沟［见图2-2-41（b）］。

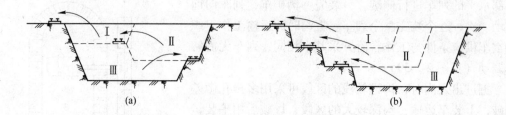

图 2-2-41　分层上装车掘沟
（a）交错分层掘沟；（b）顺序分层掘沟

交错分层掘沟是在沟的设计断面内分层，掘进断面较小，但需要交错地将线路由沟的一帮移至另一帮，尤其是采用电机车运输时，还需要变换牵引架线的位置，故线路移设工作较复杂，并影响下分层的穿爆工作。这种分层方式只适用于非坚硬岩石和松软岩石中。

顺序分层掘沟是分层的一部分在设计断面外部，各分层线路铺设在一侧。其掘进断面较大，但线路移设比交错分层掘沟简单，可避免线路移设对穿爆工作的影响，故适用于坚硬岩石中。

在采用分层上装车掘沟法时，为了减少掘沟和线路工程量，合理地组织线路移设与穿爆、采装工作的配合，分层数目不宜过多，一般不应超过三层，上部两个分层应预先进行松动爆破，并从沟的末端开始挖掘，随着挖掘机的推进，及时地将上部分层线路拆除再铺设于下部分层，为挖掘下部分层创造条件。

分层上装车掘沟的主要优点是，可以用普通规格的挖掘机实现上装车，生产能力较高，并在必要时可用几台挖掘机在几个分层上同时推进，以加快掘沟速度，但其掘沟工程量需要增加，线路工程量大，穿爆工作复杂，并且必须在所有分层掘完后，堑沟才能交付使用。

（2）分层上装车和平装车混合掘沟。为了避免分层上装车掘沟要求分层数目较多，而使穿爆及线路工作复杂的缺点，可以采用上部分层上装车，下部分层平装车的掘进方法。这种方法通常是在设计的断面内，按沟深分成两层。首先用普通规格的挖掘机按其最大的上装高度挖掘上部分层，该层高度一般为 2.5～3.0m。随后用平装车方法掘进其余部分。必要时也可以采用两台挖掘机，在两分层上同时作业。

此法与平装车全断面掘沟比较，它能利用普通规格挖掘机实现部分上装车作业，减少平装车掘进工作量，并增加了掘进工作面，从而能提高掘沟速度。

（3）分层平装车掘沟。如图2-2-42所示，这种方法通常是按沟的全深一次穿爆，然后分成两层，用两台挖掘机前后错开一段距离，分别在两个分层底部同时以平装车方式掘进。分层高度一般可按沟深平均划分，使上下两台挖掘机所担负的工作量均衡。

由于这种掘沟方法可以同时采用两台挖掘机掘进而不必增加掘进工程量，故能加快掘沟速度。但它对爆破质量要求较高，要求破碎的岩石块度均匀，没有大块和根底，故只适用于松软岩层的掘沟。

d　无运输掘沟法

无运输掘沟亦即捣堆掘沟。它是用挖掘设备将沟内岩石直接捣至沟旁排弃，或用定向抛掷爆破的方法将岩石抛至沟外，而在掘沟时不需运输设备。

（1）捣堆法掘沟。在山坡露天矿掘进单壁沟时，常用挖掘机将沟内岩石直接捣至沟旁的山坡堆置，如图 2-2-43 所示。

在缓山坡掘进单壁沟时，还可用掘沟的岩石加宽沟底，从而减少掘沟工程量。但必须采取预防岩石沿山坡滑动的措施，以保证沟底的稳定。

用捣堆法掘进双壁沟时，是用挖掘机挖掘并向沟的一帮或两帮上部直接堆积岩石，

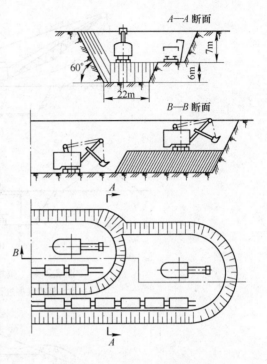

图 2-2-42　分层平装车掘沟

因此，需要采用工作规格较大的索斗铲或特制的剥离机械铲，如图 2-2-44 所示。这种掘沟方法适用于松软岩石并有可能设置内部排土场的条件。

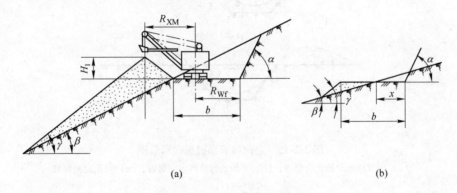

(a)　　　　　　　　　　　　　　　　(b)

图 2-2-43　捣堆法掘进单壁沟

b—沟底宽度；x—实体宽度；H_1—岩堆高度；γ—岩堆坡面角；β—山坡坡面角；α—沟帮坡面角

（2）抛掷爆破掘沟。抛掷爆破掘沟法的实质，就是沿沟道合理布置药室，采用定向抛掷爆破将沟内岩石破碎，并将其大部分岩石抛至堑沟的一帮或两帮，如图 2-2-45 所示。根据岩石抛掷的方向，又可分为单侧定向抛掷爆破和双侧定向抛掷爆破。

单侧定向抛掷爆破掘沟法［见图 2-2-45（a）、（b）］，是借助于自然地形或借助于各药室的装药量不同及起爆顺序来控制的。双侧定向抛掷爆破掘沟法［见图 2-2-45（c）］的特点是将岩石抛掷在堑沟的两侧。它多用于采场境界以外的小型沟道（如水沟等）的

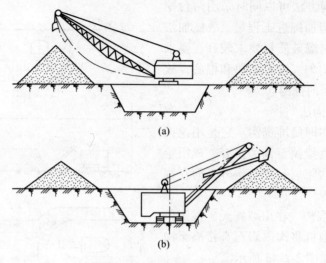

图 2-2-44　捣堆法掘进双壁沟

（a）索斗铲捣堆掘进；（b）机械铲捣堆掘进

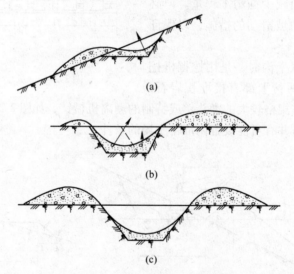

图 2-2-45　定向抛掷爆破掘沟示意图

（a）山坡地形单侧定向爆破；（b）平坦地形单侧定向爆破；（c）双侧定向爆破

掘进。

　　e　联合运输掘沟法

　　在铁路运输开拓的露天矿，为提高掘沟速度，加快新水平准备，可采用汽车-铁路联合运输掘沟。在汽车运输开拓的露天矿，当掘沟的岩土松软或爆破后的岩块较小时，也可采用前装机-汽车运输掘沟。

　　（1）汽车-铁路联合运输掘沟。如图 2-2-46 所示，汽车在沟内平装车，运至沟外转载平台上，将岩石卸入铁路车辆后，运往排土场。这种掘沟法具有汽车运输掘沟的特点，且能缩短汽车运输距离，使之达到较好的技术经济效果。

　　为了简化转载工作，常采用直接转载的方式。转载平台应设置在适宜的位置，最好尽量

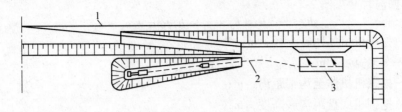

图 2-2-46 汽车-铁路联合运输掘沟示意图

1—铁路；2—汽车道；3—转载平台

靠近铁路会让站，以缩短列车会让时间。其结构形式也不宜复杂，应有利于设置和拆除。

汽车-铁路联合运输掘沟法能充分发挥汽车运输的优点，而克服其缺点。但对采用铁路运输的露天矿来说，它需要另外增添汽车设备、修筑转载平台，并使全矿运输工作组织复杂化。

（2）前装机-汽车运输掘沟。在沟内用前装机挖掘岩石并运至沟外向汽车装载，然后运往排土场。当堑沟距地表和排土场很近时，前装机可独自完成采掘、运输和排弃工作，不需汽车转运。

前装机在倾斜堑沟内向下挖掘岩石时，因可阻止机体后退，能减少铲斗挖取时间，提高生产能力；前装机在沟内可倒退出沟外，故所需沟底宽度小。由于设备效率的提高和掘沟工程量的减少，因而能加快掘沟速度。

前装机掘沟也可分为全断面一次掘进和分层掘进。当沟道较浅时，可采用全断面一次掘进；当沟道较深时，宜采用分层掘进，分层高度取决于前装机的工作参数。

2.2.3.3 新水平掘进技术

A 露天堑沟的主要参数

露天堑沟的主要参数包括出入沟和开段沟的沟底宽度、沟帮坡面角、沟的深度、沟的纵断面坡度和沟的长度。

a 沟底宽度

沟底宽度取决于掘沟的运输方法、沟内线路数目、岩石物理力学性质和采掘设备的规格等因素。

（1）出入沟的沟底宽度。

1）汽车运输掘沟时（见图 2-2-33），沟底最小宽度为：

回返式调车时：
$$b_{min} = 2(R_{cmin} + 0.5b_c + e) \tag{2-2-1}$$

式中 R_{cmin}——汽车最小转弯半径，m；

b_c——汽车宽度，m；

e——汽车边缘距沟帮底线的距离，m。

折返式调车时：
$$b_{min} = R_{cmin} + 0.5b_c + 2e + 0.5L_c \tag{2-2-2}$$

式中 L_c——汽车长度，m；

其余符号意义同前。

2）铁路运输掘沟时，沟底最小宽度为：

平装车掘沟时（见图 2-2-47）：

$$b_{min} = 2R + b_c + e_1 - h_1 \cot\alpha + e_2 + e_3 \qquad (2\text{-}2\text{-}3)$$

式中　R——挖掘机机体回转半径，m；

　　　b_c——车辆宽度，m；

　　　e_1——挖掘机机体至沟帮距离，m；

　　　h_1——挖掘机底盘距沟底高度，m；

　　　e_2——挖掘机机体与车帮间距，m；

　　　e_3——车帮与沟帮间距，m。

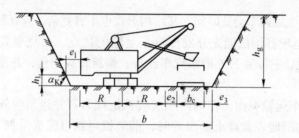

图 2-2-47　铁路平装车全断面掘沟示意图

上装车掘沟时（见图 2-2-39）：

$$b_{min} = 2(R + e_1 - h_1 \cot\alpha) \qquad (2\text{-}2\text{-}4)$$

式中符号意义同前。

（2）开段沟沟底最小宽度。

开段沟沟底最小宽度与掘沟方式、采装运设备规格、线路数目和布置及扩帮爆破的爆堆宽度等有关，如图 2-2-48 所示，其最小宽度为：

$$b_{min} = b_b + b_d - W_{底} \qquad (2\text{-}2\text{-}5)$$

式中　b_b——运输线路占用宽度，m；

　　　b_d——扩帮爆破的爆堆宽度，m；

　　　$W_{底}$——底盘抵抗线，m。

当采用汽车运输、挖掘机端工作面采装扩帮的爆堆时，开段沟的沟底宽度可参照出入沟沟底宽度的计算方法。

　b　沟的深度

凹陷露天矿的出入沟和开段沟均为双壁堑沟，出入沟的深度从零过渡到台阶全高度，开段沟深度等于台阶全高度。山坡露天矿的出入沟和开段沟多为单壁堑沟，如图 2-2-49 所

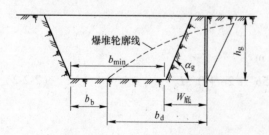

图 2-2-48　开段沟的沟底宽度

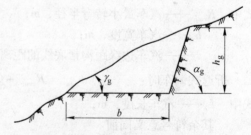

图 2-2-49　单壁沟横断面要素图

示。

山坡露天矿的出入沟和开段沟的深度可按式（2-2-6）计算：

$$h_{\mathrm{g}} = \frac{b}{\cot\gamma_{\mathrm{g}} - \cot\alpha_{\mathrm{g}}} = \phi b \tag{2-2-6}$$

式中　h_{g}——沟的深度，m；

　　　α_{g}——沟帮坡面角，(°)；

　　　γ_{g}——地形坡面角，(°)；

　　　b——沟底宽度，m；

　　　ϕ——削坡系数，$\phi = \dfrac{1}{\cot\gamma_{\mathrm{g}} - \cot\alpha_{\mathrm{g}}}$。

c　沟帮坡面角

沟帮坡面角取决于岩体的物理力学性质和沟帮坡面保留时间的长短。

采用固定坑线开拓时，沟帮一侧坡面是露天开采境界的最终边帮的组成部分，应满足最终边帮稳定的要求，故与非工作台阶坡面角相同；当采用移动坑线开拓时，沟帮两侧坡面角均为工作台阶坡面角。

d　沟的纵向坡度

出入沟的纵向坡度取决于露天矿采用的开拓运输方式、运输设备类型和堑沟的用途。其值应综合考虑对运输及采掘工作的影响并结合生产实际经验确定。

开段沟一般是水平的，但有时为了排水的需要采用3‰左右的纵向坡度。

e　沟的长度

出入沟的长度取决于台阶高度和出入沟的纵向坡度，即：

$$L = \frac{h}{i} \tag{2-2-7}$$

式中　L——出入沟的长度，m；

　　　h——台阶高度，m；

　　　i——出入沟的纵向平均坡度，% 或 ‰。

开段沟的长度与采掘工艺、开拓方法等因素有关，应根据矿山的具体条件确定，其长度一般和准备水平的长度大致相等。

B　出入沟的掘进技术

出入沟掘进的主要特点是工作面的高度不断变化，要求穿孔、爆破、采装、运输等作业均有相应的变化。

露天开采出入沟的掘进是新水平准备工作中重要的生产环节，新水平准备的及时与否，关键在于出入沟的掘进速度。由于出入沟的高度不断变化，使穿孔、爆破、采装、运输等各生产环节都有不同程度的改变。

a　出入沟上三角掌的掘进

在出入沟的上三角掌施工时，穿孔的深度不断变化，相对增加了设备的移动时间，减少了钻孔时间，穿孔效率下降。采装、运输工作的工作面是倾斜的，增加了电铲移动的困难程度，采装的爆堆不够规整，也增加了电铲采装的难度，使电铲的生产效率下降。运输车辆处于倾斜的工作面，给车辆启动、制动带来不安全的因素。

出入沟上三角掌的穿孔爆破工作，当段高小于 1.5m 时，如果矿岩允许，一般采用电铲直接铲掘，否则采用移动式手持凿岩机凿岩爆破，当段高超过 1.5m 时，使用潜孔钻机或牙轮钻机穿孔，由于炮孔深度是变化的，随着炮孔深度的增加，凿岩机的凿岩效率逐渐提高，爆破可以采用多排孔齐发爆破或多排孔短延爆破。由于炮孔深度不同，自由面数目少，在布置炮孔、计算装药量时要充分考虑到这些不利因素。

出入沟上三角掌的采装运输工作，出入沟的高度在 0 ~ 25m 范围内时，如果采用铁路运输掘沟，可以采用上装车，4 ~ 8m³ 电铲采装；如果采用汽车运输掘沟，由于汽车机动灵活的调车方式，采用折返、回返调车均可。掘进出入沟过程中，由于运输车辆处于倾斜的工作面上，运输司机在采装、调车过程中一定要精力集中，防止运输工具发生移动，出现事故。

b　出入沟下三角掌的掘进

当采用移动坑线方式开拓矿床时，由于随着回采工作线的推进，出入沟也随着推进，出现了下三角掌需要掘进的情况，此时下三角掌的掘进方式与上三角掌的掘进方式相同，只是在爆破的时候自由面数目增加了，爆破效果较好。

下三角掌的掘进特点是穿孔机械处于倾斜的工作面，穿凿的炮孔深度也是变化的，这给穿孔工作带来极大的困难。由于炮孔本身是垂直的，而穿孔设备是倾斜的，穿孔工作开始前需要将穿孔机械的大臂倾斜。由于炮孔深度的变化，增加了钻机移动、准备的时间，这使穿孔机械的效率下降很大。穿孔机械在倾斜工作面上移动，也增加了不安全的因素。

下三角掌的采装、运输工作同正常台阶的推进相同，只是由于爆堆高度的降低，使采装运输设备的效率略有下降。

c　出入沟掘进的排水

由于出入沟和段沟是露天坑的最低点，掘进过程中要排水，初始掘进出入沟时，要将水泵临时布置在沟底，距离掘进工作面 50 ~ 60m 处，固定水泵布置在上水平。当出入沟掘进到 300 ~ 600m 时，临时水泵布置在距离掘进工作面 50 ~ 60m 处，固定水泵在距离 400 ~ 500m 处布置。

综上所述，掘沟是露天开采中不可缺少的重要矿山工程项目。沟道的掘进方法很多，选择时就应充分考虑各方面的影响因素。这些因素主要是：堑沟所在地点的地形和岩石的物理机械性质；露天矿采用的开拓运输方式；在沟帮上堆积岩石的可能性；堑沟的横断面尺寸；挖掘机的类型和工作规格等。

合理的掘沟方法，应保证具有最大的掘沟速度和最低的掘沟成本。为此，在确定掘沟方法的同时还必须根据这种掘沟方法的特点，合理地确定堑沟要素及掘沟工程量，有效地改进掘沟工艺，正确地组织各工艺的配合，以充分发挥掘沟设备的效率。

思考与练习

1. 简述露天开采开拓的概念。
2. 简述矿床开拓的主要工作。
3. 简述露天开采常用运输方式。

4. 简述铁路运输开拓法的特点。

5. 简述公路运输开拓法的特点。

6. 简述固定坑线开拓法与移动坑线开拓法的优缺点。

7. 简述平硐溜井开拓的概念。说明平硐溜井开拓的运输过程。

8. 试述平硐溜井开拓法的适用条件及优缺点。

9. 简述露天沟道在平面上的布线形式有哪几种。

10. 简述无运输掘沟的概念。

11. 简述新水平开拓准备时间的概念。

12. 简述移动坑线开拓具有的特点。

13. 简述按坑道类型不同，开拓方法分为哪几种。

模块 3 露天开采作业程序

项目 3.1 穿孔工作

【项目描述】

穿孔工作是金属矿床露天开采的第一个工序，是为后续的爆破工作提供装放炸药的钻孔。根据矿岩性质和所采用钻机的不同，生产能力和穿孔费用差别很大。一般情况下，在中硬和坚硬矿岩中，穿孔费用约占矿岩开采成本的 10% ~ 20%，在软岩和煤矿中约占 5% ~ 8%。穿孔速度和穿孔质量对其后的爆破、采装以及破碎等各项作业都有影响。特别是我国冶金矿山，矿岩坚硬，穿孔技术不够完善，往往成为露天开采的薄弱环节，约束矿山生产。因而，改善穿孔工作，对提高露天矿效率具有现实意义。

目前露天矿应用的穿孔方法，除火钻为热力破碎外，其他钻机均属于机械破碎，在机械破碎中，根据破岩原理不同，可分为液压破碎、冲击破碎和切削破碎。

近年来，国内外专家仍在探索新型穿孔方法，如频爆凿岩、激光凿岩、超声波凿岩、化学凿岩及高压水射流凿岩等，但相应的凿岩设备仍处于试验研制阶段，尚未在实际生产中广泛应用。

露天矿穿孔设备的选择，主要取决于矿岩性质、开采规模和炮孔直径。各种钻机的合理孔径和使用范围见表 3-1-1。

表 3-1-1 各种钻机可钻孔径和使用范围

钻机种类	可钻孔径/mm			用　途
	一般	最大	最小	
手持凿岩机	38 ~ 42		23 ~ 25	浅孔凿岩和二次破碎等辅助作业
凿岩台车	56 ~ 76	100 ~ 140	38 ~ 42	小型矿山主要穿孔作业或大型矿山辅助作业
潜孔钻机	150 ~ 250	508 ~ 762	65 ~ 80	主要用于中小型矿山中硬以上矿岩
牙轮钻机	250 ~ 310	380 ~ 445	90 ~ 100	大中型露天矿山中硬至坚硬矿岩
吊绳钻机	200 ~ 250	300	150	大中型露天矿山各种硬度矿岩
旋转钻机	45 ~ 160			软至中硬矿岩
火　钻	200 ~ 250	380 ~ 580	100 ~ 150	含石英高的极硬矿岩

20 世纪 50 年代我国广泛采用吊绳冲击式钻机，以后逐渐被潜孔钻机和牙轮钻机所代替。目前潜孔钻机的比重约占 60%。按在册台数计算牙轮钻机的比重虽然不大，但由于它的穿孔效率高，孔径大，按矿（岩）量计算的比重是较高的。以冶金露天矿山为例，牙轮钻机台数占 12.2%，而爆破矿岩量约占 50%。

我国露天矿山各种穿孔设备比重见表 3-1-2。

表 3-1-2 我国露天矿各种穿孔设备比重

序 号	矿山类型	潜孔钻机/%	牙轮钻机/%	其他/%	备 注
1	金属矿山	34	59	7	
2	化工矿山	26	62	12	
3	煤 矿	23	14	63	
4	其他矿山	24	35	41	

【能力目标】

(1) 熟悉主要穿孔设备的操作规程；
(2) 掌握提高穿孔设备效率的措施。

【知识目标】

(1) 掌握露天矿主要穿孔设备的工作原理及优缺点；
(2) 掌握提高设备穿孔效率的途径；
(3) 熟悉主要穿孔设备的操作规程。

【相关资讯】

3.1.1 岩石的可钻性

3.1.1.1 概念

岩石的可钻性是决定钻进效率的基本因素，反映了钻进时岩石破碎的难易程度。岩石可钻性及其分级在钻探生产中极为重要，它是合理选择钻进方法、钻头结构及钻进规程参数的依据；同时也是制定钻孔生产定额和编制钻孔生产计划的基础；另外，还是考核钻孔设备生产效率的根据。岩石可钻性是多变量的函数，它不仅受控于岩石的性质，而且与外界技术条件和工艺参数有密切的关系。

影响岩石可钻性的主要因素包括岩石的力学性质（硬度、强度、弹性、塑性、脆性及研磨性等）、矿物成分、结构构造、密度、孔隙度、含水性及透水性。一般情况下，石英含量大、胶结牢固、颗粒细小、结构致密、未经风化和蚀变时，岩石可钻性差；岩石的硬度和强度高、耐磨性强，岩石破碎就比较困难，岩石可钻性也差。

影响岩石可钻性的岩石条件有钻探设备的类型、钻孔直径和深度、钻进方法、碎岩工具的结构和质量等。例如，冲击钻进在坚硬的脆性岩石中具有较好的钻进效果，而回转钻进则在软的塑性岩石中可以获得较好的破碎效果。

影响岩石可钻性的工艺因素主要有施加在钻头上的压力、钻头的回转速度、冲洗液的类型及孔底岩粉排出情况等。

3.1.1.2 岩石可钻性分级

(1) 用岩石力学性质评价岩石的可钻性。岩石力学性质是影响岩石可钻性的决定因素。在室内采用一定的仪器，测定能够反映破碎质量的一种或几种力学性质指标，用以表征岩石的可钻性。这类方法测定简便，测得的指标稳定，排除了实钻时人为因素的影响，因而测出的结果比较客观和可靠，但较难选取完全体现某种钻进方法碎岩的力学性质指标。

（2）用实钻速度评价岩石的可钻性。用实际钻进速度评价岩石可钻性能够反映地质因素和技术工艺因素的综合影响，所得到的钻速指标可直接用于制定生产定额。对于不同的钻进方法要求有不同的分级指标，具体操作比较烦琐，标准条件难以保证，受人为因素影响大。另外，由于钻进技术的不断改进，要求对分级指标不断进行修正。

（3）微钻速度评价岩石的可钻性。采用微型设备在室内模拟钻进，所测得的微钻速度同样能够反映各种因素的综合影响。室内试验条件比较稳定，测试记录也比较准确，在一定程度上可避免人为因素的干扰。因而，也可用微钻速度进行岩石的可钻性分级。

（4）用碎岩比功评价岩石的可钻性。碎岩比功就是破碎单位体积岩石所需的能量。从单位时间的碎岩量还可求得钻进速度。因此，碎岩比功既是物理量又是碎岩效率指标。通过碎岩比功这一指标还可以对各种钻进方法破碎岩石的有效性进行比较。问题在于每种钻进方法的碎岩比功本身也不是一个常量，其变化规律尚未得到充分的研究。

由于每种方法都有自身的优缺点，因此划分岩石可钻性级别究竟采用什么指标作为准则最好，至今还没有统一的认识。

目前，在地质勘探钻进中仍采用实际钻速来划分岩石可钻性级别；在冲击钻进中有时采用单位体积破碎功（碎岩比功）进行岩石可钻性分级。而在室内研究工作中往往采用岩石力学性质指标和微钻速度探讨岩石可钻性变化规律，并试图把岩石力学性质指标、微钻速度数据与实钻速度联系起来，制定出适用于钻探生产的岩石可钻性分级表。

3.1.2　潜孔钻机穿孔

潜孔钻机的工作方式也属于风动冲击式凿岩，在穿孔过程中风动冲击器跟随钻头一起潜入孔内，称为潜孔凿岩。

潜孔钻机广泛用于矿山、采石场、水电建设、道路和其他建筑工地，以及工、农业用抽水井开凿等工程中。目前我国冶金露天矿山中，潜孔钻机的比重约占60%，化工和建筑材料矿山占90%左右。

3.1.2.1　潜孔钻机的种类及使用范围

潜孔钻机可用于各种硬度的矿岩，但一般适合于硬岩或坚硬矿岩，钻孔直径一般为80~250mm、孔深不大于30m，特殊需要时孔深可达150m，最小孔径可为70mm。目前国外潜孔钻机可钻孔径达到762mm。由于潜孔钻机钻进时轴压小，钻杆不易弯曲，钻孔偏斜能控制在1%以内，特别适合于穿凿深孔，因此广泛用于工、农业中穿凿深水井，深度可达500~800m。此外，还用于地下矿山垂直漏斗后退采矿法中穿孔爆破深孔，以及穿凿通风、排水孔、天井掘进中心孔和电缆管道通孔等。用于地下岩土工程和采矿工程的潜孔钻机，多数是柱架式，没有行走装置。露天潜孔钻机用于钻凿大中直接炮孔，多数钻机带有行走机构。

露天矿常用的潜孔钻机按重量和钻孔直径可分为轻型钻机、中型钻机和重型钻机。

（1）轻型钻机：主要包括 CLQ-80 型钻机，适用于小型矿山、采石场、水电和建筑工地，可穿凿直径 80～130mm、孔深 20m 的钻孔。

（2）中型钻机：主要包括 YQ-150A 型和 KQ-150 型钻机，适用于穿凿直径 150～170mm、孔深 17.5m 的钻孔。

（3）重型钻机：主要包括 KQ-200 型钻机，主要用于大、中型露天矿山穿凿直径 200～220mm、孔深 19m 的炮孔；KQ-250 型潜孔钻机，适用于大型露天矿山，穿凿直径 230～250mm、孔深 18m 的垂直炮孔。

3.1.2.2　潜孔钻机穿孔的优缺点

A　潜孔钻机穿孔的主要优点

（1）重型凿岩机工作时，当接上 5～6 根钻杆和连接套后，穿孔速度降低 50% 左右，而潜孔冲击器的活塞直接撞击在钻头上，能量损失少，穿孔速度受孔深影响小，因此能穿凿直径较大和较深的炮孔。

（2）冲击器潜入孔内工作，噪声较小。钻孔愈深，噪声愈小。

（3）冲击器工作中以强吹高压气体方式排出孔底的凿碎岩渣，其效果显著，有利于提高钻孔速度，特别是对于下向炮孔，可节省动力。

（4）由于冲击力的传递不经过钻杆和连接套，钻杆使用寿命长，可达 1 万～1.5 万米。

（5）与牙轮钻机穿孔比较，潜孔穿孔轴压小、钻机轻、设备购置费用低。

（6）由于冲击器置于孔底，方向定位好，一般不会出现斜孔和弯孔现象。

（7）潜孔钻机可以钻凿节理裂隙发育、破碎地层、土层和第四纪冲积层。

B　潜孔钻机穿孔的主要缺点

（1）冲击器的汽缸直径受到钻孔直径限制，孔径愈小，穿孔速度愈低。所以常用潜孔冲击器的钻孔孔径在 80mm 以上。

（2）当孔径在 200mm 以上时，穿孔速度低于牙轮钻机，而动力约多消耗 30%～40%，作业成本高。

3.1.2.3　潜孔钻机的工作原理

以 KQ-200 型潜孔钻机为例（见图 3-1-1），钻机由钻具、回转供风机构、提升推进机构、钻架及起落机构、行走机构及供风、除尘等机构组成。

（1）行走机构：行走机构的履带 1 采用双电动机分别拖动，行走传动机构 2 通过两条弯板套筒滚子链以传动左右两条行走履带。

（2）钻架起落机构：采用机械传动，钻架 8 通过钻架支撑轴 13 安装在机架前部的龙门柱上端，并利用安装在机棚上面的钻架起落机构 4，用两根大齿条 12 推拉钻架起落。齿条既作为起落架的推杆，又当作使钻架稳定地停在 0°～90° 中间任意位置上的支撑杆。当钻机行走时，可把钻架落下，平放在托架 5 上。

（3）钻具的推进与提升机构：通过两根并列的提升链条 6 接在回转供风机构 7 的滑板上。但提升机构运转时，链条带动回转供风机构及钻具沿着钻架的滑道上升或下降，使钻具推进凿岩和提升移位。钻具的推进与提升系统由电动机-蜗轮减速箱与双联封闭传动链

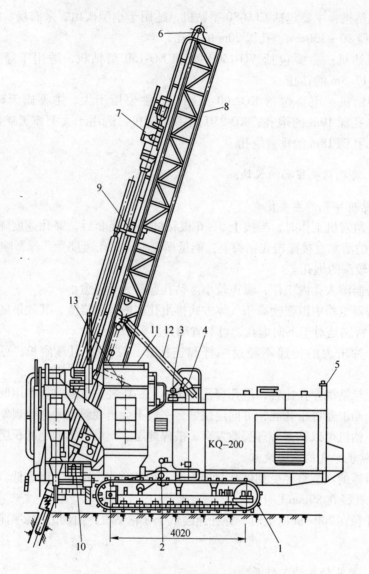

图 3-1-1　KQ-200 型潜孔钻机

1—行走履带；2—行走传动机构；3—钻架起落电动机；4—钻架起落机构；5—托架；6—提升链条；

7—回转供风机构；8—钻架；9—送杆器；10—空心环；11—干式除尘器；

12—起落齿条；13—钻架支撑轴

轮组组成，如图 3-1-2 所示。

（4）送杆器 9 安装在钻架左侧下半部，它的作用是接、卸副钻杆。当不使用副钻杆时，将它放在钻架旁边的备用位置。钻架下端有空心环 10，是钻杆的轴承，并在接、卸副钻杆时用它将钻杆卡住。

（5）除尘系统：KQ-200 型潜孔钻机有两套除尘系统。

1）干式除尘系统。由捕尘罩、沉降箱、旁室旋风筒和脉冲布袋除尘器、高压离心通风机组成。捕尘率可达 99.9% 以上，放渣口均采用自动放渣机构。

2）湿式除尘系统，在钻机上装有水箱，由水泵把水压入主风管，风与水混合成雾状

进入钻杆。钻机自带一台 LG25-22/7 型螺杆式空
气压缩机,排风量为 22m³/min,风压为 0.7MPa。

3.1.2.4　潜孔钻机工作参数

钻机工作参数通常指钻具转速、轴压和扭
矩,在不同矿岩条件下三者合理的配合,能获得
较高的穿孔效率和延长钻具使用寿命。

A　转速

钻具回转是为了改变每次凿痕位置,过高的
转速会加快钻头的磨损,最后导致穿孔速度降
低。转速和钻头直径、冲击频率和岩石性质有
关,当采用柱齿钻头时,转速应适当降低,不同
直径的合理钻具转速见表 3-1-3。

B　轴压

对于冲击凿岩,施加轴压可使钻头紧紧顶在
岩石上,从而提高冲击能量的传递效率。活塞每
冲击一次,钻头作用在岩石上的力可达 300 ~
500kN,因此轴压本身对岩石破碎的效果作用不
大;相反,过高的轴压会加快钻头磨损,并引起
硬质合金片齿过早损坏,轴压大小取决于钻头直
径和岩石硬度。

C　扭矩

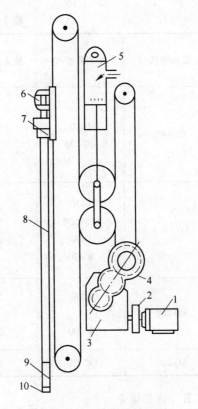

图 3-1-2　推进原理图

1—钻机;2—联轴器;3—减速器;4—链条组;
5—汽缸;6—回转电动机;7—回转机构;
8—钻杆;9—钻具;10—钻头

潜孔凿岩需要的扭矩要比各种旋转式钻机小
得多,但是在选择回转马达功率时,必须考虑克服卡钻的能力。

表 3-1-3　潜孔钻机工作参数

钻头直径/mm	转速/r·min⁻¹	轴压/t	扭矩/kg·m
80 ~ 110	30 ~ 40	0.2 ~ 0.5	70 ~ 100
150 ~ 170	15 ~ 30	0.4 ~ 1.5	150 ~ 250
200 ~ 250	10 ~ 15	0.8 ~ 2.1	400 ~ 600

3.1.2.5　潜孔钻机生产技术经济指标

A　钻机生产能力

钻机生产能力主要取决于矿岩性质和工作风压。在风压为 0.5MPa 条件下,几种钻机
生产能力见表 3-1-4。

从表 3-1-4 中可以看出,大直径钻机的效率要比小直径钻机高,这是因为大型冲击器
的活塞面积与钻头直径的比值比小型冲击器的比值大,大直径钻头上每个硬质合金齿分摊
到的平均冲击功要比小钻头高。

表 3-1-4　潜孔钻机生产能力

钻机型号	冲击器型号	钻头直径/mm	岩石硬度	穿孔速度/m·h⁻¹	台班效率 /m·(台·班)⁻¹
CLQ-80	J-100 QC-100	110	6 ~ 8	8 ~ 12	40 ~ 50
			10 ~ 12	5 ~ 7	30 ~ 40
			12 ~ 14	3 ~ 4	20 ~ 30
			16 ~ 18	2 ~ 3	12 ~ 16
YQ-150A	J-150 QC-150B J-170 W-170	155 165 175	6 ~ 8	10 ~ 15	60 ~ 70
			10 ~ 12	6 ~ 8	35 ~ 45
			12 ~ 14	4 ~ 5	25 ~ 35
			16 ~ 18	2.5 ~ 3.5	18 ~ 22
KQ-200	J-200	210	6 ~ 8	12 ~ 18	70 ~ 80
	W-200	210	10 ~ 12	7 ~ 9	40 ~ 50
			12 ~ 14	4.5 ~ 6	30 ~ 40
KQ-250	QC-250	250	16 ~ 18	3 ~ 4	20 ~ 25

B　钻具寿命

钻具寿命主要取决于矿岩的性质,并与风压、钻机工作参数密切相关,大直径潜孔钻头的寿命要比小直径钻头高,当风压为 0.5MPa,钻头直径为 150 ~ 200mm 时,各种矿岩的潜孔钻具寿命见表 3-1-5。

直径小于 120mm,转速过高,钻具寿命一般要降低 30% ~ 50%,风压过低也会降低钻具寿命。

表 3-1-5　潜孔钻机生产能力和钻具寿命

指 标 名 称	冲击器型号			
	J-100	J-150	J-170	J-200B
钻头直径(D)/mm	110	155	175	210
活塞面积(A)/mm²	2938	6032	7852	11750
A/D	26.7	38.9	44.9	55.9
冲击功/J	117.6	215.6	274.4	509.6
单齿平均冲击功/J·单齿⁻¹	8.92	12.7	14.5	18.7
穿孔速度/%	100	130	140	165

C　穿孔成本

(1)设备费。设备费包括设备的基本折旧费和大、中修及日常维修费。基本折旧费目前国内还没有统一标准,根据现场调查,设备折旧费见表 3-1-6。

表 3-1-6 钻机设备折旧费用和维护费用

项 目 名 称	YQ-150 型	KQ-200 型
价格/元·台$^{-1}$	60000	320000
服务年限/a	15	20
基本折旧率/%	6.66	5
基本折旧费/元·a^{-1}	3900	16000
大修周期/a	2	3
大修一次费/元·(台·次)$^{-1}$	15000	75000
台年大修费/元·(台·a)$^{-1}$	7500	25000
中修周期/a	2	2
中修一次费/元·(台·次)$^{-1}$	7000	25000
台年中修费/元·(台·a)$^{-1}$	3500	16660
日常维修费/元·(台·a)$^{-1}$	2000	20000
合计/元·(台·a)$^{-1}$	16900	77600
总年折旧率/%	28.1	24.2

(2) 钻机辅助材料消耗。

(3) 潜孔钻机穿孔成本计算。潜孔钻机作业成本主要取决于炮孔直径、岩石性质和动力价格等。

3.1.2.6 提高潜孔钻机穿孔效率的途径

潜孔钻机的台班生产能力可按式 (3-1-1) 计算:

$$A = 0.6vT\eta \qquad (3-1-1)$$

式中 A——潜孔钻机的生产能力,m/(台·班);

v——潜孔钻机的机械钻速,cm/min;

T——班工作时间,h;

η——工作时间利用系数。

式 (3-1-1) 中机械钻速 v,可近似用式 (3-1-2) 表示:

$$v = \frac{4ank}{\pi D^2 E} \qquad (3-1-2)$$

式中 a——冲击功,J;

n——冲击频率,次/min;

D——钻孔直径,cm;

E——岩石凿碎功比耗,J/cm^3;

k——冲击能利用系数,0.6~0.8。

下面详细分析提高潜孔钻机效率的途径。

A 冲击功 (a) 与冲击频率 (n)

从式 (3-1-2) 中可以看出,为了提高机械钻速 v,希望同时增加冲击功 a 和冲击频率

n。然而，在潜孔钻进的风动冲击器中，冲击功 a 和冲击频率 n 是两个相互制约的工作参数。欲增大冲击功，就需要增加活塞重量和活塞行程，相应地就会使冲击频率减少；反之亦然。

对待这两个参数，过去存在着两种不同的技术观点：一种是大冲击功（8~10J/cm）和低冲击频率（850~1300 次/min）；另一种是小冲击功（5.5~7J/cm）和高冲击频率（1900~2500 次/min）。实践证明，前一种技术观点比较合理，因为岩石只有在足够大的冲击力下才能有效地进行体积破碎，若冲击功不足，单纯提高冲击频率无非使岩石疲劳破碎而已。我国大孔径的冲击器（J-200、W-200、FC 系列等）都是按照大冲击功、低频率的要求设计的。在选用冲击器时，首先就要注意这两个技术参数。

B　风压

潜孔钻机的冲击器是一种风动工具，为了达到额定的冲击功 a 和冲击频率 n，风压是一个重要因素。提高风压可以改善排渣效果、提高穿孔速度和钻头寿命。正是由于这个原因，目前大孔径潜孔钻机都自带空压机，以减少管路压降。

为了进一步提高潜孔钻机的效率，国内外正着手把风压提高到 1.4MPa，还有的高达 1.7~2.1MPa。英国霍尔曼公司生产的 VR 型潜孔钻机和冲击器，大多采用高风压作业，风压达 1.4MPa。当然，高压冲击器要求其零部件的强度和质量也很高。

C　钻孔直径（D）

随着钻孔直径的增大，冲击器的活塞直径也可增大，相应地冲击功 a、冲击频率 n 也可提高，从而使钻速 v 并不是单纯地和 D 成反比关系。另外，当增大钻孔直径时，爆破孔网间距可加大，相应提高钻孔的延米爆破量和钻机台年穿爆量。表 3-1-7 是南芬铁矿两种孔径的潜孔钻机和钢绳冲击钻机的比较结果。从表 3-1-7 中可以看出，尽管 YQ-150A 型钻机的台班穿孔米数超过钢绳冲击钻机，但由于前者孔径只有 150mm，延米爆破量小，最终的效果反而不如钢绳冲击钻机。在南芬铁矿的条件下，潜孔钻机的优越性只有当采用孔径为 200mm 或更大的钻机时才显示出来。国产 Q2-250 型潜孔钻机，就是针对大型露天矿的需要，钻凿 250mm 的大直径钻孔，使其延米爆破量接近钢绳冲击钻机，从而把潜孔钻机的台年穿爆量大大提高。

表 3-1-7　南芬铁矿两种孔径的潜孔钻机和钢绳冲击钻机的比较

指 标 名 称	钢绳冲击钻机		φ200 潜孔钻机		YQ-150A 潜孔钻机
	矿	岩	矿	岩	岩
钻孔直径/mm	250~300	250~300	200	200	150
穿孔速度/m·(台·日)$^{-1}$	15.5	28.25	45	100	45
延米爆破量/t·m^{-1}	154.52	129.27	117	95	50
穿爆矿岩效率/t·(台·日)$^{-1}$	2395	3659	5265	9500	2250
穿爆矿岩效率比较/%	100	100	219	259	62

D　轴压（P）和转速（n）

潜孔钻机的轴压，主要是克服冲击器的后坐力，因而压力一般都不大，远小于牙轮钻机的轴压，轴压过大，既妨碍钻具回转，也容易损坏钻头。对于大孔径（200mm 以上）

的重型潜孔钻机来说，由于钻具重量较大，一般都采用减压钻进，即钻机的提升推进机构应起减小轴压的作用；相反，小孔径的中、轻型潜孔钻机钻具重量小，常用提升推进机构作增压钻进。

潜孔钻具的回转，既是为了改变钻头每一次凿痕的位置，也是用以使钻头切削岩石。转速过低，会降低穿孔速度，但转速过高，过分磨损钻头，也会使穿孔速度下降。目前，在硬岩钻进中有趋于采用低转速的倾向，使转速保持在 15～20r/min 之间。

E　工作时间利用系数 η

工作时间利用系数是影响穿孔速度的另一个重要因素。非作业时间大部分消耗在检修、等待备件及待风、待电项目上，这说明改善组织管理可进一步提高钻机效率。

3.1.2.7　穿孔机司机安全操作规程

（1）穿孔机在开车前，应检查各机械电气部位零件是否完好，并佩戴好劳动防护用品，方准开车。

（2）穿孔机稳车时，千斤顶距阶段坡线的最小距离为 2.5m，穿第一排孔时，穿孔机的水平纵轴线与顶线的最小夹角为 45°，禁止在千斤顶下面垫石块。

（3）穿孔机顺阶段坡线行走时，应检查行走线路是否安全，其外侧突出部分距分阶段坡顶线距离为 3m。

（4）起落穿孔机架时，禁止非操作人员在钻机上危险范围停留。

（5）挖掘每个阶段的爆堆的最后一个采掘带时，上阶段正对挖掘作业范围内第一排孔位上，不得有穿孔机作业或停留。

（6）运转时，设备的转动部分禁止人员检修、注油和清扫。

（7）设备作业时，禁止人员上下；在危及人身安全的范围内，任何人不得停留或通过。

（8）终止作业时，必须切断动力电源，关闭水、气阀门。

（9）检修设备应在关闭启动装置、切断动力电源和安全停止运转后，在安全地点进行，并应对紧靠设备的运动部件和带电器件设置护栏。

（10）设备的走台、梯子、地板以及人员通行的操作场所，应保证通行安全，保持清洁。不准在设备的顶棚存放杂物，要及时清除上面的石块。

（11）供电电缆必须保持绝缘良好，不得与金属管（线）和导电材料接触；横过公路、铁路时，必须采取防护措施。

（12）钻机车内，必须备有完好的绝缘手套、绝缘靴、绝缘工具和器材等。停、送电和移动电缆时，必须使用绝缘防护用品和工具。

3.1.3　牙轮钻机穿孔

牙轮钻机的穿孔，是通过推压和回转机构给钻头以高钻压和扭矩，使岩石在静压、少量冲击和剪切作用下破碎，这种破碎形式称为液压破碎，岩渣被压缩空气吹出孔外。

牙轮钻机于 20 世纪 50 年代开始在美国露天矿山应用。60 年代以来由于牙轮钻机结构的改进以及牙轮钻头设计和制造水平的不断提高，牙轮钻机不仅在中、软岩石，而且在坚硬矿岩，如花岗岩、磁铁石英岩，穿孔技术经济指标也优于冲击钻和潜孔钻。目前美国、加拿大的金属露天矿山，牙轮钻机的比重已占 80% 以上。牙轮钻机的穿孔直径一般为 250 ~910mm，少数为 380mm，并有使用 420mm 的趋势。我国大型金属露天矿山也已大量采用牙轮钻机。

3.1.3.1　牙轮钻机的类型

根据牙轮钻机回转和推压方式的不同，目前牙轮钻机可分为三种类型：底部回转连续加压式钻机、底部回转间断加压式钻机、顶部回转连续加压式钻机。目前，国内外绝大多数牙轮钻机均采用顶部回转连续加压方式。

按传动方式的不同，牙轮钻机可分为以下两种基本类型：（1）滑架式封闭链—链条式牙轮钻机，如国产 HZY-250、KY-250C、KY-310 型钻机。（2）液压马达—封闭链—齿条式牙轮钻机，如美国 B-E 公司生产的 45R、60R、61R 钻机，美国加登纳-丹佛公司生产的 GD-120 和 GD-130 型钻机。

按钻机大小，牙轮钻机可分为三类：（1）轻型钻机，如 ZX-150 型、KY-150 型钻机。（2）中型钻机，这类钻机穿孔直径一般为 170 ~270mm。国内黑色金属矿山使用较多。如 KY-250 型、YZ-35 型和美国生产的 45-R 型牙轮钻机。（3）重型钻机，如 KY-310 型、YZ-55 型和 60-R(Ⅲ) 及 61-R(Ⅲ) 型牙轮钻机。

3.1.3.2　牙轮钻机穿孔的优、缺点及使用范围

A　牙轮钻机的优点

（1）与钢绳冲击钻机相比，穿孔效率高 3 ~5 倍，穿孔成本低 10% ~30%。

（2）在坚硬以下岩石中钻直径大于 150mm 的炮孔，牙轮钻机优于潜孔钻机，穿孔效率高 2 ~3 倍，每 1m 炮孔穿孔费用低 15%。

B　牙轮钻机的缺点

（1）牙轮钻机钻压高，钻机重，设备购置费用高。

（2）在极坚硬岩石中或炮孔直径小于 150mm 时，由于牙轮钻头轴承尺寸受到炮孔直径的限制，钻头使用寿命较低，每 1m 炮孔凿岩成本比潜孔钻机成本高。

C　牙轮钻机的使用范围

牙轮钻机能用于各种硬度的矿岩。在软至中硬岩层中，钻头直径为 100 ~120mm。大型露天矿钻头直径可达到 380mm。牙轮钻机还广泛用于地质勘探和水井开凿工程中，以及井下矿井用爆破法掘进天井和垂直漏斗后退式采矿方法中穿凿炮孔。

3.1.3.3　牙轮钻机的工作原理

以 KY-310 型牙轮钻机为例（见图 3-1-3），该机主要用于坚硬矿岩，可钻孔径 250 ~310mm、孔深 17.5m 的炮孔，其穿孔原理主要通过钻机的回转和推压机构使钻杆带动钻头连续转动，同时对钻头施加轴向压力，以回转动压和强大的静压形式使与钻头接触的岩石粉碎破坏。在钻进的同时，通过钻杆与钻头中的风孔向孔底注入压缩空气，利用压缩空气将孔底的粉碎岩渣吹出孔外，从而形成炮孔。

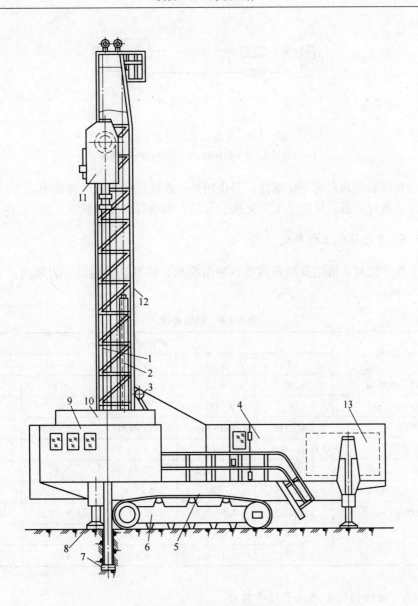

图 3-1-3　KY-310 型牙轮钻机

1—钻杆；2—钻杆架；3—起落立架油缸；4—机棚；5—平台；6—行走机构；7—钻头；8—千斤顶；

9—司机室；10—净化除尘装置；11—回转加压小车；12—钻架；13—动力装置

3.1.3.4　牙轮钻机的钻具

　　牙轮钻机的钻具包括钻杆、稳杆器、减震器和牙轮钻头四部分，如图 3-1-4 所示。

　　钻杆的作用是把钻压和扭矩传递给钻头。钻杆的长度有不同的规格。采用普通钻架时，钻杆长度为 9.2m、9.9m。采用高顶钻架时，考虑到底部磨损较快，仍用短钻杆。钻孔过程中，上下两钻杆交替与钻头连接，以达到两根钻杆均匀磨损。

　　稳杆器的作用是减轻钻杆和钻头在钻进时的摆动，防止炮孔偏斜，延长钻头的使用寿命。

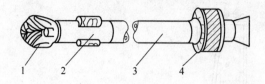

图 3-1-4　牙轮钻机钻具示意图

1—牙轮钻头；2—稳杆器；3—钻杆；4—减震器

钻头是直接破碎岩石的工作部件，其作用是：在推进和回转机构的驱动下，以压碎及部分削减方式破碎岩石。牙轮钻头由牙爪、牙轮、轴承等部件组成。

3.1.3.5　牙轮钻机工作参数

钻机工作参数通常指钻具提升高度、冲击次数、钻具悬吊高度、岩浆高度和浓度等，参数见表 3-1-8。

表 3-1-8　钻机参数

指标名称		矿岩硬度系数				
	<1	2~4	5~8	10~14	17~20
钻具提升高度/m	0.78	0.92	0.92	1.1	1.1
冲击次数/次·min^{-1}	58	53	53	48	48
钻刃角度/(°)	100~110	100~110	115~120	115~120	130
钻具悬吊高度/cm	0.25~0.5	1~2	1.5~2.5	4~6	5~7
单位耗水量/L·dm^{-3}	2.0	1.7~1.5	1.25	1.0	0.75
岩浆最大高度/m	3.3	2.5	2~1.8	1.8~1.6	1.6~1.3
岩浆浓度/g·cm^{-3}	1.3~1.5	1.5~1.7	1.7~2.1	1.9~2.2	2.0~2.4
工序时间/min　穿孔	3~4	6~9	10~15	15~25	25~45
工序时间/min　取渣	2~3	3~4	4~5	4~5	5~6

3.1.3.6　牙轮钻机生产技术经济指标

A　牙轮钻机生产能力

牙轮钻机生产能力主要取决于矿岩性质和钻机工作参数。几种钻机的生产能力见表 3-1-9。

表 3-1-9　牙轮钻机生产能力

岩石名称	岩石硬度系数	钻机型号	钻头直径/mm	穿孔速度/m·h^{-1}	台年生产力/万米·(台·a)$^{-1}$	每米爆破量/t·m^{-1}	爆破量/万吨·(台·a)$^{-1}$
软到中硬： 玢岩, 蚀变千枚岩, 石灰岩, 风化闪长岩, 混合岩, 绿泥片岩, 页岩	5~8	KY-150	150	30	5	140 140	700 900~1100
		KY-250	220	26~45	5		
		45-R	250	26~45	7.5		

岩石名称	岩石硬度系数	钻机型号	钻头直径/mm	穿孔速度/m·h⁻¹	台年生产力/万米·(台·a)⁻¹	每米爆破量/t·m⁻¹	爆破量/万吨·(台·a)⁻¹
中硬到坚硬: 矽化灰岩,花岗岩,白云岩,赤铁矿,安山岩,花岗片麻岩,辉绿岩	10~14	KY-150	150	15	3.5	100 100~110 100~110	400 500~550 600~660
		KY250	250	18~25	4		
		45-R	250	25~30	5		
		60-R(Ⅲ)	310	25~30	6		
坚硬岩石: 灰色磁铁矿,细粒闪长岩,细晶花岗岩,致密含铜砂岩等	14~16	45-R	250	10~16	3	80	240
		KY-310	310	10~16	3.6	125	450
		60-R(Ⅲ)	310	10~16	4.5	125	563
极坚硬岩石: 致密磁铁矿,致密磁铁石英岩,透闪石,钒钛磁铁	16~18	KY-310	310	6~8	2.5	80~90	210
		60-R(Ⅲ)	310	8~10	3	80~90	250

B 牙轮钻具费及钻机油脂消耗

牙轮钻具费及油脂消耗见表 3-1-10。

表 3-1-10 油脂消耗

岩石硬度系数	单位消耗/kg·(台·m)⁻¹			
	透平油	空压机油	压延基脂	机 油
8~14	0.0138~0.0155	0.0121	0.0052~0.0069	0.0086
10~12	0.045	0.0213	0.0107	0.0213~0.024
14~18	0.065	0.0327	0.0182	0.0436

C 牙轮钻机穿孔成本

牙轮钻机穿孔成本主要取决于岩石性质、牙轮钻头寿命、电能消耗量等,现以 KY-310 型及 45-R 和 60-R(Ⅲ)型牙轮钻机为例,在中硬、坚硬和极坚硬矿岩中的穿孔成本见表 3-1-11。

表 3-1-11 穿孔成本

项 目	炮孔直径 250mm	炮孔直径 310mm
钻机折旧费/元·d⁻¹	177	177
钻头费/元·d⁻¹	596.7	440
维修费(大、中、小修)/元·d⁻¹	287	287
动力费/元·d⁻¹	237.6	285.12
工资/元·d⁻¹	17.5	17.5
润滑油及油脂/元·d⁻¹	39.37	43.31
水/元·d⁻¹	0.108	0.119
车间经费(5%)/元·d⁻¹	67.76	62.5

项　目	炮孔直径 250mm	炮孔直径 310mm
总　计	1423.04	1312.5
进尺/m·d⁻¹	118.2	150.3
每 1m 炮孔钻进成本/元	12.04	8.73
每 1t 矿岩成本/元	0.10	0.07

3.1.3.7　提高牙轮钻机穿孔效率的途径

牙轮钻机的台班生产能力，可按式（3-1-3）近似计算：

$$A = 0.6vT\eta \tag{3-1-3}$$

式中　A——牙轮钻机的生产能力，m/（台·班）；

　　　v——牙轮钻机的机械钻速，cm/min；

　　　T——班工作时间，h；

　　　η——工作时间利用系数。

机械钻速 v 也可近似用式（3-1-4）表示：

$$v = 3.75\frac{Pn}{Df} \tag{3-1-4}$$

式中　v——机械钻速，cm/min；

　　　P——轴压，t；

　　　n——钻头转速，r/min；

　　　D——钻头直径，cm；

　　　f——岩石坚固性系数。

从式（3-1-4）可以看出，牙轮钻机穿孔能力与其轴压、钻具转速等参数有关，虽然式（3-1-4）的计算结果和实际有一定的差距，但是我们可以利用上述两个公式，在选定钻机、钻头的前提下，探讨提高牙轮钻机穿孔效率的途径。

A　轴压（P）

轴压 P 与钻速 v 成正比，但却不是严格的直线关系，具体取决于钻头单位面积上的作用力 P/F（F 为钻头与岩石的接触面积）和岩石抗压强度 σ 之间的关系，有图 3-1-5 所示的四种情况：

（1）当轴压 P 很小，P/F 小于 σ 时，岩石仅以表面磨蚀的方式进行破碎。此时，轴压 P 与钻速 v 呈直线关系（图 3-1-5ab 段）。

（2）随着轴压 P 的增加，虽然 P/F 还小于 σ，但因钻头轮齿多次频繁冲击岩石，使岩石产生疲劳破坏，出现局部的体积破碎。此时，钻速 v 随轴压 P 的 m 次方而变化，硬岩时 1.25 ≤

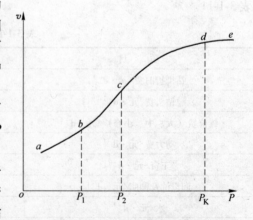

图 3-1-5　轴压与钻速的关系

$m \leqslant 2$，软岩时 $m < 3$（图 3-1-5 中 bc 段）。

（3）当轴压 P 增大到 $P/F = \sigma$ 时，钻头轮齿对岩石每冲击一次都会产生有效的体积破碎，此时破碎效果最好，能量消耗最低（图 3-1-5 中 cd 段）。

（4）当轴压 P 达到极限轴压 P_K 后，钻头轮齿整个被压入岩石，牙轮体与岩石表面接触，即使再增加轴压 P 也不会提高钻速 v 了（图 3-1-5 中 de 段）。

从上面分析可知，轴压 P 不能太小，也不宜过高，大小要适宜。合理的轴压，可参照式（3-1-5）计算：

$$P = fK\frac{D}{D_9} \tag{3-1-5}$$

式中　f——岩石坚固性系数；

　　　K——系数，取值为 1.4；

　　　D_9——9 号钻头直径，取值为 214mm；

　　　D——使用的钻头直径，mm。

B　转速（n）

从式（3-1-4）中可以看出，转速 n 和机械钻速 v 之间成正比关系。其实，它们之间也不是一个简单的线性关系，具体关系如图 3-1-6 所示。图中直线 1 表示当轴压 P 较小时转速 n 与钻速 v 的关系。这时，岩石以"表面磨蚀"的方式破碎，随着转速 n 的增加，钻速 v 也相应加大，两者呈直线关系。

图中曲线 2 表示轴压力 P 增大后，转速 n 与钻速 v 的关系。此时，岩石呈体积破碎，初始时随着转速 n 的增大钻速 v 也提高，但当超过极限转速 n 后，钻速 v 却随转速 n 的增加而降低。这是因为转速 n 太大，轮齿与孔底岩石的作用时间太短（小于 0.02～0.03s），未能充分发挥轮齿对岩石的压碎作

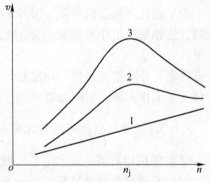

图 3-1-6　转速对钻速的影响

用；同时，也加速了钻头的磨损和钻机的震动，给穿孔带来不良的影响。实际生产中，对于软岩常选用 70～120r/min 的转速，中硬岩石用 60～100r/min，硬岩用 40～70r/min。

图中曲线 3 表示轴压 P 继续增大后转速 n 对钻速 v 的影响，其情况和曲线 2 差不多。从曲线 1、2、3 之间的关系可以看出，钻速 v 受轴压 P 及转速 n 两者的综合影响，需要统筹兼顾。

C　钻孔直径（D）

从式（3-1-4）中可知，当轴压 P 和转速 n 固定时，钻孔直径 P 与钻速 v 成反比。实际上，当钻孔直径 D 增大后，钻头的直径和强度也加大，只要相应采用更大的轴压和转速，钻孔速度 v 并不会降低。另外，当钻孔直径增大，爆破孔网参数也可扩大，从而提高延米爆破量和钻机台年穿爆矿岩量。

D　排渣风量（Q）

排渣风量是牙轮钻穿孔的重要参数之一，对钻进速度和钻头寿命均有很大影响。排渣风量不足，会造成岩渣重复破碎，降低钻进速度和钻头寿命；如排渣风量过大，则从孔底

吹起的岩渣将增大对钻头和钻杆的磨蚀作用。

E 工作时间利用系数（η）

上面讨论的四个因素，都与机械钻速 v 有关。从式（3-1-3）可以看出，要提高牙轮钻机的效率，另一个重要因素就是提高钻机的工作时间利用系数 η。

表 3-1-12 是大石河铁矿使用 HYZ-250C 型牙轮钻机的标定结果。

表 3-1-12　大石河铁矿使用 HYZ-250C 型牙轮钻机情况

停电	待孔位	待水	避炮	待钻具	计划检修	其他	待修	维修	事故检修	交接班	台时利用系数	不计外因停歇的台时利用系数	台日利用系数
11%	10%	8%	3%	23%	17%	27%	—	—	100%	—	46%	62%	71.6%
外因停歇占总停歇的 47.8%							内因停歇占总停歇的 52.2%						

从表 3-1-12 中可以看出，国内牙轮钻机的工作时间利用系数是不高的，台日工作时间利用系数仅为 71.6%，而国外可达 85%～90%，这说明大有潜力可挖。影响工作时间利用系数的因素主要有两方面：一是组织管理缺陷所带来的外因停歇；二是钻机本身故障所引起的内因停歇。

为了强化牙轮钻机穿孔，国外正在试用自动控制技术，借助各种传感器配合操作程序控制，使钻机的工作参数及时随岩层条件而变化，这样既保护了设备，也提高了钻机的效率。

总之，牙轮钻机还是一种发展中的新型设备。为了提高它的穿孔效率，今后应该继续在钻头、工作参数、组织和管理四方面进行改革。

3.1.3.8　牙轮钻机司机岗位安全操作规程

（1）钻机启动前，发出信号，做到呼唤应答，否则不准启动。

（2）起落钻架吊装钻杆，吊钩下面禁止站人，牵引钻杆时，应用麻绳远距离拉线。

（3）如遇突然停电，应及时与有关人员联系，拉下所有电源开关，否则不准做其他工作。

（4）夜间作业，禁止起落钻架，更换销杆。没有充足的照明不准上钻架。严禁连接加压链条。

（5）工作中如发现不安全因素，应立即停机停电处理。

（6）人员站在小车上为齿条刷油时，不准用力提升。

（7）上钻架处理故障时，要戴好安全带，将安全带大绳拴在作业点上方，六级以上大风或雷雨天禁止上钻架。

（8）一切安全防护装置不准随意拆卸和移动。

（9）检查和移动电缆时，要用电缆钩子。处理电气故障时，要拉下电源开关。

（10）禁止在高压线及电缆附近停留或休息。

（11）配电盘及控制柜里禁止放任何物品。

（12）用易燃物擦车时，要注意防火。

（13）岗位必须常备灭火器和一切安全防护用品。

（14）钻机结束作业或无人值班时，必须切断所有电源开关，门上锁。

（15）钻机稳车时，千斤顶到阶段边缘线的最小距离为 2.5m。禁止千斤顶下垫石头。

> ### 思考与练习

1. 阐述穿孔工作在露天开采的重要性。
2. 简述露天开采常用穿孔设备。
3. 简述提高潜孔钻机效率的途径。
4. 简述影响钻机生产能力的主要因素。
5. 简述影响牙轮钻机工作时间利用系数的因素。

项目 3.2　爆破工作

【项目描述】

在露天矿生产和建设期间，爆破作业是主要工作环节之一。爆破效果的好坏，对于装载、运输及破碎工作的效率有着重大的影响。矿山爆破费用一般约占矿石总成本的 10% ~ 20%。因此，爆破效果的好坏，还直接影响着矿山开采的成本。

露天开采爆破的主要特点是台阶作业线长，工作面较宽，开采机械化程度高、强度大，一般具有两个或更多的自由面。在矿床的整个露天开采过程中，需要根据各生产时期不同的生产要求、不同爆破规模而采用不同的爆破方法。露天矿爆破主要有露天基建剥离爆破、露天矿正常生产采掘爆破和露天矿临近边坡的控制爆破。

【能力目标】

（1）会确定露天台阶爆破各参数；
（2）会组织露天台阶爆破的施工；
（3）会对露天台阶爆破的效果进行评价；
（4）熟悉露天台阶爆破的安全操作规程。

【知识目标】

（1）掌握露天台阶爆破的基本要求；
（2）掌握露天台阶爆破各参数的确定；
（3）掌握露天台阶爆破各装药结构的优缺点；
（4）掌握微差爆破、挤压爆破、临近边坡爆破技术的原理及优缺点；
（5）熟悉露天台阶爆破的安全操作规程。

【相关资讯】

3.2.1　露天基建剥离爆破

在山坡露天矿的基建期，常采用硐室爆破的方法来剥离矿体上部（或侧向）较厚的覆盖岩层，平整工业场地、开挖公路或铁路运输通道，亦即利用开凿地下硐室来进行集中装药爆破。

3.2.2　露天矿正常生产采掘爆破

露天矿正常生产采掘爆破方法有浅孔爆破法、深孔爆破法、药壶爆破法和外敷爆破法。依据预爆台阶前是否留有部分渣堆，露天台阶采掘爆破有清渣爆破与压渣爆破两种情形。

外敷爆破法主要用于台阶正常生产爆破后的大块二次破碎及"根底处理"。该爆破方法不需穿凿炮孔，而直接将炸药敷于大块上进行爆破。

药壶爆破法可以克服较大的底盘抵抗线以减少钻孔工作量，常在工作环境困难的情况下使用，该方法首先在已穿凿的深孔孔底用药壶法进行扩孔，通常需经几次扩壶才能达到设计体积，然后再装炸药进行爆破。

浅孔爆破法通常用于小型矿山的台阶生产爆破，在大中型矿山常用于辅助性爆破，如开掘出入沟、修路、处理根底及不合格大块等。浅孔的炮孔规格通常指炮孔直径在 50mm 以下，孔深最深不超过 5m。

深孔爆破法是露天矿正常生产采掘的主要爆破方法，使用最广。所谓深孔爆破一般是指孔径不小于 80mm，孔深大于 12~15m 的钻孔。随着深孔钻机和大型装运设备的不断完善，爆破技术不断提高和爆破器材日益发展，深孔爆破在改善和控制爆破质量、提高设备效率和经济效益方面的优越性越来越显著。该方法依据起爆顺序的不同分为齐发爆破、毫秒迟发爆破和微差爆破等，其中以微差爆破的使用最为广泛，特别是多排孔微差爆破、多排孔微差挤压爆破以及高台阶爆破等大规模的爆破方法更能满足露天矿正常生产时期对爆破量的需求，在国内外得到广泛应用。

3.2.2.1　露天开采对生产爆破的要求

（1）有足够的爆破储备量。露天开采是以采装工作为中心来组织生产的。为了保证挖掘机连续工作，工作面每次爆破的矿岩量，至少能满足挖掘机 5~10 昼夜的采装需要。

（2）有合格的矿岩块度。矿岩破碎后的块度应当适合于采装运输机械设备工作的要求，要求大块率低于 5%，以保证提高采装效率。

矿岩块度是指爆下岩块长边的尺寸。大块率是指大块总量（按体积计算）占爆堆量的百分数。矿岩块度要小于挖掘机铲斗容积允许的最大块度和破碎机入口宽度的要求。大块的增加，使二次破碎的用药量增大，也增大了二次破碎的工作量，降低了装运效率。

产生大块的主要原因是由于炸药在岩体内分布不均匀，炸药集中在台阶底部，爆破后往往使台阶上部矿岩破碎不良，块度较大。尤其在当炮孔穿过不同层而上部岩层较坚硬时，更易出现大块和伞岩现象。如图 3-2-1 所示。

为了减少大块和防止伞岩，通常采用分段装药

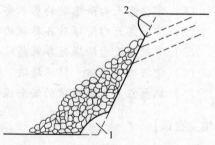

图 3-2-1　露天台阶爆破的弊病

1—根底；2—伞岩

的方法，使炸药在炮孔内分布较均匀，充分利用每一分段炸药的能量。这种分段装药的方法，施工、操作都比较复杂，需要分段计算炸药量和充填量。根据台阶高度和岩层赋存情况的不同，通常分为两段或三段装药，每分段的装药中心应位于该分段最小抵抗线水平上。最上部分段的装药不能距孔口太近，以保证有足够的填塞长度。各分段之间可用砂、碎石等充填，或采用空气间隔装药。各分段均应装有起爆药包，并尽量采用微差间隔时间。

（3）爆破后的台阶工作面要规整，不允许出现根底、伞岩等凹凸不平现象。

如图 3-2-1 所示，根底的产生，不仅使工作面凸凹不平，而且处理根底时会增大炸药消耗量，增加工人的劳动强度。产生根底的主要原因是：底盘抵抗线过大，超深不足，台阶坡面角太小（如仅为 50°～60°或更小），工作线沿岩层倾斜方向推进等。

为了克服爆后留根底的不良现象，主要可采取以下措施：

1）适当增加钻孔的超深值或深孔底部装入威力较高的炸药；

2）控制台阶坡面角，使其保持在 60°～75°。若边坡角小于 50°～55°时，台阶底部可用浅眼法或药壶法进行拉根底处理，以加大坡面角，减小前排孔底盘抵抗线。

（4）爆堆形状和尺寸要符合要求。爆堆的形状和尺寸应当适应采装机械的回转性能，使穿爆工作与采装工作协调，防止产生铲装死角和降低效率。

爆破后的松散矿岩堆称为爆堆。爆堆的形状和尺寸对于采装和运输工作影响很大：爆堆过高，会影响挖掘机安全作业；爆堆过低，挖掘机不易装满铲斗；若爆堆前冲过大，不仅增加挖掘机事先清理的工作量，而且运输线路也受到妨碍；前冲过小，说明矿岩碎胀不佳，破碎效果不好。因此，爆堆的高度及宽度都要适宜。

爆堆的形状和尺寸主要取决于爆破参数、台阶高度、矿岩性质以及起爆方法等因素。

值得注意的是，当采用多排孔齐发爆破时，由于第二排孔爆破时受第一排孔爆破底板处的阻力，常常出现根底。第二排孔爆破时，因受剧烈的挟制作用，有一部分爆力向上作用而形成爆破漏斗，底板处可能出现"硬墙"。还应注意，某些较脆或节理很发育的岩石，虽然普氏坚固性系数较大，选取了较大的炸药单耗，即孔内装入炸药较多，但因爆破易使爆堆过于分散，甚至会发生埋道或砸坏设备等事故。遇到这类情况时应当认真考虑并选择适当的参数。

（5）无爆破后冲作用现象。爆破后冲作用是指爆破后矿岩在向工作面后方的冲力作用下，产生矿岩向最小抵抗线相反的后方翻起并使后方未爆岩体产生裂隙的现象，如图 3-2-2 所示。在爆破施工中，后冲是常常遇到的现象，尤其在多排孔齐发爆破时更为多见。后翻的矿岩堆积在台阶上和由于后冲在未爆台阶上造成的裂隙，都会给下一循环的穿孔爆破工作带来很大的困难。

产生爆破后冲作用的主要原因是多排孔爆破时，前排孔底盘抵抗线过大，装药时充填高度过小或充填质量差，炸药单耗过大，一次爆破的排数过多等。

采取下列措施基本上可以避免后冲的产生：

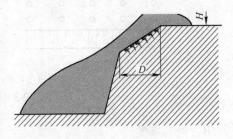

图 3-2-2　露天台阶爆破的后冲现象

H—后冲高度；*D*—后冲宽度

　　1）加强爆破前的清底工作，减少第一排孔的根部阻力，使底盘抵抗线不超过台阶高度；

　　2）合理布孔，控制装药结构和后排孔装药高度，保证足够的填塞高度和良好的填塞质量；

　　3）采用微差爆破时，针对不同岩石，选择最优排间微差间隔时间；

　　4）采用倾斜深孔爆破。

　　（6）保证人员、设备和建筑物的安全不受威胁。爆破是一种瞬间发生的巨大能量释放现象，安全工作很重要。在开采过程中，除了要注意爆破技术操作的安全外，还要尽可能减轻爆破震动，空气冲击波及个别飞石对周围的危害。

　　（7）节省炸药及其他材料，爆破成本低，延米爆破崩岩量高。

　　为了满足上述要求，爆破工作一是要不断扩大爆破规模及改进爆破质量；二是要控制爆破的破坏作用，以解决开采深度增加后的边坡稳定问题。

3.2.2.2　露天深孔爆破参数及爆破设计

A　爆破台阶要素

　　露天矿正常生产采掘爆破一般在台阶上或事先平整的场地上进行，每个台阶至少有倾斜和水平的两个自由面。在水平面上进行爆破施工作业，爆破岩石朝着倾斜自由面的方向崩落，然后形成新的倾斜台阶坡面。

　　炮孔及台阶坡面剖面图如图 3-2-3 所示。H_t 为台阶高度，l 为钻孔深度，l_1 为填塞长度，l_2 为装药长度，b 为排距，a 为钻孔间距，B 为安全距离，W 为最小抵抗线，W_d 为底盘抵抗线，即台阶第一排孔中心线到坡底线的水平距离，是爆破阻力最大的地方，它与最小抵抗线 W 不同。H_c 为炮孔超深，又叫超钻，其作用是降低装药高度或降低药中心，以便克服台阶底盘岩石的挟制作用，使爆破后不留残根形成平整的底盘。超深选取过大，将造成钻孔和炸药的浪费，增大对下一个台阶顶盘的破坏，使下一个台阶钻机穿孔时易塌孔，并且会增大爆破地震波的强度；超深不足将产生根底或抬高底盘的标高，影响装运工作。

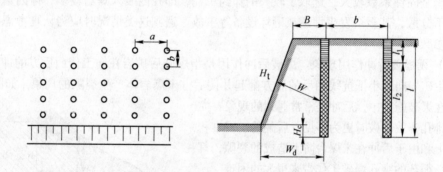

图 3-2-3　炮孔及台阶坡面剖面

B　炮孔布置

　　目前在露天矿山常用潜孔钻机和牙轮钻机进行穿孔。露天炮孔的布置方式有垂直炮孔与倾斜炮孔两种，如图 3-2-4 所示。

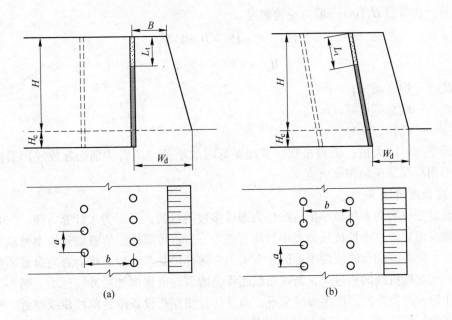

图 3-2-4　露天炮孔布置方式

（a）垂直炮孔（交错布置）；（b）倾斜炮孔（平行布置）

H—台阶高度；H_c—超深；W_d—底盘抵抗线；L_t—填塞长度；b—排距；B—安全距离；a—孔距

与垂直炮孔相比，倾斜炮孔有以下优点：

（1）抵抗线较小且均匀，矿岩破碎质量好，不产生或少产生根底；

（2）易于控制爆堆的高度，有利于提高采装效率；

（3）易于保持台阶坡面角和坡面的平整，减少突悬部分和裂缝；

（4）穿孔设备与台阶坡顶线之间的距离较大，设备与人员比较安全。

总的来说，从爆破效果看，斜孔优于垂直孔，但钻凿斜孔的技术操作比较复杂，需要的地形条件也比垂直孔高，孔的长度相应比垂直孔长，装药过程中易发生堵孔，所以在生产中一般根据具体情况选取炮孔布置方式，在地形比较宽敞的地方采用倾斜炮孔较多，地形狭窄地方采用垂直炮孔较多。

C　爆破参数的确定

a　炮孔直径 d

炮孔直径往往由所采用的穿孔设备的规格决定。当采用潜孔钻机时，孔径通常为 100 ~ 200mm，当采用牙轮钻或钢绳冲击钻时，孔径为 250 ~ 310mm，最大达 380 ~ 420mm。现在露天爆破一般趋向于大孔径，孔径越大，装药直径相应也越大，这样有利于炸药稳定传爆，可充分利用炸药能量，从而提高延米爆破量。随着露天开采技术的发展和开采规模逐渐加大，炮孔直径有逐渐增大的趋势。但炮孔直径增大后，孔网参数也随着增大，装药相对集中，必然会增大爆破下来的矿岩块度。

b　孔深和超深

孔深由台阶高度 H 和超深 H_c 确定。对于垂直孔，炮孔深度 $L = H + H_c$。台阶高度在矿山设计确定之后是个定值，目前，国内露天矿山多采用 10 ~ 15m 台阶，也有采用 15 ~ 20m

高台阶的。超深值 H_c(m)一般由经验确定。

$$H_c = (0.15 \sim 0.30)W_d \qquad (3\text{-}2\text{-}1)$$

$$H_c = (10 \sim 15)d \qquad (3\text{-}2\text{-}2)$$

式中　H_c——炮孔超深，m；

　　　W_d——底盘抵抗线，m；

　　　d——孔径，mm。

矿岩坚固时取大值；矿岩松软、节理发育时取小值。矿岩特别松软或底部裂隙发育时，可不用超深甚至超深取负值。

c　底盘抵抗线 W_d

用底盘抵抗线而不用最小抵抗线作为爆破参数的目的，一是为了计算方便，二是为了避免或减少根底。底盘抵抗线的大小与炸药威力、岩石可爆性、岩石破碎块度要求以及钻孔直径、台阶高度和台阶坡面角等因素有关，它选择得是否合理，将会影响爆破质量和经济效果。底盘抵抗线的值过大，则残留根底将会增多，也将增加后冲；过小，则不仅增加穿孔工作量，浪费炸药，产生爆破飞石，而且还会使穿孔设备距台阶坡顶线过近，作业不安全。底盘抵抗线 W_d(m)可按以下方法确定：

（1）根据穿孔机安全作业条件：

$$W_d \geq H\cot\alpha + B \qquad (3\text{-}2\text{-}3)$$

式中　H——台阶高度，m；

　　　α——台阶坡面角，(°)；

　　　B——从炮孔中心至坡顶线的安全距离，$B \geq 2.5\text{m}$。

（2）按每个炮孔的装药条件计算：

$$W_d = d\sqrt{\frac{7.85\Delta\psi}{mq}} \qquad (3\text{-}2\text{-}4)$$

式中　d——孔径，m；

　　　Δ——装药密度；

　　　ψ——装药系数；

　　　m——炮孔密集系数；

　　　q——炸药单耗。

（3）按经验公式计算：

$$W_d = (0.6 \sim 0.9)H \qquad (3\text{-}2\text{-}5)$$

我国一些冶金矿山采用的底盘抵抗线见表 3-2-1。在压渣爆破时，考虑到台阶坡面前留有岩石堆且钻机作业较为安全，底盘抵抗线可适当减小。

表 3-2-1　深孔爆破底盘抵抗线

爆破方式	炮孔直径/mm	底盘抵抗线/m	爆破方式	炮孔直径/mm	底盘抵抗线/m
清渣爆破	200	6 ~ 10	压渣爆破	200	4.5 ~ 7.5
	250	7 ~ 12		250	5 ~ 11
	310	11 ~ 13		310	7 ~ 12

d　孔距 a 与排距 b

孔距 a 是指同排的相邻两炮孔中心线间的距离，可按式（3-2-6）求得：

$$\begin{cases} 前排: a = mW_d \\ 后排: a = mb \end{cases} \tag{3-2-6}$$

式中　W_d——底盘抵抗线，m；

　　　m——炮孔密集系数，一般大于 1，随着大孔距爆破技术的推广应用，可扩大到 3～8，在国外，m 值甚至提高到 8 以上。

实践证明，$m \leqslant 0.6$ 时，爆破效果变差。但是第一排炮孔往往由于底盘抵抗线过大，应选用较小的密集系数，以克服底盘阻力。

排距 b 是指多排孔爆破时，相邻两排炮孔间的距离。炮孔的排距一般可取与底盘抵抗线相同的距离。考虑到后排孔爆破时的岩石挟制效应，排距可变为 $(0.8 \sim 0.9)W_d$。

e　填塞长度 L_t

填塞长度关系到填塞工作量的大小、炸药能量利用率、爆破质量、空气冲击波和个别飞石的危害程度。合理的填塞长度应能防止爆炸气体产物过早地冲出孔外，使破碎更加充分。经验表明，填塞长度与孔径有关，是孔径的 16～32 倍，视岩石和炸药性质而定。

f　单孔装药量 Q

在合理选取其他爆破参数的前提下，单排孔爆破和多排孔爆破的第一排孔装药量为：

$$Q = qaHW_d \quad 或 \quad Q = qmHW_d^2 \tag{3-2-7}$$

式中　q——单位炸药消耗量，kg/m^3；

　　　a——炮孔间距，m；

　　　H——台阶高度，m；

　　　W_d——底盘抵抗线，m。

当台阶坡面角 $\alpha < 55°$ 时，应将式（3-2-7）中的 W_d 换成 W，以免因装药量过大造成爆堆分散、炸药浪费、产生强烈空气冲击波及飞石过远等危害。

多排孔爆破时，后排孔应取 Q 值的 1.1～1.3 倍，微差爆破可取小值，齐发爆破取大值。

倾斜深孔每孔装药量为

$$Q = qWaL \tag{3-2-8}$$

式中　L——倾斜深孔的长度，不包括超深。

g　单位炸药消耗量 q

正确地确定单位炸药消耗量非常重要。q 值的大小不仅影响爆破效果，而且直接关系到生产成本和作业安全。q 值的大小不仅取决于矿岩的可爆性，同时也取决于炸药的威力和爆破技术等因素。实践证明，q 值的大小还受其他爆破参数的影响。由于影响因素较多，至今尚未研究出简便而准确的确定方法。传统的单位炸药消耗量的确定方法是试验加经验，缺点是无法全面考虑各方面的因素。表 3-2-2 所列 q 值可作为选择时的参考。

表 3-2-2　露天台阶深孔爆破的 q 值

岩石坚固性系数 f	2~3	4	5~6	8	10	15	20
$q/\mathrm{kg} \cdot \mathrm{m}^{-3}$	0.29	0.45	0.50	0.56	0.62~0.68	0.73	0.79

注：表中所列为 2 号岩石炸药。

D　爆破装药

a　装药结构

根据炸药在炮孔内的装填情况以及起爆点的位置可以分为以下几种装药结构：

（1）连续装药：炸药在炮孔内连续装填，没有间隔。

（2）间隔装药：炸药在炮孔内分段装填，炸药之间有炮泥、木垫或空气使之隔开。

（3）耦合装药：装药直径与炮孔直径相同。

（4）不耦合装药：装药直径小于炮孔直径。

（5）正向起爆装药：起爆雷管或起爆药柱位于炮孔孔口处，爆轰向孔底传播。

（6）反向起爆装药：起爆雷管或起爆药柱位于炮孔底部，爆轰向孔口传播。

b　装药结构形式

各种装药结构形式如图 3-2-5 所示。

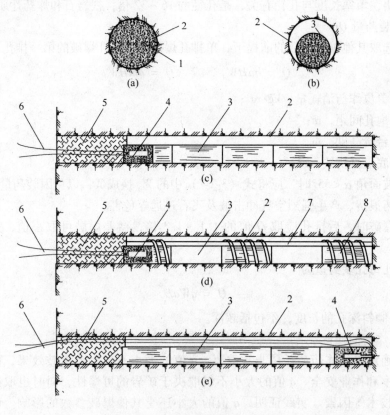

图 3-2-5　露天爆破装药结构形式

（a）耦合装药；（b）不耦合装药；（c）正向连续装药；（d）正向空气间隔装药；（e）反向连续装药

1—炸药；2—炮眼壁；3—药卷；4—雷管；5—炮泥；6—脚线；7—竹条；8—绑绳

（1）连续装药和间隔装药：在间隔装药中，可以采用炮泥间隔、木垫间隔和空气间隔三种方式。试验表明，在较深的炮孔中采用间隔装药可以使炸药在炮孔全长上分布得更加均匀，使岩石破碎块度均匀。采用空气间隔装药，可以增加用于破碎和抛掷岩石的爆炸能量，提高炸药能量的有效利用率，降低炸药消耗量。

（2）耦合装药和不耦合装药：炮孔耦合装药爆炸时，孔壁受到爆轰波直接作用，在岩体内一般要激起冲击波，造成粉碎区，消耗大量能量；不耦合装药，可以降低对孔壁的冲击压力，减少粉碎区，激起应力波在岩体内的作用时间加长，这样就加大了裂隙区的范围，炸药能量利用充分，在露天台阶光面爆破中，周边眼多采用不耦合装药。

（3）正向起爆装药和反向起爆装药：装药采用雷管或起爆药柱起爆时，雷管或起爆药柱所在位置称为起爆点。起爆点通常是一个，但当装药长度较大时，也可以设置多个起爆点，或沿装药全长敷设导爆索起爆。试验表明，反向起爆装药优于正向起爆装药。

（4）炮眼的填塞：用黏土、砂或土砂混合材料将装好炸药的炮孔封闭起来称为填塞，所用的材料统称为炮泥。炮泥的作用是保证炸药充分反应，使之放出最大热量和减少有毒气体的生成量；降低爆炸气体逸出自由面的温度和压力，使炮孔内保持较高的爆轰压力和较长的作用时间。

为保证填塞质量，堵塞材料可用黄土、钻沙或砂岩粉组成的炮泥，堵塞时要边堵边捣，堵塞要密实、连续，堵塞材料中不准夹有小石块，否则飞石距离会很远。

c　混装炸药车的应用

进行露天深孔爆破所需炸药量大，一般均在几吨乃至几十吨以上，现场装药工作量相当大。20 世纪 80 年代以来，我国一些大型露天矿山（如本钢南芬露天矿、首钢水厂铁矿等）先后引进了混装炸药车，其中有美国埃列克公司生产的 SMS 型和 3T（即 TTT）型车。国内一些厂家与国外合资也生产了一些型号的混装炸药车。多年的生产实践表明，技术经济效果良好，促进了露天矿爆破工艺的改革，降低了装药的劳动强度，提高了露天矿机械业水平，特别是 3t 型车（载重 15t），能在车上混制三种炸药，即粒状铵油炸药、重铵油炸药和乳化炸药。一个需装 400 ~ 500kg 炸药的深孔，只需 1 ~ 1.5min 即可装完。这种混装炸药车，对我国中小型露天矿尤其适用。使用混装炸药车主要有以下几个优点：

（1）生产工艺简单，现场使用方便，装药效率高。

（2）同一台混装炸药车可以生产几种类型的炸药，其密度可以随意调节，以满足不同矿岩、不同爆破的要求。

（3）生产安全可靠，炸药性能稳定。不论是地面设施或在混装车内，炸药的各组分均分装在各自的料仓内，且均为非爆炸性材料，进入炮孔内才形成炸药。

（4）生产成本低。

（5）大区爆破可以预装炸药。

（6）由于可以在车上混制炸药，可以大大节省加工厂和库房的占地面积。

3.2.2.3　常用的露天矿深孔爆破方法

A　多排孔微差爆破

多排孔微差爆破是排数在 4 ~ 6 排或更多排，各排炮孔之间以毫秒级微差间隔时间起爆的爆破。这种爆破方法一次爆破量大，矿岩爆破效果好，在国内外矿山中得到普遍应用。与过去普遍使用的单排孔齐发爆破相比，多排孔微差爆破有以下优点：

（1）可提高爆破质量，改善爆破效果，如大块率低、爆堆集中、根底减少、后冲减少。

（2）可扩大孔网参数，降低炸药单耗，提高每米炮孔崩矿量。

（3）一次爆破量大，故可减少爆破次数，提高装运工作效率。

（4）可降低地震效应，减少爆破对边坡和附近建筑物等的危害。

下面就设计施工中的三个问题加以论述。

a　微差间隔时间的确定

微差间隔时间 Δt 以 ms 为单位。Δt 值的大小与爆破方法、矿岩性质、孔网参数、起爆方式及爆破条件等因素有关。确定 Δt 值的大小是微差爆破技术的关键，国内外对此进行许多试验研究工作。由于观点不同，提出了多种计算公式和方法。

根据我国鞍山本溪矿区的爆破经验，在采用排间微差爆破时，$\Delta t = 25 \sim 75\text{ms}$ 为宜。若矿岩坚固，采用松动爆破、孔间微差且自由面暴露充分、孔网参数小时，取较小值；反之，取较大值。

b　微差爆破的起爆方式及起爆程序

爆区多排孔布置时，孔间多呈三角形、方形和矩形。布孔排列虽然比较简单，但利用不同的起爆顺序对这些炮孔进行组合，就可获得多种多样的起爆形式：

（1）排间顺序起爆（见图3-2-6）。这是最简单、应用最广泛的一种起爆形式，一般呈三角形布孔。在大区爆破时，由于同排（同段）药量过大、容易造成爆破地震危害。

（2）横向起爆（见图3-2-7）。这种起爆方式没有向外抛掷作用，多用于掘沟爆破和挤压爆破。

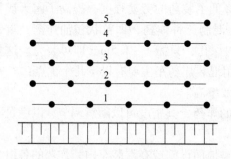

图3-2-6　排间顺序起爆
1~5—起爆顺序

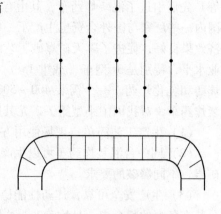

图3-2-7　横向起爆
1~3—起爆顺序

（3）斜线起爆（见图3-2-8）。分段炮孔的连线与台阶坡顶线呈斜交的起爆方式称为斜线起爆。图3-2-8（a）为对角线起爆，常在台阶有双向自由面的条件下采用。利用这种起爆形式时，前段爆破能为后段爆破创造较多的自由面，如图中的连线。图3-2-8（b）为楔形或V形起爆方式，多用于掘沟工作面。图3-2-8（c）为台阶工作面采用V形或梯形起爆方式。

斜线起爆的优点：可正方形、矩形布孔，便于穿孔、装药、填塞机械的作业；斜线起爆又可加大炮孔的密集系数；由于分段多，每段药量少且分散，可降低爆破地震的破坏作

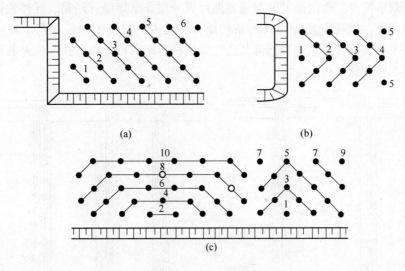

图 3-2-8　斜线起爆
1~10—起爆顺序

用，后冲力小，可减轻对岩体的直接破坏；由于炮孔的密集系数加大，岩块在爆破过程中相互碰撞和挤压的作用大，有利于改善爆破效果，而且爆堆集中，可减少清道工作量，提高采装效率；起爆网路的变异形式较多，机动灵活，可按各种条件进行变化，能满足各种爆破的要求。

斜线起爆的缺点：由于分段较多，后排孔爆破时的挟制性较大，崩落线不明显，影响爆破效果；分段网路施工及检查均较繁杂，容易出错；要求微差起爆器材段数较多，起爆材料的消耗量也大。

（4）孔间微差起爆。孔间微差起爆是指同一排孔按奇、偶数分组顺序起爆的方式，如图 3-2-9 所示。图 3-2-9（a）为波浪形方式，它与排间顺序起爆比较，前段爆破为后段爆破创造了较大的自由面，因而可改善爆破效果。图 3-2-9（b）为阶梯形方式，爆破过程中岩体不仅受到来自多方面的爆破作用，而且作用时间也较长，可大大提高爆破效果。

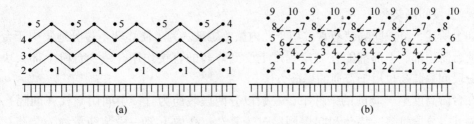

图 3-2-9　孔间微差起爆
（a）波浪形；（b）阶梯形
1~10—起爆顺序

（5）孔内微差起爆。随着爆破技术的发展，孔内微差爆破技术得到了广泛应用。孔内微差起爆，是指在同一炮孔内进行分段装药，并在各分段装药间实行微差间隔起爆的方法。图 3-2-10 所示为孔内微差起爆结构示意图。实践证明，孔内微差起爆具有微差爆破和分段装药的双重优点。孔内微差的起爆网路可以采用非电导爆管网路、导爆索网路，也可以采用电爆网路。就我国当前的技术条件而言，孔内一般分为两段装药。就同一炮孔而言，起爆顺序有上部装药先爆和下部装药先爆两种，即有自上而下孔内微差起爆和自下而上孔内微差起爆两种方式。

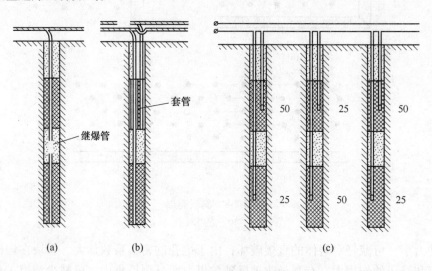

图 3-2-10　孔内微差起爆结构
（a）导爆索孔内自上而下；（b）导爆索孔内自下而上；（c）电雷管孔内微差
25，50—微差间隔时间，单位为 ms

对于相邻两排炮孔来说，孔内微差的起爆顺序有多种排列方式，它不仅在水平面内，而且在垂直面内也有起爆时间间隔，矿岩将受到多次反复的爆破作用，从而可以大大提高爆破效果。

采用普通导爆索自下而上孔内微差起爆时，上部装药必须用套管将导爆索隔开。为了施工方便，在国外，使用低能导爆索。这种导爆索药量小，仅为 0.4g/m，它只能传播爆轰波，而不能引爆炸药。

c　分段间隔装药

如上所述，分段间隔装药常常用于孔内微差爆破。为了使炸药不过分地集中于台阶下部，使台阶中部、上部都能在一定程度上受到炸药的直接作用，减少台阶上部大块产出率，分段间隔装药也用于普通的爆破方法。

在台阶高度小于 15m 的条件下，一般以分两段装药为宜，中间用空气（间隔）或填塞料隔开。分段过多，装药和起爆网路过于复杂。孔内下部一段装药量约为装药总量的 17% ~ 35%，矿岩坚固时取大值。

国内外曾试验并推广在炮孔顶底部采用空气或水为间隔介质的间隔装药方法。用空气为介质时又叫空气垫层或空气柱爆破。采用炮孔顶底部空气间隔装药的目的是：降低爆炸起始压力峰值，以空气为介质，使冲量沿孔壁分布均匀，故炮孔顶底部破碎块度均匀；延长孔内爆轰压力作用时间。由于炮孔顶底部空气柱的存在，爆轰波以冲击波的形式向孔壁、孔顶底部入射，必然引起多次反射，加之紧跟着产生的爆炸气体向空气柱高速膨胀飞射，可延长炮孔顶底部压力作用时间和获得较大的爆破能量，从而加强对炮孔顶底部矿岩的破碎。

炮孔底部以水为介质间隔装药所利用的原理是：水具有各向均匀压缩，即均匀传递爆炸压力的特征。在爆炸初始阶段，充水腔壁和装药腔壁同样受到动载作用而且峰压下降缓慢；到了爆炸的后期爆炸气体膨胀作功时，水中积蓄的能量随之释放，故可加强对矿岩的破碎作用。

另外，以空气或水为介质孔底间隔装药，可提高药柱重心，加强对台阶顶部矿岩的破碎。

不难看出，水间隔和空气间隔作用原理虽然不同，但都能提高爆炸能量的利用率。水间隔还具有破碎硬岩的功能。

B　多排孔微差挤压爆破

多排孔微差挤压爆破，是在台阶工作面上留有爆堆情况下的多排孔微差爆破。爆堆的存在为挤压创造了条件，从而延长爆炸气体的静压作用时间，充分利用炸药的爆炸能，改善爆破破碎效果。多排孔微差挤压爆破的爆堆集中整齐，根底很少，块度较小，爆破质量好，个别飞石飞散距离小，且能储存大量已爆矿岩，有利于均衡生产，尤其对工作线较短的露天矿更有意义。多排孔微差挤压爆破的主要工艺与多排孔微差爆破基本相同，前排孔的爆破参数略小于多排孔微差爆破，中后排炮孔的爆破参数与多排孔微差爆破基本相同。现将几个特殊的问题简要介绍如下。

a　留渣厚度

留渣厚度决定了挤压爆破时刚性支撑强弱，还决定下一次爆破后的爆堆宽度，随着留渣厚度的增加，爆堆前冲距离减少。由于矿岩的具体条件不同，加之影响的因素较多，目前尚无一个公认的实际计算留渣厚度的公式，根据实践经验，单纯从不埋道的观点出发，在减少炸药单耗的前提下，留渣厚度为 2 ~ 4m 即可；若同时为减少第一排孔的大块率，则应增大至 4 ~ 6m；为全面提高技术经济效果，留渣厚度以 10 ~ 20m 为宜。理论研究与实践表明，留渣厚度与松散系数、台阶高度、抵抗线、炸药单耗、矿岩坚固性以及波阻抗等因素有关。一般应在现场做实验以确定合理的留渣厚度。

b　一次爆破的排数

一次爆破的排数一般以不少于 3 排或 4 排，不大于 7 排为宜，排数过多，势必增大炸药单耗，爆破效果变差。

c　第一排炮孔的抵抗线

第一排炮孔的抵抗线应适当减小，并相应增大超深值，以装入较多药量。实践证明，由于留渣的存在，第一排炮孔爆破效果的好坏很关键。

d　微差间隔时间

挤压爆破的微差间隔时间一般要比自由空间爆破（清渣爆破）的微差间隔时间增加30% ~ 60%。

e　各排孔药量递增系数的问题

由于前面留渣的存在，爆炸应力波入射后将有一部分能量被渣堆吸收而损耗，因此必然用增加药量加以弥补。有些矿山采用第一排以后各排炮孔依次递增药量的方法：如果一次爆破 4 ~ 6 排，则最后一排炮孔的药量增加 30% ~ 50%，药量偏高，必将影响爆破的技术经济效果。通常，第一排炮孔对比普通微差爆破可增加药量10%~20%，起到将留渣向前推移，为后排炮孔创造新自由面的作用。中间各排可不必依次增加药量，最后一排可增加药量10%~20%。因为最后一排炮孔爆破必须为下次爆破创造一个自由面，即最后一排炮孔的被爆矿岩必须与岩体脱离，至少应有一个贯穿裂隙面（槽缝），如图3-2-11所示。

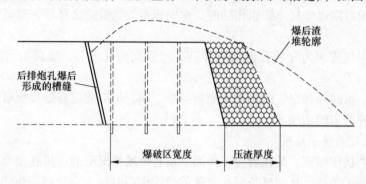

图3-2-11　露天台阶挤压爆破示意图

目前对微差挤压爆破的机理及其爆破参数的研究尚不充分，有待于进一步完善。从广义上讲，多排孔微差清渣爆破第一排以后的各排炮孔的爆破也是挤压爆破，只是挤压的程度不同而已。

C　露天矿高台阶爆破技术简介

由于深孔钻孔技术的发展和微差挤压爆破技术的应用，国外一些露天矿采用了高台阶挤压爆破的方法。高台阶爆破就是将约等于目前使用的两个台阶高度（20~30m）并在一起作为一个台阶进行穿孔爆破工作，爆破后再分成两个台阶依次铲装。上部台阶矿岩的装运是在已爆破的浮渣下进行的。爆破时，上一个台阶留有渣堆，这种爆破方法效果好，充分实现了穿爆、采装、运输工序的平行作业，有利于提高设备的效率，能大幅度提高生产能力。当设备的穿孔能力达到要求时，应尽量采用这种方法。

3.2.3　露天矿邻近边坡的控制爆破技术

露天矿开采至最终境界时，爆破工作涉及保护边坡稳定的问题。影响边坡稳定的因素包括工程地质条件、边坡设计和使用特性、边坡开挖方式等。爆破是其中的一个重要因素。随着露天矿生产规模的不断扩大，一次爆破岩石量和使用的炸药量迅速增加，由此产生的对边坡稳定性的影响就更为突出。因此，采用合理有效的边坡控制技术，限制和减弱大量爆破对边坡的破坏，能够以最小成本实现边坡的安全、稳定，是提高边坡稳定性的一项重要措施。

边坡控制爆破技术主要有三种方法，即预裂爆破、光面爆破和缓冲爆破。在实际应用中，预裂爆破和缓冲爆破是控制边坡爆破最常用的方法。

3.2.3.1　预裂爆破

预裂爆破就是沿设计开挖轮廓钻一排间距较小的密集炮孔，在每孔内装入少量炸药，采用不耦合装药结构，在主爆炮孔起爆之前先行起爆，从而沿预裂孔连线方向形成一条有一定宽度的预裂壁面比较平整的预裂缝（宽度可达 1~2cm），借以吸收和反射主爆孔爆破能量，从而降低地震效应，保护边坡完整或减少边坡维护的工作量。预裂爆破也广泛地应用在水利电力、交通运输、旧建筑物基础拆除、船坞码头等工程之中。

A 预裂爆破参数及施工注意事项

（1）炮孔直径。预裂爆破的炮孔直径大小对于在孔壁上留下预裂孔痕率有较大的影响，而孔痕率的多少是反映预裂爆破效果的一个重要指标。一般孔径越小，孔痕率就越高。故一些大中型露天矿专门使用潜孔钻机凿预裂炮孔，孔径为 110~150mm。使用牙轮钻机时，孔径为 250mm。

（2）不耦合系数。预裂爆破不耦合系数以 2~5 为宜。在允许的线装药密度的情况下，不耦合系数可随孔距的减小而适当增大。岩石抗压强度大时，应取较小的不耦合系数值。

（3）线装药系数 Δ。线装药系数是指炮孔装药量对不包括填塞部分的炮孔长度之比，也称为线装药密度，单位是 kg/m。采用合适的线装药系数可以控制爆炸能对岩体的破坏，线装药系数通常为 0.6~3.5kg/m，也可通过试验方法确定或用下列经验公式确定：

$$\Delta = 2.75[\delta_y]^{0.53}r^{0.38}$$
$$\Delta = 0.36[\delta_y]^{0.63}a^{0.67}$$

(3-2-9)

式中　Δ——δ_y 线装药密度，g/m；

　　　δ_y——岩体抗压强度，kg/cm²；

　　　r——炮孔半径，mm；

　　　a——钻孔间距，cm。

（4）孔距。预裂爆破的孔距与孔径有关，一般为孔径的 10~14 倍，岩石坚固时取小值。

（5）预裂孔孔深。确定预裂孔孔深的原则是不留根底和不破坏台阶底部岩体的完整性。因此，要根据爆破工程的实际情况来选取孔深，即主要根据孔底爆破效果来确定超深值。

（6）预裂孔排列。预裂孔钻凿方向与台阶坡面倾斜方向一致时叫做平行排列［见图 3-2-12（a）］。采用这种排列时平台要宽，以满足钻机钻孔的要求。有时由于受平台宽的限制或只有牙轮钻机，需将预裂孔垂直布置［见图 3-2-12（b）］。

（7）装药结构，预裂爆破要求炸药在炮孔内均匀分布，故通常采用分段间隔不耦合装药。许多矿山的分段间隔不耦合装药采用了用导爆索捆绑的药卷组成药包串的办法，非常适用。由于炮孔底部挟制性较大，易产生要求的裂缝，应将孔底一段装药的密度加大，一般可增大 2~3 倍。

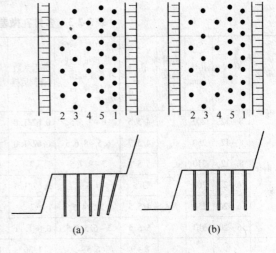

图 3-2-12 预裂孔排列
（a）倾斜孔预裂；（b）垂直孔预裂
1—预裂孔；2~4—主爆炮孔；5—缓冲孔
（1~5 也表示起爆顺序）

（8）填塞长度。良好的孔口填塞是保持孔内高压爆炸气体所必需的。填塞过短而装药过高，有造成孔口炸成漏斗状的危险；过长的填塞会使装药重心过低，则难以使顶部形成完整的预裂缝。填塞长度与炮孔直径有关，通常可取炮孔直径的 12～20 倍。

（9）预裂孔超前主爆炮孔起爆的间隔时间。为了确保降震作用，形成发育完整的预裂缝，必须将预裂孔超前主爆炮孔起爆，超前时间不能少于100ms。

　　B　爆破效果及其评价

一般根据预裂缝的宽度、新壁面的平整程度、孔痕率以及减震效果等项指标来衡量预裂爆破的效果。具体是：

（1）岩体在预裂面上形成贯通裂缝，其地表裂缝宽度不应小于1cm。

（2）预裂面保持平整，孔壁不平度小于1.5cm。

（3）孔痕率在硬岩中不少于80%，在软岩中不少于50%。

（4）减震效果应达到设计要求的百分率。

3.2.3.2　光面爆破及缓冲爆破

光面爆破与预裂爆破比较相似，也是采用在轮廓线处多打眼密集布孔、少装药（不耦合装药）、同时起爆的爆破方式，其目的是在开挖的轮廓线处形成光滑平整的壁面，以减少超挖和欠挖。

缓冲爆破与预裂爆破都叫减震爆破，两者不同的是，预裂爆破于主爆炮孔之前起爆，在主爆与被保护岩体之间预先炸出一条裂缝。缓冲爆破则与主爆炮孔同时起爆（两者之间也有微差间隔时间），以达到减震的目的。

表 3-2-3 为国内多排孔微差挤压爆破参数表，表 3-2-4 为国内部分矿山预裂爆破参数表。

表 3-2-3　多排孔微差挤压爆破参数表

矿名	矿岩 f	孔径 /mm	台阶高度 /m	孔距 /m	底盘抵抗线排距前排/后排 /m	邻近系数前排/后排	超深 /m	炸药单耗 /kg·m^{-3}	药量增加前/后 /%	堵塞长度 /m	布孔方式	起爆形式	间隔时间 /ms
南芬铁矿	8～12	200	12	4/5.5	6～7/5.5	0.62/1.0	1.5	0.22	10～15	4～5	三角形 矩形	楔形 斜线	25～50
	8～12	250		4.5/7	6.5～8/6.5	0.62/1.0	1.5	0.205	10～15	5～6			
	8～12	310		5.5/8	7～9/7.5	7	1.5	0.255	10～15	6～7			
	16～20	200		3/5	4.5～	0.67/1.0	3.0	0.29	10～15	4～5			
	16～20	250		4/5.5	5.5/4.5	7	3.0	0.31	10～15	5～6			
	16～20	310		5/6.5	5～6.5/5.5	0.6/1.11	3.0	0.365	10～15	6～7			
水厂铁矿	<8	250	12	8～9	6.5～	1.36	1.5	(0.42)	20/20	5.5～7.5	正方形 三角形	梯形 排间	50～75
	8～10			7～8	6.5/5.5	1.20	1.75	(0.52)	20/20				25～50
	10～12			6.5～7.5	5～5.5/5.5	1.22	2.2	(0.54)	20/20				25～50
	12～14			5～6.5	5/5.5	1.19	2.5	(0.66)	20/20				25

表 3-2-4　国内部分矿山预裂爆破参数表

矿山名称	岩石类别	坚固性系数 f	钻孔直径/mm	炸药类型	线装药密度 /g·m⁻¹	钻孔间距/mm
南山铁矿	辉长闪长岩	8 ~ 12	150	铵油炸药	1000 ~ 1200	160 ~ 190
	粗面岩	4 ~ 8	150	铵油炸药	700 ~ 1000	140 ~ 160
	风化闪长岩	2 ~ 4	150	铵油炸药	600 ~ 800	120 ~ 150
南芬铁矿	绿泥长岩	12 ~ 14	200	2 号岩石	2320	250
	混合岩	10 ~ 12	200	2 号岩石	2250	250
	千山花岗岩	12 ~ 16	250	铵油炸药	3500	250
大孤山铁矿	磁铁矿	14 ~ 16	250	铵油炸药	3500	250
	绿泥石	14 ~ 16	250	铵油炸药	3500	250
	千枚岩	2 ~ 4	250	铵油炸药	2400	250
甘井子 石灰石矿	石灰石	6 ~ 8	240 ~ 250	铵油炸药	3000	250 ~ 300
大冶铁矿	闪长岩	10 ~ 14	170	2 号岩石	1385 ~ 1615	170

3.2.4　露天爆破安全工作

A　露天爆破工安全操作规程

(1) 爆破工必须进行专门培训，经过系统的安全知识学习，熟练掌握爆破器材性能，经有关业务部门考试取得爆破证者，方准进行爆破作业。

(2) 运输爆破材料时，禁止炸药、雷管混装运输。

(3) 严格遵守爆破材料的领取、保管、消耗和运输等项制度。

(4) 爆破前必须抓好岗哨，加强警戒，点燃后立即退到安全地带。

(5) 加工导爆索时，必须用刀切割，禁止用钳子和其他物品切割。

(6) 采区放大炮时，其填塞物必须用沙土，不许用碎石充填。

(7) 无论放大炮、小炮，必须在炮响 5min 后方准进入爆破现场，如有盲炮时，要及时采取安全措施处理。

(8) 剩余的爆破材料，必须做退库处理，不准私存乱放。

(9) 所有爆破材料库不得超量储存，不得发放、使用变质失效或外部破损的爆破材料。

(10) 不得私藏爆破材料，不得在规定以外的地点存放爆破材料。

(11) 丢失爆破材料，必须严格追查处理。进行爆破作业，必须明确规定警戒区范围和岗哨位置以及其他安全事项。

(12) 爆破后留下的盲炮（瞎炮），应当由现场作业指挥人员和爆破工组织处理。未妥善处理前，不许进行其他作业。

B　爆破工作其他注意事项

(1) 领用爆破器材，要持有效证件、爆破器材领用单及规定的运输工具，要仔细核对品种、数量、规格。

（2）装卸爆破器材要轻拿轻放，严禁抛掷、摩擦、撞击。

（3）作业前要仔细核对所用爆破器材是否正确，数量是否与设计相符，核对无误后方可作业。

（4）装卸、运输爆破器材时及作业危险区内，严禁吸烟、动火。

（5）操作过程中，严禁使用铁器。

（6）爆破危险区禁止无关人员、机动车辆进入。

（7）多处爆破作业时，要设专人统一指挥，每个作业点必须两人以上方可作业。

（8）严禁私自缩短或延长导火索的长度。

（9）炸药和雷管不得一起装运，不能放在同一地点。

（10）爆破前，应确认点炮人员的撤离路线和躲炮地点。采场内通风不畅时，禁止留人。

C　二次爆破工岗位安全操作规程

（1）作业前，必须详细检查作业点及上部浮石情况，确认安全后方可作业。

（2）不准打残眼，打底根部位发现附近有残炮时，要在技术人员指导下并采取有效的安全措施方可作业。

（3）风水绳要连接可靠，连接前要吹净内部杂物。

（4）凿岩时，除开门把钎外，机器前面不准站人及通行。

（5）把钎人员不准戴手套，衣袖要绑紧。

（6）开动机器时，不准用扳手转动钎杆，不准骑在气腿上作业。

（7）参加爆破作业时，要遵守爆破工安全操作规程。

D　二次破碎凿岩工安全操作规程

（1）凿岩作业前，先用低压风将风管吹干净，以免异物进入机内损坏机器，同时认真检查各连接部件是否牢固，避免机件脱落伤人。

（2）接通气前，应将操纵阀回复零位。

（3）凿岩作业前要检查好脚下的大块是否稳固，禁止登上过高的大块堆进行作业。

（4）凿岩过程中，要注意突发的钎杆折断现象，以防伤人。

（5）要穿戴好必要的劳动保护用品，不准穿塑料底鞋及拖鞋进行作业。

（6）严禁雨雪天气进行凿岩作业，防止跌落摔伤。

3.2.5　计算机技术在爆破中的应用

随着计算机技术的发展，从20世纪中期开始，计算机技术陆续应用到露天矿爆破中，在爆破效果预测、优化设计等方面取得了显著进展。目前，国外矿山爆破技术已能运用计算机对爆区矿岩的可爆性差异进行自动优化爆破设计，运用合理的爆破参数计算合适的装药量，同时在计算机上完成模拟爆破。我国许多露天矿在爆破生产中运用计算机技术也取得了良好效果。计算机技术在爆破中的应用主要集中在钻孔自动控制、爆破破碎块度预测、计算机辅助设计以及专家系统几个方面。

3.2.5.1　钻孔自动控制

硬岩钻凿是一项极为繁重的采掘作业。液压钻车技术的成熟和计算机技术的进步已使自动化凿岩的设想成为现实。在液压钻车上一般均配有自动开孔、自动推进、自动返回及卡钎保护等功能。目前计算机控制的全自动化钻车有芬兰塔姆鲁克公司（Tamrock）的 Datasolo 深孔钻车、Datamatic 全液压钻车以及日本古川公司、瑞典阿拉特斯公司（Atlas Copoc）、斯特龙内斯公司（Stromnes）、挪威的 Furuholmen 公司生产的系列钻车等。

全自动化液压钻车均配备自动化控制系统，可实现按预编凿岩模型自动凿岩。自动控制系统可适用于钻臂数不等、大小不同的任何钻车。其控制系统的主要部件一般有：(1) 微处理机；(2) 操作盘和直观的显示器；(3) 装在钻臂结点上的精确角度传感器；(4) 控制伸长、给进和推压结构的位移传感器；(5) 液压传感器；(6) 操纵执行结构的电液伺服器。这种控制系统一般可以用全自动、操纵杆控制和手动控制三种方式操纵钻车。

在全自动控制过程中，可按预定凿岩模型实现全自动凿岩。将设计的炮孔参数，即每个炮孔位置、角度和深度，编制成凿岩模型程序，存储在操纵台上的计算机内，并通过便携式计算机输入或修改程序。在操纵杆控制模式中，所有钻臂与钻机的动作均由操作者发出命令后，通过微机执行，即任何需要的动作，只要简单移动操纵杆即可有效而精确地完成。对于手动方式而言，操作者用操纵杆直接操纵各个钻臂而不使用计算机，但仍然可以使用显示器观察钻机的钻进情况。

3.2.5.2 爆破破碎块度预测

爆破效果好坏直接影响后续铲装工作能否顺利进行。同时，爆破是一个涉及诸多因素的复杂过程，具有瞬发性、模糊性和不确定性。因此，对爆破效果进行爆前预测，实现爆破的优化设计已成为爆破工作者普遍关注的问题。

将计算机技术应用于爆破破碎块度预测的研究始于 20 世纪 60 年代，但由于受当时计算机硬件技术发展水平的制约，直到 70 年代才进入实质性的发展阶段。我国在 20 世纪 80 年代把计算机技术应用到露天矿爆破中。爆破破碎块度预测模型主要有以下三类。

第一类是从矿岩破碎机理入手建立的矿岩爆破物理、数学、力学模型，借助于计算机进行模拟，求得各种爆破参数下的矿岩爆破块度分布。

第二类是爆破块度统计模型，通常采用爆破块度分布规律和块度尺寸对爆后矿岩的破碎程度进行定量描述。

第三类是分形损伤模型。此类模型主要是以损伤力学和分形几何理论为基础，分析分维值与爆破参数的关系（如炸药单耗、最低抵抗线与分维值的关系），从而建立爆破块度分形损伤模型和节理岩体爆破块度计算模型等。

3.2.5.3 计算机辅助设计

国内外爆破界都很注重计算机辅助设计的研究，一些爆破软件的开发已进入商业化阶段，并产生了许多专门服务于爆破领域的软件公司。国外不同矿山的爆破设计程序尽管有所差异，但是一般都是根据爆区地质平面图、现场孔位标志、炮孔和爆堆的品位标志以及矿岩性质、地质构造、爆区形状和炸药类型等，设计优化孔网、装药量等参数。美国奥斯丁炸药公司编制的 QET 计算机程序，可根据地形地质情况、爆破参数、装药结构、要求的爆破块度和爆破有害效应等项内容，用以确定出不同的爆破方案供用户选择。诺贝尔公司利用三种计算机程序进行爆破方案设计，即 DYNOVIEV 程序、DYNACAD 程序、

BLASTEC 程序。利用这些程序可预测最可能的爆破顺序以及地面震动情况，根据现有岩石和振动数据可使爆破设计最优化。

国内爆破研究人员通过对 AutoCAD 进行二次开发生成爆破 CAD 系统，不仅使设计周期大大缩短，设计精度提高，而且由于数据管理系统保存了大量有用的数据和图形，既能随时对方案进行快速修改补充，又能为后续测震和爆破效果分析评价提供资料。我国目前开发的爆破 CAD 系统主要实现了以下几方面的功能：

（1）爆破系统数据库。数据库是实现爆破计算机自动设计的前提和基础，数据库中存储有实测的地质地形原始数据、采场任意区域内的矿岩分布及矿岩物理力学性质，计算机能对这些内容进行自动查询和识别。数据库记录爆破设计的有关布孔、装药、起爆器材、起爆方式、爆破的矿岩量、爆破效果预测等数据，能够根据爆破破碎范围预测结果或现场地形变化的实测结果，自动对数据库内容进行相应的更新。

（2）穿孔设计。爆破 CAD 已实现了计算机自动布孔，即圈定爆破区域后，计算机自动识别矿岩的物理力学性质、炸药参数以及相关因素，进行分析和计算，最终确定爆区内各个炮孔的合理位置和孔深。系统还可通过手动自行调整和修正炮孔的位置。

（3）装药设计。计算机根据所爆区域内矿岩的地质构造、炸药爆破参数等条件，自动计算药量。

3.2.5.4　专家系统

专家系统能根据所获得的不完整或不确定的信息，像专家一样根据积累的经验和掌握的知识，通过分析、推断得出最佳的结论。专家系统能够接受经验教训，不断积累资料，修正输出。

由于地质条件的复杂性，在露天矿爆破中，各种特殊条件的爆破是屡见不鲜的，如遇到断层、破碎带等，这些特殊情况的处理需靠专家的经验来解决，通常的计算机程序很难办到。通过在专家系统中建立处理各种可能的特殊情况的特殊知识库和处理规则，就能够完成这一任务，并且随着知识的积累，处理特殊情况的功能也不断加强。

专家系统的知识库区别于传统的爆破数据库，传统的爆破数据库主要是管理功能，包括查询、检索、统计、打印等；而专家系统中的数据库既可以是普通数据库，又可以是表示成一定规则的客观规律的描述，还可以是网络连接的权值矩阵。知识既可以是理论的，又可以是经验性的，其中经验是通过推敲分析大多数专家确认的，不是随机积累的。知识一旦输入知识库，就可以作为下一次爆破设计的依据，并且知识库中的知识可以不断更新、修改和追加，提高知识水平。

专家系统和神经网络是一个较新的研究领域，在采矿中，特别在矿山爆破方面的应用相对较少，一些国家在矿山开采和坑道掘进工作中应用了专家系统，并取得了显著的进步，如美国、英国和加拿大的 50 多个矿山应用专家系统，经过多年开发与试验，不断完善，矿山凿岩爆破费用明显降低。国内已开发了基于人工智能原理、模糊数学、神经网络、数据库及目标决策等理论的爆破专家系统，有基于规则的露天矿爆破专家系统、基于实例的露天矿爆破专家系统、爆破预测的专家系统等。系统功能主要包括爆破决策、爆破设计、评价爆破质量、灵敏度分析和成本计算等。专家系统的应用使我国露天矿爆破设计更趋于科学化、规范化和系统化。

思考与练习

1. 简述露天开采爆破的特点。
2. 简述露天开采爆破炮孔的常用布置方式。
3. 简述露天矿正常生产和临近边坡的控制爆破常用的爆破方法。
4. 简述爆堆形状对挖掘工作的影响。
5. 简述露天开采对爆破工作的要求。
6. 某露天台阶爆破的台阶高度 $H = 14\text{m}$，底盘抵抗线 $W_d = 5\text{m}$，孔距 $a = 6\text{m}$，排距 $b = 5\text{m}$，布置 5 排孔，单位体积岩石用药量（即单位炸药消耗量）$k = 0.49\text{kg/m}^3$，要求一次爆破方量为 2.6 万立方米。求总装药量及炮孔数。
7. 简述露天矿的边坡爆破，为什么要采用光面爆破或预裂爆破？光面爆破和预裂爆破主要区别是什么？主炮孔和光面孔在间距、装药量和装药结构方面有什么不同？
8. 简述如何衡量露天台阶爆破的爆破效果。为了改善露天台阶爆破效果，你认为可采取哪些技术措施？某次露天台阶爆破的后冲严重，你认为可能是哪些原因造成的？
9. 为什么说穿孔爆破工作是影响露天矿生产的一个重要工艺环节？
10. 简述炮孔超深对爆破效果的影响。
11. 简述多排孔微差挤压爆破中，工作面残留爆堆的作用。
12. 简述对露天矿爆破的要求。
13. 简述应如何选取炮孔的填塞长度。
14. 简述临近边坡控制爆破的目的。
15. 简述在评价露天矿的爆破质量时常用的指标。
16. 简述对爆堆形状的要求。

项目 3.3　采装工作

【项目描述】

采装工作是指用装载机械将矿、岩从其实体中或爆堆中挖掘出来，并装入运输容器内或直接倒卸至一定地点的工作。它是露天开采全部生产过程的中心环节，其他工艺过程如穿孔爆破、运输、排土等工艺都是围绕采装工作展开的。

采装工作的好坏，直接影响矿床的开采强度、露天矿生产能力和最终的经济效果。因此，如何正确选择采装设备，采用良好的采装方法，以提高采装工作效率，对搞好露天矿生产具有极其重要的意义。

采装工作所用的设备类型很多，主要有挖掘机（包括单斗机械铲、拉铲、多斗铲等）、前装机、铲运机以及推土机等。采掘设备按功能特征分为采装设备和采运设备。单斗机械铲属于采装设备。铲运机和推土机属于采运设备，前装机既是采装设备又是采运设备。目前，在国内外金属露天矿中，采掘设备均以单斗机械铲为主，其实物图如图 3-3-1 所示。虽然，近几年来前端式装载机和轮斗式挖掘机有了较大的发展，但仍然没有改变单斗挖掘机采装在露天矿的统治地位。

【能力目标】

　　（1）熟悉铲装作业方式；
　　（2）熟悉铲装设备的操作程序；
　　（3）熟悉各铲装设备的操作注意事项。

【知识目标】

　　（1）掌握铲装作业方式；
　　（2）掌握提高挖掘机生产能力的途径。

【相关资讯】

图 3-3-1　机械铲实物图

3.3.1　机械铲作业

　　露天矿使用的机械铲按使用方式分为采矿和剥离两种类型。前者主要用于向采空区倒排岩石，其特点是臂架长，勺斗容积大，一般都在 $10m^3$ 以上；后者多用于向运输设备装载，一般线性尺寸较小（允许安全作业的台阶高度）。

3.3.1.1　工作规格

　　机械铲的主要工作参数如图 3-3-2 所示：
　　（1）挖掘半径（R_w）：由挖掘机回转中心线至斗齿切割边缘的水平距离。最大挖掘半径（R_{wmax}）是斗柄最大水平伸出时的挖掘半径；站立水平上的挖掘半径（R_{wp}）是勺斗平放在挖掘机站立水平时的最大挖掘半径。
　　（2）挖掘高度（H_w）：挖掘机站立水平到斗齿切割边缘的垂直距离。最大挖掘高度（H_{wmax}）是斗柄最大伸出并提到最高位置时的挖掘高度。
　　（3）卸载半径（R_x）：卸载时从挖掘机回转中心线到卸载中的勺斗中心的水平距离。最大卸载半径（R_{xmax}）是斗柄最大水平伸出时的卸载半径。
　　（4）卸载高度（H_x）：卸载时从挖掘机站立水平到卸载勺斗打开的斗底下边缘的垂直

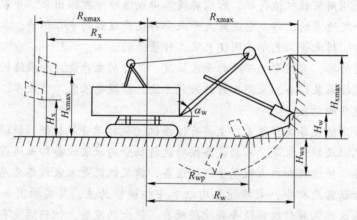

图 3-3-2　机械铲工作参数

距离。最大卸载高度（H_{xmax}）是斗柄最大伸出并提至最高位置时的卸载高度。

（5）下挖深度（H_{ws}）：在向挖掘机所在水平以下挖掘时，从站立水平到斗齿切割边缘的垂直距离。

（6）动臂倾角（α_w）：挖掘机动臂与水平面夹角，一般为 30°~50°。

3.3.1.2　工作面类型及作业方式

A　工作面类型

工作面是指挖掘机采掘矿岩的地点。工作面的规格和形状取决于挖掘机的规格、作业方式和矿岩的特性，可分为尽头工作面、端工作面和侧工作面，如图 3-3-3 所示。一般情况下，端工作面作业时挖掘机的效率最高，因为这时挖掘机的平均回转角不大于 90°；尽头工作面装载条件恶化，循环时间加长。挖掘机生产能力低于平装车，仅用于掘沟，复杂成分矿床的选择开采，汽车或胶带运输机配合作业的宽采掘带中，以及不规则形状矿体和露天矿最后一个水平的开采；侧工作面作业时，挖掘机的平均回转角在 120°~140° 之间，由于工作面宽度小，运输线路需要经常增铺或移设，致使挖掘机效率下降，因此应用不多，但可在特殊情况下，如选采时采用。

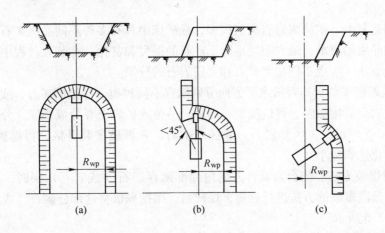

图 3-3-3　机械铲工作面的形式

（a）尽头工作面；（b）端工作面；（c）侧工作面

B　作业方式

a　正常爆堆作业方式

挖掘机的作业方式，按与运输设备的相对位置分为平装车、上装车、倒堆和联合装车四种，如图 3-3-4 所示。平装车时挖掘机和运输设备位于同一个水平上；上装车时运输设备高于挖掘机站立的水平，上装车和平装车结合构成联合装车；倒堆时没有运输设备，由挖掘机直接将矿岩倒至适当地点。

上装车与平装车相比，司机操作较困难，挖掘循环时间长，因而挖掘机生产能力要降低一些。然而，在铁路运输条件下，用上装车掘沟可以简化运输组织，加速列车周转，对加强新水平准备具有重要意义。尽头式装车时，装载条件恶化，循环时间加长，挖掘机生产能力低于平装车，仅用于掘沟，复杂成分矿床的选择开采，以及不规则形状矿体和露天

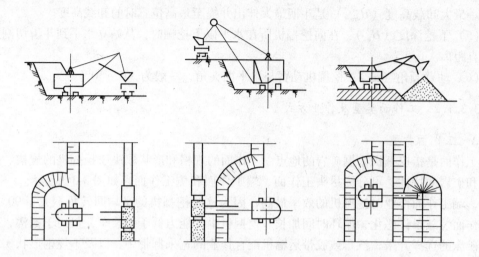

图 3-3-4　挖掘机端工作面的作业方式

矿最后一个水平的开采。

　　b　特殊采装作业方式

　　当矿体构造复杂、矿体内岩石夹层较多，或矿床中具有多种不同品级矿石时，为了满足产品质量和品级的要求，最大限度地降低矿石的损失和贫化，在装载过程中必须采用特殊的采装作业方法，实现不同品级矿石和夹层岩石的分采。

　　（1）分区爆破采装。当台阶水平方向分别赋存不同种类、品级的矿石，或当台阶水平方向存在矿、岩交界接触时，可以按矿石品种、品位或矿岩交界分成小区，分别进行爆破采装。如图 3-3-5 所示，Ⅰ区是岩石，Ⅱ区是矿石，先爆破采装Ⅱ区，再爆破采装Ⅰ区，使矿石损失贫化达到最小。

　　（2）分段爆破采装。当台阶垂直方向内局部赋存矿石（或岩石）层时，可根据其赋存深度，采用分段爆破的方法进行处理，爆破后，用挖掘机将这部分矿石（或岩石）装车运走，如图 3-3-6 所示。

　　（3）分层采装。当开采缓倾斜或水平的薄矿体群时，可以把整个台阶按矿岩接触线划分成两个或数个分台阶，进行分层开采。

　　首先，爆破上部分台阶，然后，从台阶下部平盘垫出一条通往上部分台阶的平缓通道，供挖掘机上下行走，如图 3-3-7（a）所示。当上部分台阶推进到一定距离，下部分台阶

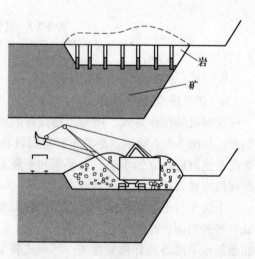

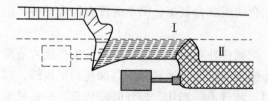

图 3-3-5　分区爆破采装示意图　　　　　图 3-3-6　分段爆破采装示意图

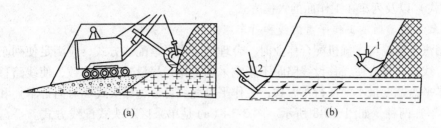

图 3-3-7　阶梯式采装

（a）挖掘机行走通道；（b）采装顺序

暴露出一定面积以后，即可开始在下部分台阶穿孔爆破。这时上下分台阶同时进行作业。下部分台阶爆破后，挖掘机返回采装下部分台阶，同时在上部分台阶穿孔爆破。如此上下分台阶交替阶梯式推进，如图 3-3-7(b)所示。

这种作业方式能够最大限度地降低矿石损失和贫化，保证提供不同品级的合格矿石。但需要设置上下分台阶的平缓通道，挖掘机上下往返频繁，有效作业时间减少。如果采用铁路运输，铺设铁路的工作量较大，影响经济效益。

（4）三角掌子区段的采装作业。在露天开拓中，为了降低初期剥采比和减少基建剥岩量，常采用移动坑线开拓。在设置移动坑线的台阶部分，整体台阶被划分成上、下两个三角掌子分别进行采掘。三角掌子区段的工作面高度是变化的，给挖掘机采装作业带来一系列的困难：

1）在开采上部三角掌子时挖掘机要在斜坡道上作业，列车在坡道上频繁启动和制动，安全性较差；

2）在开采三角掌子区段时，工作面一分为二，增加了挖掘机移动次数和移动距离，增加了行走时间；

3）三角掌子区段有一部分工作面高度过小，挖掘机满斗系数降低，生产能力下降。为了消除或减轻由于工作面高度过小而引起的不良影响，有经验的司机会在列车入换时间和待车时间内进行倒堆，将低处矿岩倒至上部。

（5）在黏土层区作业。挖掘机在黏土层区作业时，生产能力仅为在非黏性矿岩中作业的 50% ~ 70%。挖掘机生产能力降低的主要原因有两方面：

1）下沉问题。由于黏土含有水分，为柔软的塑性体，抗压支撑力小，挖掘机在黏土层区采装时容易下沉，每下沉一次需要一定的时间处理。为防止挖掘机在黏土层作业时发生下沉，可以采用旧坑木、砌铺岩块或防护钢板来垫护地基的方法。

2）糊斗问题。由于黏土中含水分，铲斗表面粗糙以及气温骤然变化会引起冻结、糊斗等问题，使黏土粘在齿尖和前齿床部分甚至铲斗内部，使挖掘机无法继续进行作业。为了减少和克服黏土黏糊铲斗，常采用不安齿尖的无齿铲斗或将铲门切去一部分，解决铲斗关门问题，冬季加热铲斗克服冻粘问题，安排生产计划时将有黏土的采区安排在干燥季节开采，这些技术措施对解决糊斗问题都比较有效。

3.3.1.3　工作平盘配线和行车组织

采掘设备和运输设备的效率，在某种程度上取决于工作平盘上运输线路的配置方式

（配线方式）以及列车在工作面的入换方式。

A　铁路运输时的工作平盘配线和行车组织

采用汽车运输与挖掘机配合作业时，合理的工作平盘配线方式，应满足使列车入换时间最短，线路移设方便，移设线路时不影响采掘工作，尽量减少线路数，使线路移设工作量及工作平盘宽度最小。按行车方式，工作平盘配线可分为尽头式（对向行车）和环行式（同向行车）两种，如图 3-3-8 所示。图 3-3-8（a）是单采区尽头式配线方式。平盘上只有一个采掘工作面和一个出入口，列车在工作面装完以后，驶出工作面至入换站，然后空车驶入工作面。

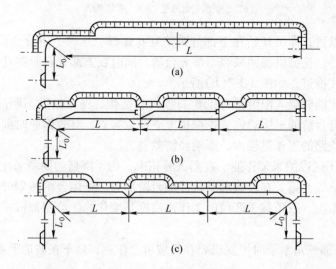

图 3-3-8　工作平盘配线方式
（a）单采区尽头式配线；（b）多采区尽头式配线；（c）多采区环形式配线

当开采台阶的工作线较长时，可划分成几个采区同时开采，如图 3-3-8（b）所示。为了提高各采区的装运效率，工作平盘可设双线，即行车线和各采区的装车线，各采区可以独立入换。

当开采台阶的工作线较长、采区较多时，可设置两个运输出入口，采用环行式配线方式，如图 3-3-8（c）所示。这种配线方式在工作平盘上设有行车线和各采区装车线，列车在行车线上同向运行。这样可以减少列车入换时间及各采区的相互干扰，提高平盘通过能力，从而可提高挖掘机效率。

B　汽车运输时的工作平盘配线和行车组织

采用汽车运输与挖掘机配合作业时，由于灵活性高，故汽车在工作面的入换与铁路运输有明显的区别。为发挥挖掘机和汽车的效率，保证汽车司机的安全，汽车在工作面的配置和入换方式有：同向行车、折返式和回返式，如图 3-3-9 所示。

如图 3-3-9（a）所示，同向行车是汽车在工作平盘上不改变运行方向，这对入换和装车均有利，工作平盘上只需单车道，所占平盘宽度小，但台阶需有两个出入口。

如图 3-3-9（b）、（c）所示，折返式入换是汽车在工作面换向倒退至装车地点，而回返式入换是汽车在工作面迂回换向，如图 3-3-9（d）、（e）所示。它们都是在台阶只有一个出入口的条件下应用，工作平盘上需设双车道。但由于入换方式不同，入换时间和所占工作平盘

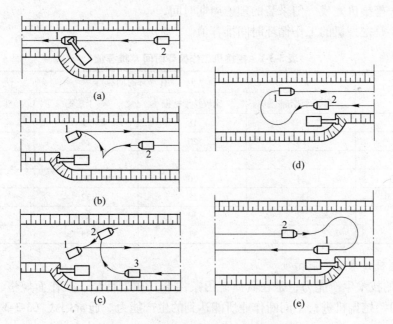

图 3-3-9　汽车在工作面的入换方式
(a) 同向行车；(b)，(c) 折返式入换；(d)，(e) 回返式入换
1 ~ 3—汽车

宽度也有差异。折返倒车的入换时间较长，而工作平盘宽度较窄；回返行车则与之相反。这两种入换方式要根据生产中实际的工作平盘宽度灵活运用。

由于汽车运输机动灵活，汽车入换时间较短，即使采用入换时间较长的折返式，只要车辆充足，便可按图 3-3-9(c) 那样的方式入换。当挖掘机装 1 号车时，2 号车停在附近待装，当 1 号车装满开出后，2 号车立即倒入装车，3 号即可倒退至待装地点。

3.3.1.4　挖掘机生产能力

挖掘机生产能力是露天矿的重要技术经济指标，是确定采掘设备、运输设备以及其他主要设备数量的基础，其在很大程度上影响着矿山生产能力、工人劳动生产率和矿山生产的经济效益等，同时也是分析露天矿生产和组织管理状况的主要因素。露天矿挖掘机生产能力的总和，一般就是相应时期矿山矿岩采剥总量。

挖掘机生产能力一般分为：理论生产能力 Q_t、技术生产能力 Q_j 和实际（工作）生产能力 Q_w 三种。

A　挖掘机理论生产能力

Q_t 只和机械本身的技术条件，如勺斗容积、电动机功率、工作机构线性尺寸以及传动速度等有关，是理想条件下（每勺斗完全装满、装卸不间断等）的生产能力，可用式 (3-3-1) 及式 (3-3-2) 计算：

$$Q_t = 60nE \qquad (\text{m}^3/\text{h}) \qquad (3\text{-}3\text{-}1)$$

或

$$Q_t = 3600/t_t E \qquad (\text{m}^3/\text{h}) \qquad (3\text{-}3\text{-}2)$$

式中　E——勺斗容积，m^3；

　　　n——每分钟采装勺斗数；

t_t——挖掘机完成一勺采装的理论周期时间，s。

表 3-3-1 是挖掘机的工作循环时间推荐值。

表 3-3-1　挖掘机工作循环时间 t_t 推荐值

挖掘机斗容/m³	工作循环时间/s			
	易于挖掘	比较易于挖掘	难于挖掘	非常难于挖掘
1.0	16	18	22	26
2.0	18	20	24	27
3.0 ~ 4.0	21	24	27	33
6.0 ~ 8.0	24	26	30	35
10.0 ~ 12.0	26	28	32	37
15.0	28	30	34	39
17.0	29	31	35	40

B　挖掘机技术生产能力

挖掘机的技术生产能力，是在具体矿山条件下（矿岩性质、工作面规格、装卸条件、技术水平等），挖掘机进行不间断作业所能达到的生产能力。通常用式（3-3-3）计算：

$$Q_j = 3600E/t_j K_w K_f \quad (m^3/h) \qquad (3-3-3)$$

式中　t_j——挖掘机完成一勺采装的技术周期时间，s；

　　　K_f——挖掘机移动、处理大块、选采等因素形成的辅助操作系数，其值为 0.9 ~ 0.5；

　　　K_w——挖掘系数，也称为实方满斗系数：

$$K_w = K_m/K_s \qquad (3-3-4)$$

满斗系数 K_w 和松散系数 K_s 与矿岩破碎程度、铲斗形式、矿岩块度级配、司机操作水平等因素有关。表 3-3-2 为不同矿岩块度、不同勺斗容积时 K_w 和 K_s 的实际指标，可供参考。

表 3-3-2　系数 K_w、K_s、K_m 的实际指标

系数	矿岩块度平均尺寸/cm											
	20			30			40			50		
	勺斗容积/m³											
	3 ~ 6	8 ~ 10	12 ~ 16	3 ~ 6	8 ~ 10	12 ~ 16	3 ~ 6	8 ~ 10	12 ~ 16	3 ~ 6	8 ~ 10	12 ~ 16
K_w	0.79	0.80	0.82	0.74	0.76	0.79	0.66	0.68	0.70	0.50	0.53	0.56
K_s	1.40	1.38	1.35	1.50	1.45	1.40	1.60	1.55	1.50	1.80	1.70	1.60
K_m	1.10	1.10	1.10	1.10	1.10	1.05	1.05	1.05	1.05	0.90	0.90	0.90

在设计或实际工作中，可用挖掘机的技术生产能力来分析和比较具体矿山条件下挖掘设备的利用情况，确定和比较实际生产能力的高低。

C　挖掘机实际生产能力

挖掘机实际生产能力也称为工作生产能力，是指具体矿山在某段实际工作时间内，在各种技术和组织因素包括爆破质量、运输设备和其他辅助作业的影响下，挖掘机所能达到的生产能力，是矿山制定挖掘计划的基础。

挖掘机实际生产能力，一般分为小时、班和日、月以及年生产能力。班生产能力为：

$$Q_w = Q_j T_b \eta_b \quad [\text{m}^3/(\text{台班})] \tag{3-3-5}$$

式中　T_b——挖掘机班工作时间，h；

　　　η_b——班工作时间利用系数，即装车时间与班工作时间之比。

η_b 数值与运输设备的类型、规格、工作面配线方式、空车供应率和内外故障率等因素有关。铁道运输时一般 $\eta_b = 0.4 \sim 0.5$；汽车运输时一般 $\eta_b = 0.6 \sim 0.7$；胶带运输机或挖掘机直接倒堆作业时，$\eta_b = 0.9 \sim 0.95$。

表 3-3-3 是每台挖掘机生产能力推荐参考指标。

表 3-3-3　每台挖掘机生产能力推荐参考指标

铲斗容积/m³	计量单位	矿岩硬度系数 f		
		<6	8 ~ 12	12 ~ 20
1.0	m³/班	160 ~ 180	130 ~ 160	100 ~ 130
	万立方米/a	14 ~ 17	11 ~ 15	8 ~ 12
	万吨/a	45 ~ 51	36 ~ 45	24 ~ 36
2.0	m³/班	300 ~ 330	210 ~ 300	200 ~ 250
	万立方米/a	26 ~ 32	23 ~ 28	19 ~ 24
	万吨/a	84 ~ 96	60 ~ 84	57 ~ 72
3.0 ~ 4.0	m³/班	600 ~ 800	530 ~ 650	470 ~ 580
	万立方米/a	60 ~ 76	50 ~ 65	45 ~ 55
	万吨/a	180 ~ 218	150 ~ 195	125 ~ 165
6.0	m³/班	970 ~ 1015	840 ~ 880	680 ~ 790
	万立方米/a	93 ~ 100	80 ~ 85	65 ~ 75
	万吨/a	279 ~ 300	240 ~ 255	195 ~ 225
8.0	m³/班	1489 ~ 1667	1333 ~ 1489	1222 ~ 1333
	万立方米/a	134 ~ 150	120 ~ 134	110 ~ 120
	万吨/a	400 ~ 450	360 ~ 400	330 ~ 360
10.0	m³/班	1856 ~ 2033	1700 ~ 1856	1556 ~ 1700
	万立方米/a	167 ~ 183	153 ~ 167	140 ~ 153
	万吨/a	500 ~ 550	460 ~ 500	420 ~ 460
12.0 ~ 15.0	m³/班	2589 ~ 2967	2222 ~ 2589	2222 ~ 2411
	万立方米/a	233 ~ 267	200 ~ 233	217 ~ 200
	万吨/a	700 ~ 800	600 ~ 700	600 ~ 650

注：1. 表中数据按每年工作 300d，每天 3 班，每班 8h；

　　2. 均为侧面装车，矿岩体重按 3t/m³；

　　3. 汽车运输或山坡露天矿取表中上限，铁路运输或凹陷露天矿取表中下限。

上述挖掘机生产能力的计算公式，是针对挖掘机在正常工作面和正常生产期间的作业而言。在掘沟（尽头式）工作面或露天矿基建期，挖掘机的生产能力均比上述计算值低。表 3-3-4 和表 3-3-5 是挖掘机掘沟作业生产指标参考值和特殊条件下作业效率降低参考值。

表 3-3-4　挖掘机掘沟作业（正面装车）生产指标参考值

铲斗容积/m³	年台班数/d	电机车运输/m³·a⁻¹	自卸汽车运输/m³·a⁻¹
1.0	700	105000	143500
2.0	700	294000	416000
4.0	700	366000	475000
8.0	700	500000	650000
10.0	700	800000	950000

表 3-3-5　挖掘机在特殊条件下作业效率降低参考值

挖掘机工作条件	运输方式	作业效率降低值/%
出入沟	机车运输	30
出入沟	汽车运输	10～15
开段沟	机车运输	20～30
开段沟	汽车运输	10～20
选别开采	机车运输	10～30
选别开采	汽车运输	5～10
基建剥离	机车运输	30
基建剥离	汽车运输	20
移动干线	机车运输	10
三角工作面装车	机车运输	10

D　提高挖掘机生产能力的途径

提高挖掘机生产能力的途径是多方面的，主要包括以下几方面。

（1）采用合理的采装方式和工作面规格。实践证明，端工作面平装车时挖掘机效率最易发挥，而侧工作面和尽头式工作面要比端工作面的生产能力下降15%～40%左右；工作面太高对挖掘机作业不安全、过低则不易满斗；窄采掘带会增加挖掘机的移动时间，太宽又不能有效铲挖。

（2）合理配置工作面线路和合理调车。采用铁路运输与挖掘机配合作业时，应优化列车调度，合理组织运输，在工作平盘上应合理配设线路，提高线路质量，适当加快运行速度，缩短列车入换时间。采用汽车运输与挖掘机配合作业时，在供车方式上，应注意汽车的停靠位置，要尽量减少挖掘机装车时的回转角，缩短汽车在工作面的入换时间，有条件时可在工作面并列两辆汽车，使挖掘机不间断工作。

（3）合格的爆破质量和足够的矿岩爆破储备量。爆破质量对采装作业有很大的影响，从采装作业的角度出发，它要求矿岩爆破后块度应均匀适中、不合格大块少、爆破不应过高或过散、没有根底和伞岩。若爆破后的矿岩块度大、根底多，将显著增加挖掘的铲取难度和铲取时间，同时影响挖掘机的满斗系数，也增加设备磨损及故障率。另外，应保证爆堆有足够的矿岩储量以减少挖掘设备的频繁移设，提高挖掘机的时间利用率。

（4）配备足够的运输设备，提高空车供应率。

（5）提高操作技术，压缩采装周期。通过技术培训，提高挖掘机操作人员的工作水平和熟练程度，提高挖掘机的工作效率与生产能力。

（6）加强设备维修，减少机械故障率。

（7）加强各生产环节的配合，减少外部影响。

（8）按照具体矿山的实际情况，不断改进坑内运输系统。

3.3.1.5　单斗挖掘机的应用

A　单斗挖掘机的工作程序

单斗挖掘机（俗称电铲）是露天开采重要的采装设备，根据采用的运输设备不同，有纵向采装和横向采装两种方式。

纵向采装既可以应用在汽车运输也可以应用在铁路运输，但是，铁路运输时只能采用纵向采装，纵向采装是指电铲的前进方向与采掘带工作面的推进方向一致。

铁路运输时，铁路线位于爆堆的侧面，一般情况下电铲回转 90°在工作面铲取矿岩，然后在提升的同时向卸载方向旋转，一般，其旋转的角度与工作面的前进方向（铁路线的运输方向）成 30°。这样确定的采掘带宽度比较适宜，如果采掘带过窄，挖掘机移动频繁，作业时间减少，移道次数增加；而采掘带过宽，从铲取到卸载时间增加，采掘带边缘铲取困难，清理工作量增大，电铲采装效率下降。

汽车运输时，电铲可以采用纵向采装，也可以采用横向采装。由于汽车调动机动灵活，采掘带的宽度可大可小，汽车可以位于电铲的一侧或两侧装车，为提高电铲的采装效率，减少电铲卸载的回转角度，汽车应尽量靠近电铲的前端，汽车的调车方式有折返式和回返式以及折返与回返的联合应用等多种方式。

B　单斗挖掘机的操作程序

a　开车前的准备

（1）检查现场及室内外是否有不利于作业的地方。

（2）检查各部抱闸是否灵活可靠。

（3）检查钢绳在卷筒上是否有混绕和脱落。

（4）检查操纵机构联锁装置是否灵活正常。

（5）检查各种仪表是否灵敏，指针是否正确，喇叭是否良好。

（6）检查行走拨轮是否灵活。

（7）机组启动前必须进行盘车检查。

（8）更换、包扎、倒电缆时必须作相序试验。

b　开车停车程序

（1）开车给电顺序：

1）各控制器手柄必须处于零位。

2）开启柱上开关。

3）开启隔离开关。

4）启动各风扇电动机。

5）启动空压机（压力达 0.59MPa）。

6）开启油开关，启动发电机组。

7）开启总励磁开关进行操作。

（2）停车断电顺序：

1）各控制器手柄回到零位。

2）关闭各分励磁开关。

3）关闭总励磁开关。

4）断开油开关，停发电机组。

5）停各风扇电动机。

6）停空压机电动机。

7）切断隔离开关。

8）切断柱上开关。

c　正常采装工作

（1）操作人员应根据采场具体条件，结合作业计划，进行合理采掘，挖平底板，保证装车质量。

（2）操作中不准扒、砸、压运输车辆。

（3）开始作业前，必须闸紧行走抱闸使电铲站稳，禁止三角着地。挖矿时不得同时加油回转，铲斗回转要平稳，非紧急情况下不得突然闸住回转。

（4）不得用摇摆铲斗的方法卸掉斗内矿物。

（5）不应将装满矿的铲斗悬在车道上方等待装车，车辆未对正铲位、未停稳时不得装车，装车时鸣笛示意，严禁铲斗从车头上空经过。

（6）严禁向车上采装块度大于 1m 的矿石。

（7）卸货时应尽量降低卸货高度，铲斗底门不应高于车厢底板 300mm，不得触碰车厢。

（8）作业时不应碰撞前后保险牙。

（9）遇死根底时，须扫尽浮石，经二次爆破松散后方可挖掘。挖掘根底、大块时，电动机堵转不许超过 3s，不得连续堵转。

（10）直接挖掘不需爆破的矿岩时，挖掘的阶段高度不应超过电铲最大挖掘高度的 20%。

（11）移动电铲、改变作业方向或检查设备时，操作人员应先与车下人员做到呼唤应答，鸣笛示意。

（12）移动电铲时，车下必须有人负责看管电缆，注意行程运转情况。掩车和处理电缆时，不许站在履带正前方。

（13）长距离移动电铲时，必须扫平路基，拉开斗门，并有专人在车下监护和指挥，开动前，负责清除履带滚道内的障碍物。

（14）电铲上下阶段时，走行抱闸及拨轮必须灵活可靠。上坡时牵引轮在后，下坡时牵引轮在前。铲斗应在下坡方向，放到接近地面的位置。上下坡时，应做好掩车准备。

（15）电铲回转时，配重箱圆弧顶点与运输车辆或工作面的安全距离不应小于 500mm。

（16）扭车时，地面要平，严禁由下坡向上坡扭车。一次扭车量不准超过 30°。

（17）在松软或易滑地点作业行走应事先采取防泥、防滑措施。

（18）电铲作业位置与工作面边缘，必须保证一定的安全距离。防止电铲偏帮滑下。

（19）电缆接头必须包扎好。拉电缆时必须使用专用绝缘工具，不得用手拿、用脚踢。雨天应盖、架好电缆接头。

（20）操作人员必须时刻注意掌子面变化情况，如发现崖塌等危险现象时，应立即停止作业并将电铲开至安全区，同时报告班长和调度，听候处理。

（21）处理工作面上的大块和崖头时，采取必要的措施，防止电铲被砸。

（22）电铲出现故障时必须及时排除，不得带病作业。各抱闸及安全装置必须灵活可靠，完整无缺，否则禁止作业。

（23）严禁无操作证的人员操纵设备，学徒工必须在师傅直接监护下方可操作练习。

（24）不准在电铲作业时上下车，有人上下车时，车梯子应背向掌子面。

（25）当发生重大人身和设备事故时，应立即停止作业，采取紧急措施抢救或抢修。

（26）爆破时应将电铲开至安全区，将尾部朝向爆破区，并切断电铲上一切开关。

（27）严寒季节作业时，要注意操作方法，防止各部齿轮掉牙，铲杆、大架子及各轴断裂。

d　铲运机操作中注意事项

（1）从电柱上送电时，电铲上的一切开关（空压机、风扇及操纵盘上的各开关）控制器必须放在零位。

（2）断、送电必须做到呼唤应答。

（3）交流盘送电时，风扇、空压机按顺序启动，不许同时启动。

（4）断、送电必须由专人负责，当断开柱上开关进行检查、修理或包扎电缆时，必须挂上标志牌，他人不得送电，以免发生误送电。

（5）严禁带负荷切断柱上开关和断路器。

（6）禁止两台或两台以上设备用同一柱上开关。

（7）更换交流盘高压保险器时，必须先切断隔离开关（区分断路器），确认处于断开位置并进行对地放电。

（8）电铲停车时应停在安全地点。

（9）铲斗落地，卷扬钢丝绳应稍有松弛。

（10）铲上无人时，必须切断隔离开关和柱上开关。

C　单斗挖掘机操作注意事项

（1）上铲前必须检查各部销轴是否松动，电线接头是否漏电，作业面上部是否有大块，做到安全确认。

（2）起车前，正、副司机必须呼唤应答，操作前必须鸣笛示意。

（3）严禁无证人员操纵设备，学徒工必须在师傅监护下方可练习操作。

（4）装车时，应鸣笛示意，严禁铲斗从车头上方经过。严禁扒、砸、压运输车辆。

（5）电铲作业回转时，配重箱圆弧顶点与运输车辆和工作面的安全距离不得小于 2m。

（6）电铲作业位置，距工作面外沿安全距离不得小于 3m，防止电铲帮滑下。

（7）操作人员必须时刻注意掌子面变化情况。如发现崖头、大块等危险情况时，应停止作业，离开危险区；同时报告调度，听候指示。

（8）移动电铲改变作业方向时，铲下必须有人看管移动，清除履带轨道内的障碍物。

（9）长距离走铲时，必须有专人在铲下负责监护和指挥，铲下人员不准站在履带正前方；禁止用不带橡胶套的铲牙吊电缆。

（10）电铲升、降段时，行走抱闸及拨轮必须灵活可靠。上坡时主动轮应在后，下坡时主动轮在前。铲斗应在下坡方向并接近地面。下坡时铲下人员应做好掩车准备。

（11）爆破时，应服从警戒人员指挥，按要求将电铲开到安全区，将尾部朝向爆区，并切断铲上开关。

（12）高压线与电铲上部距离不准小于 4m，铲上无人时，必须拉下隔离开关。

（13）在松软、易滑地点作业时，应事先采取防泥、防滑措施。

（14）非本机台人员不准随意上铲，作业时严禁无关人员进入机棚、走台及操作室，不准堆放有碍行走的障碍物。

（15）电铲出现故障时，必须及时排除，严禁带病工作；各部抱闸及安全防护装置必须灵活可靠、完整无缺，否则禁止作业。

D　挖掘机行走注意事项

（1）挖掘机起步前，应检查环境安全情况，清理道路上的障碍物，无关人员离开挖掘机，然后提升铲斗。

（2）准备工作结束后，驾驶员应先按喇叭，然后操作挖掘机起步。

（3）行走杆操作之前，应先检查履带架的方向，尽量争取挖掘机向前行走；如果驱动轮在前，行走杆应向后操作。

（4）如果行走杆在低速范围内，挖掘机起步时，发动机转速会突然升高，因此，驾驶员要小心操作行走杆。

（5）挖掘机倒车时要留意车后空间，注意挖掘机后面盲区，必要时请专人指挥，予以协助。

（6）液压挖掘机行走速度——高速或低速可由驾驶员选择。当选择开关在"0"位置时，挖掘机将低速、大扭矩行走；当选择开关在"1"位置时，挖掘机行走速度将根据液压行走回路工作压力自动升高或下降。例如，挖掘机在平地上行走可选择高速；上坡行走时可选择低速。如果发动机速度控制盘设定在发动机中速（约 1400r/min）以下，即使选择开关在"1"位置上，挖掘机仍会以低速行走。

（7）挖掘机应尽可能在平地上行走，并避免上部转台自行放置或操纵其回转。

（8）挖掘机在不良地面上行走时，应避免岩石碰坏行走马达和履带架；泥砂、石子进入履带会影响挖掘机正常行走及履带的使用寿命。

（9）挖掘机在坡道上行走时，应确保履带方向和地面条件，使挖掘机尽可能直线行驶；保持铲斗离地 20～30cm，如果挖掘机打滑或不稳定，应立即放下铲斗；当发动机在坡道上熄火时，应降低铲斗至地面，将控制杆置于中位，然后重新启动发动机。

（10）尽量避免挖掘机涉水行走，必须涉水行走时，应先考察水下地面状况，且水面不宜超过支重轮的上边缘。

E　单斗挖掘机的检查与维修

a　机械部分的检查

司机、副司机应分工负责按规定的时间和项目对电铲进行检查，并做好记录。属于自修范围的缺陷应及时处理，自修范围以外的问题应及时汇报。

每班检查一次的项目有铲具、大架子与推压装置、卷扬机构、旋转机构、行走机构、压气系统。旋转台每月检查一次；起落大架子卷扬机构起落前检查。

b　电铲的润滑

（1）润滑油脂必须符合规定的牌号，采用代用油时，其性能不得低于所规定油脂的技术性能，并需经主管部门批准。

（2）油脂必须保持清洁，用专门容器存装，不得露天敞口存放。存放地点温度不得超过润滑油规定的储放温度。

（3）注油前必须将油嘴擦干净，油孔堵塞时需立即处理，处理不了要及时报告。

（4）润滑装置必须完整齐全。

（5）冬季雪天向铲杆平面敷油时应事先将油加热并坚持勤敷。

（6）具体润滑、注油、敷油的地点和位置要按设备说明书进行。

c　电铲的维护

（1）机械部分维修范围：更换铲具各连接销轴、挡销及垫（用气割除外）；更换到限的牙尖；调正滑板间隙及更换滑板；更换及紧固鞍型轴承的螺钉；更换推压大轴卡箍丝；更换拉门机钢丝绳；紧固推压二轴瓦座螺钉；更换及紧固铲杆与连接器连接螺钉、小花帽螺钉（气割螺钉除外）；更换铲斗开门插销及开斗杠杆；紧固卷扬机架、卷扬减速机各部螺钉，二轴、大轴端盖螺钉（如有处理不了时由检修处理）；调整各部抱闸间隙；处理风管接头漏风；换卷扬钢丝绳；更换提梁均衡轮销轴；紧固回转减速机箱盖及地脚螺钉；更换履带板销轴及挡轴；更换和紧固各卡箍螺钉；紧固三节轴瓦盖螺钉；紧固楔螺钉；各部注油、各油箱换油（按润滑）；补齐、更换大架子上部的油管；更换补齐各部油嘴油堵；紧固配重箱横螺钉；紧固走台连接螺钉；紧固更换 M30 以下的各处连接螺钉；清洗空压机滤清器；更换空压机皮带。

（2）电气部分维修范围。司机、副司机在当班时，必须注意电铲电气设备的运行情况，并做好下列检修工作。

1）监视与检查发电机和电动机的运转情况，温升是否超过规定值，整流子的火花是否在允许范围内，声音是否正常；各部导线接头、线有无烧焦气味和变色现象，电刷是否破裂，电动机轴承的温升是否正常，底脚螺钉是否松动。

2）检查变压器的运行情况，是否温升过高（温升不得超过 55℃），有无漏油和声音不正常现象。

3）检查各辅助电动机的运转情况，是否有停转和声音不正常现象。

4）检查交、直流配电盘及各接触器的工作情况，注意各接线头有无过热变色现象。紧固松动的接线螺钉，处理更换接触器的触头、线辫和消弧罩。

5）按技术要求及时更换到限的发电机电刷；对电动机电刷要经常检查，如发现到限，自己又处理不了，可找电工处理更换。

6）检查各电动机振动情况，及时紧固松动的底脚螺丝。对发电机的对轮胶圈和胶块要经常检查及时更换。

7）捣、接和包扎高压移动电缆线，处理绝缘损坏部位，严防砸压和硬拉电缆，以免破坏和降低绝缘，避免接地放炮。

8）检查高低压保险器，按规定更换熔丝，严禁用铜、铝丝代替；柱上开关的熔丝和电缆接线要接触良好。

9）对所有的电动机、电控盘和其他用电设备，要定期吹风清扫（每周两次），使电气设备保持清洁。直流电动机，交、直流配电箱，高低压集电环，半个月检查维护一次；

高压油开关、交流电动机、发电机组、磁力站、高压柜一个月检查维修一次。以上设备的检查与维修要严格按电气设备的维护规格进行。

3.3.2　前装机作业

前装机是一种具备采装、短距离运输、排弃和其他辅助作业能力的多功能工程机械。前装机可直接挖掘松散的非固结土、砂或固结而松软的土及风化岩石，也可在爆破良好的爆堆中挖掘中硬甚至中硬以上的岩石。前装机兼行运输作业时运输距离一般不超过 150m。

前装机可根据需要装备前卸、后卸和侧卸式铲斗。有的前装机工作部分和走行部分可相对转动 90°，有利于装载工作的顺利进行。这种设备既有采用履带走行的，也有采用双轮或四轮驱动胶轮走行的。虽然同类轮式前装机的挖掘力较履带走行的前装机小，但由于它具有灵活机动、运行速度高、缓坡作业性能较好、维护费用相对较低等优点，因此 80% 以上的前装机都是胶轮的。前装机的动力装置可以是柴油机-电动机组或柴油机-液压装置。目前，国外生产的特大型前装机的功率已达 1500 马力（1 马力 =735.499W），铲斗容积达 22m³；我国已成批生产一些类型的前装机，最大斗容达 5m³。

前装机和斗容相同的机械铲相比，具有机体重量轻（仅为机械铲的 1/7 ~ 1/6）、购置价格低、操作简单方便等优点，但生产能力低（仅为机械铲的 1/2）、寿命短，并且要耗费大量昂贵的燃油和轮胎。

在国外，前装机已广泛用于土方工程和露天矿场内。在一些规模不大的中、小型露天矿中，有可能使用前装机进行采装工作。但前装机的挖掘力及线性参数较小（允许安全作业的台阶高度一般不大于 5 ~ 6m，个别可达 10m 左右），限制了它作为主要采掘设备在大、中型露天矿中的应用。

目前，前装机在露天矿场中的作业主要有：配合自卸载重卡车、胶带运输机等进行采掘作业，如图 3-3-10 所示。作为装运卸设备时，可以直接向溜矿井、移动式破碎机的受矿

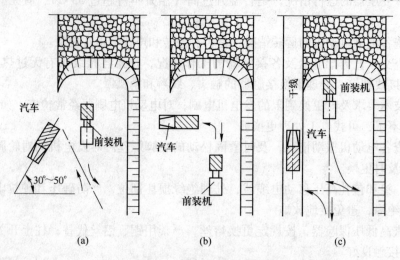

图 3-3-10　前装机与装载汽车配合作业方式示意图

（a）前装机与汽车斜交；（b）前装机与汽车直交；（c）前装机与汽车平行

斗以及其他转载设备卸载，布置都应在合理运距范围内，工作面的具体布置如图 3-3-11 所示；以及工作场地的准备和平整；出入沟及运输道路的修筑和维护；配合机械铲或轮斗挖掘机作业进行工作面集堆和选择开采；清扫或采掘大型采掘设备作业剩留的残矿；排土场辅助作业；地面储矿场的装车外运以及移设水泵、移设涵洞管道、牵引损坏车辆等辅助工作。

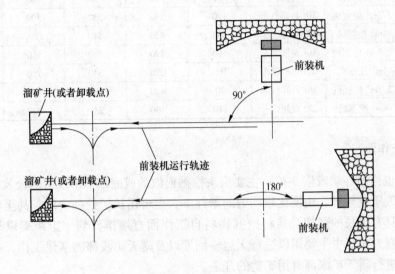

图 3-3-11　前装机配合溜井向运输设备装载示意图

　　在进行前装机设备选型时，所选用设备的结构类型应满足工作性质的要求，线性参数必须与工作面各项基本参数相符，还需与矿山规模及运输距离相适应。表 3-3-6 ~ 表 3-3-8 为有关文献推荐的前装机斗容与运距的关系。

表 3-3-6　前装机斗容与运距的关系

斗容/m³	2.0	3.0	4.5	7.5	9.0
最大运距/m	120	150	170	250	300
合理运距/m	50	65	80	125	150

表 3-3-7　大型露天矿采用轮胎式前装机的合理运距

年产量/万吨	挖掘机和汽车规格	前装机载重量/t				
		2	4	5	9.9	16
		合理运距/m				
100	2.3m³ 挖掘机	10t 自卸汽车	70	120	150	380	430
100	4m³ 挖掘机	27t 自卸汽车	60	110	140	350	390
150	3.1m³ 挖掘机	27t 自卸汽车	70	100	120	150	200
150	4.6m³ 挖掘机	40t 自卸汽车	50	80	90	100	150

表 3-3-8　中小型露天矿采用轮胎式前装机的合理运距

年产量 /万吨	挖掘机和汽车规格		前装机载重量/t				
			2	4	5	9.9	16
			合理运距/m				
10	2.3m³ 挖掘机	10t 自卸汽车	470	760	920	950	1100
	4m³ 挖掘机	27t 自卸汽车	350	560	650	700	800
30	2.3m³ 挖掘机	10t 自卸汽车	170	280	350	800	890
	4m³ 挖掘机	27t 自卸汽车	260	450	540	1190	1330
50	2.3m³ 挖掘机	10t 自卸汽车	110	190	240	560	630
	4m³ 挖掘机	27t 自卸汽车	160	280	340	750	830
80	2.3m³ 挖掘机	10t 自卸汽车	80	130	170	400	440
	4m³ 挖掘机	27t 自卸汽车	110	190	230	520	570

3.3.3　拉铲作业

拉铲（也称吊斗铲或索斗铲）主要用来挖掘松散的或固结但不致密的松软土岩及有用矿物。在爆破质量较好、块度比较均匀的条件下，也可用拉铲挖掘中硬，甚至硬度很大的矿岩。拉铲具有很长的臂架，能将挖掘物料自工作面直接排弃到一定距离以外的排卸地点，因此在露天矿场中主要用以进行无运输倒堆以及露天矿浅部的基建工作，亦可配合其他采掘设备进行露天矿深部有用矿物的开采。

拉铲还广泛应用于土方工程（如道路修筑、河床开挖等）和采砂场中。图 3-3-12 是拉铲的主要结构及工作尺寸示意图。表 3-3-9 是拉铲主要工作参数及简要说明。

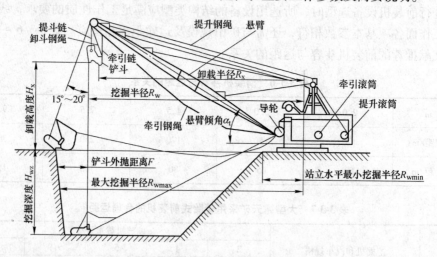

图 3-3-12　拉铲主要结构及工作尺寸示意图

表 3-3-9　拉铲主要工作参数及简要说明

工 作 尺 寸	单 位	说 明
挖掘半径 R_w	m	挖掘机回转中心线至铲斗斗齿齿缘间的水平距离
最大挖掘半径 R_{wmax}	m	铲斗外抛后，铲斗的回转中心线至铲斗斗齿齿缘间的水平距离，铲斗外抛距离取决于司机技术水平

工作尺寸	单 位	说　明
站立水平最小挖掘半径 R_{wmin}	m	拉铲回转中心至工作面坡顶线的最小水平距离，该值取决于台阶的稳定性
卸载半径 R_x	m	拉铲回转中心线至卸载铲斗的水平距离
卸载高度 H_x	m	卸载时铲斗齿缘至拉铲站立水平的垂直距离
挖掘深度 H_{xw}	m	下挖时铲斗齿缘至拉铲站立水平的垂直距离，该值与岩石性质及挖掘方式有关

拉铲的工作规格除取决于设备本身的线性参数和悬臂的倾角外，还与作业方式、挖掘物料性质等因素有关。

拉铲的主要作业方式是，通常位于台阶顶盘上的可能塌落线以内，铲斗由下而上挖掘站立水平以下的物料，如图 3-3-13 所示；铲斗容积大的拉铲，也可以站在台阶底盘上，铲斗由上而下挖掘站立水平以上的物料，如图 3-3-14 所示。上挖作业时，拉铲工作面坡角一般不大于 20°～25°，以防止因土、岩在挖掘过程中沿坡面滚落而影响满斗。

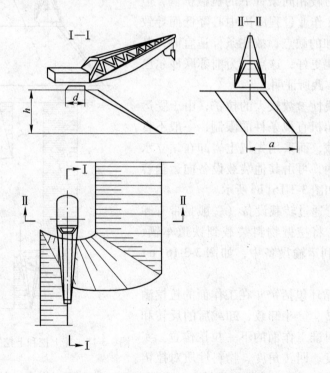

图 3-3-13　拉铲下挖作业时的工作面形状

为了有效地利用大型拉铲的线性参数，加大总的采掘高度，可将拉铲布置在中间平台上，交替进行上挖和下挖作业，如图 3-3-15 所示，该作业方式在无运输倒堆时经常采用。

在某些开采条件下，拉铲也可用来将挖掘物料装载于运输容器中。直接向运输容器（自翻车、自卸载重卡车）装载的拉铲，其铲斗容积一般为 4～15m³。此时拉铲通常采用下挖方式，将挖掘物料装载于和拉铲位于同一站立水平的运输容器中，如图 3-3-16(a)

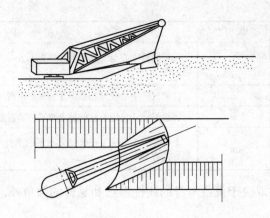

图 3-3-14　拉铲上挖作业时的工作面形状

所示。

利用拉铲向运输容器装载时，其单位斗容所能完成的生产能力较相同条件下的机械铲低，但由于不存在物料在作业过程中因中心降低而导致运输费用相对增加的缺点，故在条件适宜时，其总体经济效果可能更好，这点已为前苏联沙尔巴依斯克露天矿的实践所证明。

铲斗容积和线性参数较大的拉铲，由于受运输容器及挖掘机司机直视条件的限制，一般不直接向运输容器装载，而采用先把土岩卸在站立水平的临时排岩堆内，再由其他装载设备向运输容器装载的方式，如图 3-3-16（b）所示。

大型拉铲也可通过转载设备（一般是带有卸载漏斗的矿仓），将挖掘物料装载到铁道车辆、胶带运输机或水利运输设备中，如图 3-3-16（c）所示。

拉铲的挖掘循环包括铲斗在工作面的拉挖满斗提升、铲斗回转、铲斗卸载、卸载后的反转和下放铲斗并把它对准工作面的下一拉挖位置。实践证明，挖掘深度、回转角度、物料性质对拉铲

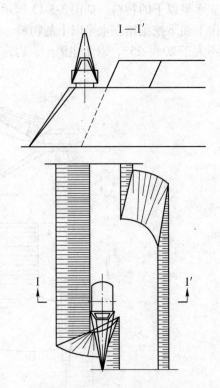

图 3-3-15　兼上挖和下挖的拉铲工作面形状

每一挖掘循环时间长短的影响较机械铲大。必须注意，在实际工作中，拉铲经常用于整理和清扫工作面，并要在工作面定位而做短距离移动，加上司机的延误或因装斗不满而重复铲挖，这些都必须在计算产量时予以考虑。利用拉铲进行无运输倒堆的产量计算也不例外。

引起设备停止作业的主要原因是设备本身的故障、长距离空程走行、工艺系统中其他环节的影响等。上述因素会对拉铲生产能力产生的不利影响，只能在生产实践的基础上，用加强管理和改进技术工作的方式使之减轻。

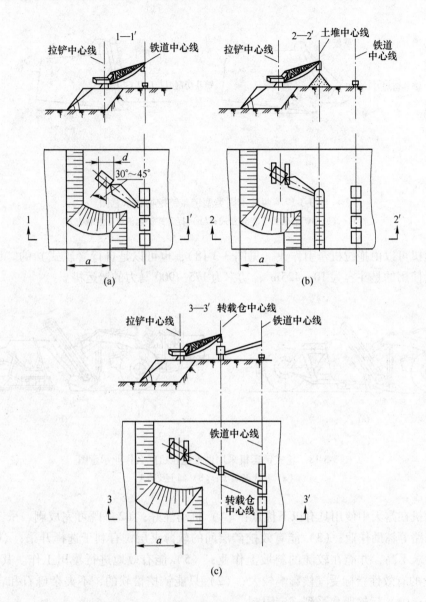

图 3-3-16　拉铲进行装载作业时的工作面布置

3.3.4　铲运机作业

铲运机自问世以来，一直是最重要的土方机械之一。它能完成物料的铲挖、运送及排弃等工作，是一种多功能的高效设备。铲运机在露天矿中主要用于表土的剥离、运输和排弃，也用于采掘松软矿物，并可用于复田工程。

目前铲运机主要有两种形式：（1）配备有一台柴油机的标准两轴四轮驱动型；（2）配备有一台（两台）柴油机及一台提升运输机，能将物料从切割边缘推向铲斗的四轮驱动提升型，这类铲运机在 20 世纪 70 年代以来获得了很大发展。图 3-3-17 为普通型铲斗和带有提升输送机的铲斗挖掘物料示意图。

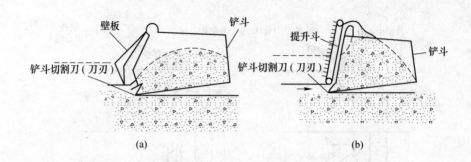

图 3-3-17　两种不同类型铲斗铲挖物料示意图
(a) 普通型铲运机铲斗装载方式；(b) 提升式铲运机铲斗装载方式

铲运机可以由拖拉机牵引作业（见图 3-3-18），也可以是自行（轮式）的。目前，在国外大量使用的是斗容为 $10 \sim 425m^3$、功率为 $175 \sim 900$ 马力的铲运机。

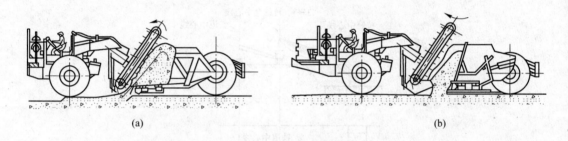

图 3-3-18　轮式铲运机采用助推拖拉机配合作业示意图
(a) 铲土及装土；(b) 卸土及铺土

铲运机在露天中使用具有以下优点：(1) 机动性好；(2) 既可完成剥、采工作，又能担负筑路等辅助作业；(3) 能有效挖矿层间的软薄夹层，有利于选择开采；(4) 对运输道路要求不高，并能在较陡的斜坡上作业；(5) 能有效地进行覆田工作。其缺点是：(1) 作业的有效性指标受气候影响较大；(2) 只能铲挖松软的，不夹杂砾石和含水量不大的土岩；(3) 运输距离受到一定限制。

因此，铲运机的有效工作条件为：(1) $1 \sim 4$ 级不含集聚砾石的松散土岩，对于 $3 \sim 4$ 级较致密的土岩需用犁土机预先松散；(2) 物料含水不超过 $10\% \sim 15\%$，含水超过 $20\% \sim 25\%$ 时，除物料黏附于斗壁而不易卸出外，还会使铲运机陷于土中；(3) 铲运机的运距，斗容为 $6 \sim 10m^3$ 的不大于 $500 \sim 600m$，斗容 $15m^3$ 的不大于 $1000m$，斗容大于 $15m^3$ 的可达 $1500m$；(4) 作业区的纵向坡度在拖拉机牵引时，空载上坡不大于 $13°$，下坡不大于 $22°$；重载上坡不大于 $10°$，下坡不大于 $15°$，侧向坡度不大于 $7°$；自行式铲运机上坡时不大于 $9°$，下坡时不大于 $15°$，侧向坡度不大于 $5°$。

铲运机工作循环：(1) 下放铲斗，铲运机在工作面慢速运动以铲挖物料，满斗后，将铲斗提升至运输位置；(2) 重载运行；(3) 下放铲斗，打开斗底在慢速运动过程中将物料均匀地排弃在指定的地点，物料卸尽后，将铲斗提升至运输位置；(4) 空载运输返回工作面。

　　为提高铲运机在铲挖较致密物料时的有效性和生产能力，可采用由拖拉机助推的串联作业方式，如图 3-3-18 所示。助推时，应使拖拉机和铲运机尽可能地保持接触，并在助推拖拉机上安装减震装置。

　　为充分发挥串联机作业效率，铲运机在进入工作面前即应处于进行装载的状态。拖拉机在铲运机完成铲挖并提起铲斗后即应返回到助推的起始位置，并尽可能在转角平缓的条件下停于离下一台铲运机装载起始点对角距约 15m 处，以便拖拉机在最有利位置把铲运机引导至装载地点并减少机组串联的对准时间。

　　图 3-3-19 是铲运机的几种典型工作面布置方式。其中图 3-3-19（a）为铲运机在水平工作面铲挖物料，重载及空载铲运机通过单独的通道出入工作区和排土场；图 3-3-19（b）为铲运机在倾斜工作面铲挖物料，排弃作业也在倾斜面上进行；图 3-3-19（c）为排土场布置在采区两侧，铲运机采用穿梭方式进行物料的铲挖和排弃。图 3-3-20 为铲运机交叉进行剥离及采掘砂矿床时的布置示意图。

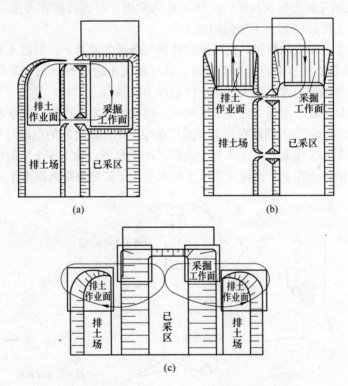

图 3-3-19　铲运机典型工作面布置方式示意图
（a）工作面呈水平状态；（b）工作面呈倾斜状态；（c）两侧布置排土场

3.3.5　推土机作业

　　推土机也是一种既能完成物料铲挖、又能完成推运和排弃工作的多功能土方机械，在露天矿中主要作为辅助设备进行如下工作：（1）清扫和平整工作平盘；（2）工作平盘标高的局部调整；（3）清扫矿层、配合主要采掘设备进行选择开采；（4）残留矿层的集堆；

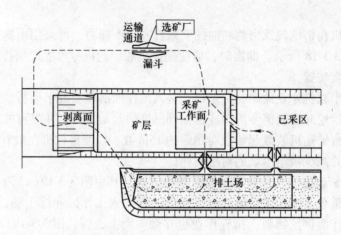

图 3-3-20　铲运机交叉进行剥离及采掘砂矿床时的布置示意图

（5）出入沟和运输道路的修筑和维护；（6）作为牵引工具进行短距离拖运；（7）配合其他设备进行复田工作；（8）排土场的辅助工作。

　　推土机适用于推挖松软物料，也可推运经预先爆破的矿岩。一般推土机的推运距离不大于100m。在松软物料作下坡呈水平推运，且运距又不超过50m时，采用推土机是极为有利的。目前国外制造的大型推土机功率已超过300马力。

　　推土机大部分是履带走行，近年来轮式推土机在国外发展很快。由于轮式推土机运行速度较高（可达48km/h），因此在露天开采作业中，工作面之间的距离对于轮式推土机作业影响较小。图 3-3-21 为轮式推土机作业及调动的示意图。轮式推土机的机动性好，适用于中等坡度长距离推土作业，而履带式推土机则适用于陡坡短距离推土作业。

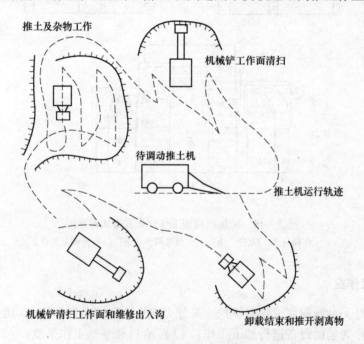

图 3-3-21　轮式推土机作业及调动示意图

思考与练习

1. 简述采装工作所采用的主要设备。
2. 简述机械铲作业方式、工作面类型及工作面参数。
3. 简述工作平盘的配线方式，其适用条件分别是什么？
4. 简述汽车运输时工作平盘的几种配线方案。
5. 简述提高挖掘机生产能力的主要途径。
6. 什么是挖掘机的生产能力？影响挖掘机生产能力的因素有哪些？
7. 什么是采装工作？它在露天矿山中有怎样的地位和作用？

项目 3.4　运输工作

【项目描述】

露天开采生产的特点在于不仅要采掘和运输有用矿物，而且还要采掘和运输大量的废石。露天矿山运输系统的投资占矿山基建总投资的 60% 左右，运输的作业成本占矿石开采总成本的 40%～50%，运输能源消耗约占矿山总消耗的 40%～60%，运输作业的劳动量占露天开采总劳动量的一半以上。因此，露天矿的运输方式及运输系统的合理性直接影响露天矿生产的经济效益。

露天矿运输工作的基本任务，就是将露天采场内采出的矿石运至选矿厂、破碎厂或储矿场，将剥离的废石运至排土场，以及把材料、设备、人员运送至露天采场的各工作地点。

按照运输范围，露天矿运输可分为内部运输和外部运输。内部运输是指用矿山自备运输系统将矿岩输送到收料地点，将辅助物料运往露天采场。外部运输是指从选矿厂或储矿仓将矿石运输给用户。外部运输可以部分或全部利用社会交通资源来承担。露天矿运输通常是指由矿山自备运输系统完成的部分。

露天矿运输区别于其他运输的主要特点有：矿岩运输具有单向性；运输强度高、运量大；矿岩硬度大，大块矿岩装卸时有冲击作用；矿岩装卸地点变动频繁；运输线路移动多，坡度大，路面条件差；当矿石需配矿时，运输组织工作复杂等。

根据以上特点，确定露天矿运输方案时应主要考虑以下几点。

（1）运输线路要短，避免反向运输，尽量减少分段运输；

（2）运输设备要有足够的坚固性，但不能过分笨重和复杂；

（3）运输设备的能力和设备数量要有一定的备用量；

（4）力争运输线路固定，或移动量尽量少；

（5）尽量采用单一的运输方式和设备类型；

（6）运输设备要与采装设备配套；

（7）运输安全和成本低。

按所用运输线路和运输设备的不同，露天矿运输方式包括铁路运输、公路运输、胶带运输机运输、斜坡箕斗提升运输等。前三种运输方式可以独立承担露天矿山的矿岩运输任务，也可以根据需要，联合几种不同运输方式共同完成矿岩运输。此外，由于矿山开采的多样性，还可以利用溜槽、溜井进行重力运输和利用水力来运输等。

将以上运输方式的运用现状概括如下：汽车运输运用广泛，铁路运输难以取代，胶带机运输方兴未艾，联合运输形式多样，具体选择因地制宜。

【能力目标】

（1）能根据各种运输方式的特点及适用条件选择合理的运输方式；
（2）熟悉铁路运输、公路运输的工作规范；
（3）会对铁路运输、公路运输的道路通过能力及运输能力进行计算；
（4）会对溜井堵塞进行处理。

【知识目标】

（1）掌握各种运输方式的特点及适用条件；
（2）掌握铁路运输和公路运输方式的道路通过能力及运输能力的计算；
（3）掌握溜井的降段方法；
（4）掌握溜井堵塞的原因及处理措施。

【相关资讯】

3.4.1　铁路运输

铁路运输运输量大，成本低；但允许坡度小，一般只有 1.5% ~4%，最大 6% ~8%；曲率半径大，灵活性差；基建速度慢，适用于地形不复杂、矿体走向长、运距长、运量大的露天矿。铁路运输的牵引设备有牵引机组、电动机车、内燃机车。我国生产的标准轨电动机车有 100t 和 150t 两种；窄轨电动机车有 8t、14t、20t、40t 四种。窄轨内燃机车有 80 马力、120 马力、240 马力（1 马力 =735.5W）等。矿车种类较多，准轨矿车有 60t、100t 和 180t 三种，窄轨矿车有 1.2 ~2.5m³、4 ~10m³、20m³ 等。我国铁路标准轨距 1435mm，窄轨轨距主要有 900mm、750mm、762mm 和 600mm 四种。

3.4.1.1　铁路运输的特点、适用条件及发展趋势

A　铁路运输的特点及适用条件

铁路运输是一种通用性较强的运输方式。在运量大、运距长、地形坡度缓、比高不大的矿山，采用铁路运输方式有着明显的优越性。其主要优点是：

（1）运输能力大，能满足大中型矿山矿岩量运输要求，运输成本较低。
（2）能和国营铁路直接办理行车业务，简化装卸工作。
（3）设备结构坚固，备件供应可靠，维修、养护较易。
（4）线路和设备的通用性强，必要时可拆移至其他地方使用。

但铁路运输也有其致命的缺点：

（1）基建投资大，建设速度慢，线路工程和辅助工作量大。

（2）受地形和矿床赋存条件影响较大，对线路坡度、曲线半径要求较严，爬坡能力小，灵活性较差。

（3）线路系统、运输组织、调度工作较复杂。

（4）随着露天开采深度的增加，运输效率显著降低，据认为，铁路运输的合理运输深度只在 120～150m 以内。

铁路运输工作包括：（1）车务：列车运行组织工作；（2）机务：机车车辆的出乘、维护及检修；（3）工务：指线路的维修和拆铺；（4）电务：信号、架线、供电及通信联络等。

B　铁路运输的发展趋势

目前，国内采用铁路运输方式的露天矿，主要是利用早起建矿时已形成的铁路运输系统。由于矿用自卸汽车的发展，铁路运输方式在新建大型露天矿中已很少出现。国内一些原来采用单一铁路运输的矿山，随着采场开采深度的增加，运输方式已改为采场下部采用汽车运输，采场上部仍然采用铁路运输。

随着矿山开采深度的增加和产量的提高，铁路运输设备向牵引力大、效率高、耗能小的机车和装载容量大的车辆方向发展。

3.4.1.2　铁路运输线路建设

铁路线路是机车车辆运行所不可缺少的工程结构体。根据露天矿生产工艺过程的特点，露天矿铁路线路分为固定线路、半固定线路和移动线路三类：连接露天采矿场、排土场、储矿场、选矿厂或破碎厂及工业场地之间服务年限在三年以上的矿山内部干线，称为固定线；采场的移动干线、平盘联络线及使用年限在三年以下的其他线路，称之为半固定线；采场工作面装车线及排土场的翻车线则属于移动线。

为确保机车车辆在规定的最大速度下运行安全、平稳和不中断，铁路线路所有部分应有足够的坚固性、稳定性和良好的技术状态。露天矿铁路与铁道部所属国有铁路相比，在结构标准、技术条件、服务年限、行车密度等方面的要求均有所区别，具有如下特点：

（1）线路坡度陡、弯道多、曲率半径小。

（2）线路区间短、技术标准低、行车速度慢。

（3）线路级别复杂，大量移动线路。

（4）运输距离短，运输周期中的装卸时间长。

（5）行车密度大，不按固定运行图行车。

铁路运输线路由上部建筑和下部建筑组成。上部建筑包括钢轨、轨枕、道床、钢轨扣件、防爬器等；下部建筑包括路基、桥涵、隧道、挡土墙等工程。

A　钢轨

钢轨的功用是支持和引导机车车辆的车轮，并直接承受来自车轮的压力传之于轨枕。钢轨的基本形状为工字形，它由轨头、轨腰和轨底三部分组成，如图 3-4-1 所示。

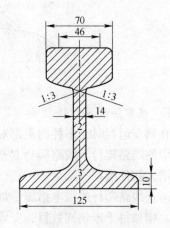

图 3-4-1　钢轨的基本形状（单位：mm）

1—轨头；2—轨腰；3—轨底

钢轨的型号用每米长的质量来表示。国产钢轨型号有：50kg、43kg、38kg、24kg、18kg 和 15kg 等多种。其标准长度一般为 12.5m 和 25m。钢轨型号的选择应根据行车速度和年货运量来选择，即行车速度高、年货运量大时，可采用较重的钢轨，否则可采用较轻的钢轨。

B　钢轨连接零件

钢轨的连接零件按其功用可分为两类：中间连接零件和钢轨接头连接零件。中间连接零件包括道钉和垫板。道钉有普通道钉和螺栓道钉之分。使用木轨枕时常用普通道钉，采用钢筋混凝土轨枕时常用螺栓道钉。垫板的功用是把钢轨传来的压力传递到较大的轨枕支承面上，使行车平稳，并把轨条两侧的道钉联系为一体，以增强道钉抵抗钢轨横向移动力。

钢轨接头处是线路承受载荷最大的地方，其接头零件有鱼尾板、螺栓及弹簧垫圈等。

C　轨枕

轨枕是钢轨的支座，其功用是承受自钢轨通过中间连接零件传来的竖直力和纵横水平力，并将其分布于道床，保持钢轨位置、方向和轨距，以及起弹性缓冲动荷载的作用。铁路线路上轨枕的布置，应根据运量和行车速度等因素考虑。一般运量大、速度高的线路，轨枕应布置得密一些；在露天矿山每 1km 准轨线路轨枕的根数有 1440、1520、1600、1680、1760、1840 等标准。

D　道床

道床是轨枕与路基间传递压力的媒介。其功用是传递并均布压力于路基基面，作缓和冲力的缓冲层；排泄基面地表水；固定轨枕位置以增加线路的稳定性。故要求道砟材料是坚硬、稳定、利于排水的物质，一般选用碎石、砂、砾石、矿渣。我国露天矿固定线路上多就地选材，选用剥离岩石破碎而成的 25～30mm 的碎块。

道床的断面如图 3-4-2 所示，道床横断面参数由道床宽度、厚度和边坡三个要素组成。轨枕应埋入道砟内，其表面一般高出道砟表面 3cm。

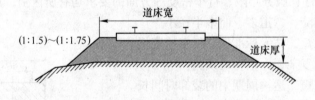

图 3-4-2　道床断面图

E　线路防爬及加强设备

在列车运行时，多种因素都对钢轨产生一种纵向作用力，使钢轨产生纵向移动，这就是所谓的线路爬行。线路爬行是极其有害的，它能引起轨枕歪斜、枕间隔不正、轨缝不匀、增大扣件磨损等恶果。

防止线路爬行的根本措施是加强整个线路的上部建筑，如加强中间连接件，采用碎石道床，增加每千米轨枕数目，安设防爬设备等。

防爬设备主要包括防爬器和防爬撑。线路加强设备有轨距杆和护轮轨，轨距杆维持轨距不变，护轮轨则保证行车安全。

F 道岔

连接两条线路或自一条铁路转入另一条铁路时的连接设备称为道岔。道岔的种类很多，露天矿大量且普遍采用的是单开普通道岔，其结构示意图如图3-4-3所示。

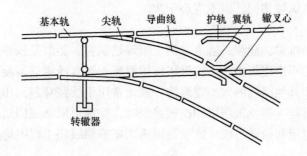

图3-4-3 单开普通道岔示意图

G 路基

路基是铁路的基础，用以承受线路上部建筑的质量及机车车辆的荷重。建筑路基时应当保证坚固、稳定、可靠而耐久，要有排水和防水设施，以免受水的危害，建筑费用要低，维修要简单。

根据路基面与地面的相对位置和修筑方式不同，路基的横断面可分为路堤、路堑、零位路基、半路堤、半路堑和半堤半堑。各种路基横断面如图3-4-4所示。

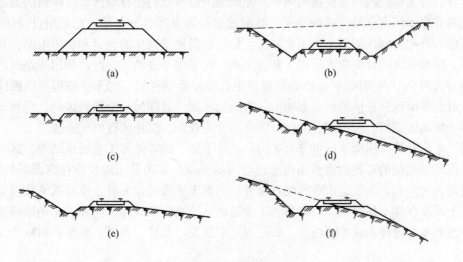

图3-4-4 路基横断面
(a) 路堤；(b) 路堑；(c) 零位路基；(d) 半路堤；(e) 半路堑；(f) 半堤半堑

路基上铺设上部建筑的部分称为路基基面，基面两边没有铺设道砟的部分称为路肩。其作用是加强路基的稳定性，保持道砟不致落向边坡，供安设标志和信号、存放器材以及工作人员通行往来。路肩宽度一般不小于0.6m，最小不得小于0.4m。路基边坡是指路基两侧的斜面坡度，边坡的坡度取决于构成边坡的土岩性质和路基断面，路堤边坡一般为(1:1.5) ~ (1:1.75)，路堑边坡为(1:0.11) ~ (1:1.5)。

路基的主要构成要素是它的宽度。路基宽度是指路基基面的宽度，其大小取决于轨距、线路数目、线路间距、路肩宽度以及构成路基的土岩性质和线路级别。

路基两侧需设侧沟，用以排泄路堑中的雨水，以保证路基边坡经常处于稳定状态。侧沟的坡度一般与路堑纵坡相同，但不应小于2‰。

H   桥隧建筑物

桥隧建筑物包括桥梁、涵洞、隧道、挡土墙等建筑物。涵洞是铁路跨越小溪流、沟渠时用以排泄地面水的小型建筑物。在露天矿应用混凝土涵管或钢筋混凝土涵管较多。桥梁为跨越江河、洼地和其他路线的大型建筑物。隧道常用于线路穿越高山障碍，它能节省土石方量，缩短线路里程。在填筑路堤和挖掘路堑时，受地形限制或因边坡不稳定，常用挡土墙来保证路基的稳定和预防滑坡，这在我国露天矿铁路线路工程中均很常见。

3.4.1.3   铁路运输站场建设

为了保证行车安全和必要的通过能力，露天矿铁路线必须适当地划分为若干个段落，每个段落皆称为区间，以隔离运行列车。区间和区间的分界地点为分界点。两个分界点之间的距离称为区间长度。为了行车安全，提高行车速度，一个区间（分区）只能有一列列车占用。从行车方面来看，区间长度愈小，则通过能力愈大，但最小长度不应小于列车全制动距离。无限地缩短区间长度，将会使分界点过多，造成设备、基建投资和运营费用都增大，这是不合理的，应根据通过能力的需要来确定区间长度，一般为800～1000m。

分界点分无配线的和有配线的两种。无配线的分界点包括自动闭塞区段内的通过色灯信号机和非自动闭塞区段内的线路所。有配线的分界点指各种车站。在采用自动闭塞时，用色灯信号机把站间区间划分为闭塞分区。信号机借助于列车的位置和轨道电路，自动转换显示。闭塞分区的长度应大于列车制动距离。在采用半自动闭塞时，利用线路所将站间区间划分为两个"所间区间"。线路所设置半自动闭塞信号机，列车必须得到线路所值班员的许可，并由他开放信号后，方能由一个所间区间，通往另一个所间区间。当列车尾部进入某一所间区间后，防护该区的信号即自动变为红色，禁止续行列车通过。

露天矿车站按其用途不同可分为矿山站、排土站、破碎站和工业场地站等，其分布应能满足内外部运输的需要和运营期内通过能力的要求。矿山站一般应设在露天采场附近，靠近运量大的地方，为运送矿石和废石服务。当露天矿规模较大时，也可以单独设立排土站，排土站设在排土场附近。破碎站和工业场地站分别设在破碎车间和工业场地旁边。车站是办理列车各种技术业务的场所，如办理列车到发、会让、折返、解编、列检及其他有关业务。

车站的配线应根据本站车流的特点和技术作业性质配置。一般车站除越行线（正线）外，还要根据需要配置其他站线及特别用途线，如到发线、调车线、牵出线、装卸线、日检线、杂作业车停留线以及工业广场和车库的联络线等。

3.4.1.4   铁路运输常用车辆

A   车辆

露天矿铁路运输用的车辆种类很多，按其用途来说有供运载矿岩的矿车；运送设备、材料的平板车；运送炸药的专用棚车；送水专用的水车；以及职工通勤用的客车、代客车等。其中用量最多的是大载重的自卸矿车（自翻车）。

准轨矿车的载重量有 60t、100t、180t 等规格，窄轨矿车的容量有 $1.2 \sim 2.5 m^3$、$4 \sim 10 m^3$、$20 m^3$ 等规格。

矿车按翻卸方式分为底卸式、侧翻式和自翻式三种，如图 3-4-5、图 3-4-6 所示。

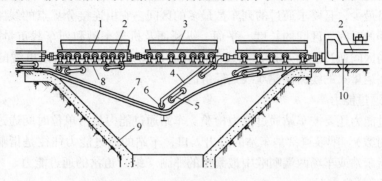

图 3-4-5　底卸式矿车卸矿示意图

1—车辆；2—翼板；3—托轮；4—车架；5—转向架；6—卸载轮；

7—卸载曲线；8—托轮座；9—卸载漏斗；10—电机车

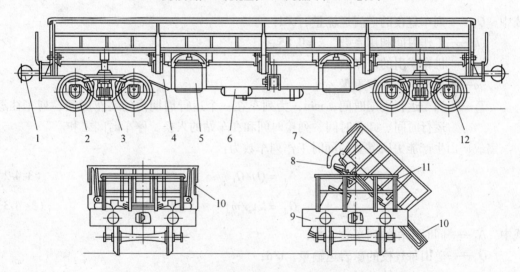

图 3-4-6　准轨自翻矿车外形结构示意图

1—连接器；2—轮对；3—转向架；4—大梁；5—气缸；6—储气缸；

7—滑臂；8—滑挡；9—车架；10—车侧帮；11—端架；12—轴箱

　B　机车

露天矿铁路机车，按其所用的动力不同可分为蒸汽机车、内燃机车、电机车和双能源机车。目前普遍采用电力机车和内燃机车，以电力机车为主。国产准轨电机车有 100t 和 150t 两种，窄轨电机车有 8t、14t、20t、40t 四种。

　3.4.1.5　铁路运输通过能力与运输能力

　A　线路通过能力

露天矿线路通过能力是线路（区间和车站）在单位时间内所能通过的最大列车数，一般以列/昼夜表示。露天矿线路通过能力一般单线为 70 ~ 100 对/d，双线为 200 ~ 250 对/d。铁路线路通过能力包括两个方面，即区间通过能力和车站通过能力。

a　区间通过能力

区间通过能力取决于限制区间通过能力。限制区间是指各区间中长度最大、坡度最陡、线路数目最少，且要求通过的列车数最多的区间。它由连接分界点的线路数目和每一列车占用区间的时间、区间的长度、平面、纵断面及机车车辆和列车载重量等因素决定。单线和双线的区间通过能力悬殊，双线的区间通过能力远远超过两条单线的区间通过能力，所以，在运量大的线路修建双线是经济的。

b　车站通过能力

线路通过能力还要按车站通过能力检验。车站通过能力是指单位时间通过车站的列车数（或列车对数）。咽喉道岔是车站的总出入口，车站的通过能力往往是指咽喉道岔的通过能力，即指车站或车场两端咽喉中最繁忙的那副（组）道岔的通过能力。

B　列车运输能力

列车运输能力是指列车在单位时间内所运送的矿岩量 Q_t。

$$Q_t = 1440knq/T_z \qquad (3-4-1)$$

式中　Q_t——列车昼夜的矿岩运输量，t/d；

k——工作时间利用系数，$k = 0.85$；

n——机车牵引的矿车数；

q——矿车的实际载重量，t；

T_z——列车运行周期时间，min，为列车在一个运行周期内的装车时间、列车往返运行时间、卸载时间、列检时间和在车站的入换、停车时间之和。

完成矿山生产能力所需要的同时工作列车数为：

$$N_1 = Q_d/Q_1 \qquad (3-4-2)$$

$$Q_d = kA_n/m_d \qquad (3-4-3)$$

式中　N_1——同时工作的列车数，列；

Q_d——矿山每昼夜的矿岩运输量，t/d；

A_n——年矿岩运输总量，t/a；

m_d——列车每年工作日数，一般为 300 ~ 330d/a；

k——运输生产不均衡系数，$k = 1.1 ~ 1.25$。

如果运输矿、岩不是使用同一线路，则运矿、运岩的列车数应分别计算，两者之和即为需要的工作列车数。

3.4.1.6　铁路运输调度管理

与公路运输不同，露天矿铁路运输受到区间、车站通过能力等方面的限制，对组织管理有更高的要求。据我国一些大型露天矿的铁路运输统计，在列车运行周期内，用于等待线路等非作业时间可占到列车运行周期时间的 16% ~ 36%。因此，通过调度管理来改善运输组织，提高运输效率和保障行车安全有重要意义。

运输调度工作包括：合理制定当班调车作业计划，优化解体调车作业，编组列车车流的优化，加强交汇站的调度指挥，与其他单位衔接作业的优化等。归纳起来，露天矿铁路运输调度主要是解决运输需求和行驶路径两方面的决策问题。

运输需求的决策侧重于考虑生产任务的完成情况，转载点（如采矿、剥离工作面）和卸载点（如卸矿站和排土线）的位置和数目、矿石品位的控制情况等，以保证原矿产品的数量和质量均达到预期要求。

行驶路径的决策侧重于从提高运输效率的角度来选择合理的行驶路径。考察对象主要是铁路运输系统的各主要实体，包括列车、线路分布、站场位置、各站股道数目、各站场与站场的联系等。这些实体的状态随生产的进行处于不断变化中，决策时需获悉可用的股道中哪些已被占用，哪些尚未被占用，被占用股道的占用时间等信息。

3.4.1.7 铁路运输工作规范

A 机车运输工作

a 驾线电机车行驶操作工作

（1）司机、副司机必须掌握机车构造、性能，熟知线路、信号、场站设施状况。

（2）司机、副司机上岗前必须佩戴好劳动保护，持证上岗，并熟知机车安全技术操作规程，行车信号、运行线路状态，副司机不准操纵机车。

（3）出车前必须仔细检查机油、喇叭、气压、水、电气是否符合规定，各部件是否正常，不得开带病车上路作业。

（4）接班时司机必须检查、确认机车制动良好后方可出车，不得使用制动不良的机车。

（5）司机操纵列车时，必须按规定速度运行，时刻注意两车两线状态，严禁超速行车。

（6）运行操作时，司机、副司机必须集中精力，加强前后瞭望，机车在运行中要注意观察操作台上各种仪表、信号的显示，确认信号，严禁臆测行车，禁止他人进入驾驶室内。

（7）行车启动后，以低速运行，检查手脚制动器是否有效，仪表是否达到规定指数，运行中随时注意发动机及走行部的异常响声，检查仪表是否正常。

（8）正、副司机要呼唤应答，加强瞭望，注意行人车辆动态。

（9）作业时要随时观察调车场线路状况及信号显示状态，发现紧急情况和信号不明时必须立即停车。

（10）集电器升降失灵时，必须用高压操作杆处理，严禁用不绝缘物体操作。

（11）进入高压室作业时，必须降下受电弓，确认电压表读数为零后，切断低压电源，设专人监护。

（12）进入停电接触网路前，必须降下受电弓，并采取紧急制动。

（13）严禁在有电区段内登车棚维修保养，需要登车棚维修时，必须到安全检修区段内进行，登车棚前要验明无电后，挂好接地线，方可登棚作业，并设一人在车下监护。

（14）机车入库时，应降下集电器，佩戴好绝缘手套，挂库内电缆进入，严禁降弓滑行。

（15）列车通过道口、曲线、桥梁、隧道时，必须在 50m 以外提前鸣笛提示。

（16）机械室内严禁存放易燃物品，并配备灭火器材，掌握防灭火知识。

（17）上下机车时应手把牢、脚站稳。登车顶检查作业时应在指定位置上下。

b 内燃机车行驶操作工作

（1）司机确认机车与第一辆车的车钩、制动软管连接和折角塞门状态（包括区间挂车）。

（2）上下机车要站稳、抓牢，特别是清扫机车前后挡风玻璃和更换灯泡时要站稳、抓牢，防止滑落、摔伤。

（3）机车运行中，严禁上下，更不准登上机车顶部，防止高压线及架空线伤人。

（4）启机前要检查确认水表水位、润滑油位、透平油位等符合规定标准，方可启动柴油机。

（5）动车前要一取铁鞋，二松手制动机，三缓解自动，四看风压表，五要试闸，六鸣停车时同时采取三道防溜措施。

（6）运行中按规定鸣笛，副司机一个区间要巡回两次，特别是在上坡关键地段，柴油机最大功率时，可及时发现故障，及时处理。

（7）检查承受压力的管子、部件、仪表等，不得用手锤、扁铲等敲打、紧固或松缓。

（8）处理压力部件、漏泄时必须首先切断压力来源，待降温、降压放出余压后方可进行修理。

（9）副司机在车上、车下工作时，要告知司机，司机不经联系确认不得换向、动车，以防伤人（特别是手动换向时）。

（10）更换机车闸瓦或调整阀缸行程时，要做好防溜措施，工作完后要及时清除止轮器和开放闸缸塞门。

（11）安装、维修、更换电器设备，严禁带电操作，必须带电作业时要注意保护，高压电不得手触和短接，防止电火和烧损。

（12）启机水温不低于 40℃，滑油压力不低于 78.4kPa，加负荷时水温不低于 60℃，总风缸压力不低于 784kPa。

（13）列车编组摘挂作业时，一定要按调车员、连接员的信号动车，保证调车人员摘接风舌时的安全。

（14）要严格控制运行速度，区间运行时，正常天气不准超过 40km/h，雾天、大雪、大雨天行车不准超过 30km/h。站内调车作业不准超过 20km/h，推进作业不准超过 15km/h。

c 机车行驶操作注意事项

（1）出库前应检查变速、离合、刹车等装置是否良好，经调度准许后方可上道运行。

（2）运行中，要服从信号指挥，严禁在超越调度指挥的运行线路以外行驶。

（3）运行中，操作者严禁与别人说笑，集中精力，认真瞭望。

（4）随车运载枕木及较大物件时，要装牢靠，不得超宽超高，严禁人物混载，避免滑线触电。

（5）在有机车供电网路的区段，严禁登在车顶棚上进行作业。

（6）操作人员班前严禁饮酒。

（7）作业前，对各润滑点要按规定注油，作业中注意杆的高度、方向和与建筑物的距离以及电缆状态，以防意外。

（8）操作室只允许一人操作，无关人员严禁进入操作室。操作时发现异常，应立即停止作业，关闭总电源开关。

（9）冬季把发动机冷却水放净。

（10）下坡时不准将发动机熄火溜车，以保证刹车时有足够的压缩空气。

（11）调车作业信号不清可拒绝作业。司机应与车站值班员保持联系，按规定给停、开车信号。

d　机车出入车库注意事项

（1）采用直流焊机二次驱动机车作业，必须经培训合格人员操作。

（2）采用直流焊机二次驱动机车时，必须两人配合作业，一人车上操作，一人车下监护指挥。

（3）机车出入库时，必须将电机车受电弓落靠挂牢，严禁降弓滑行入库。

（4）操作时，操作者必须听从监护人的指挥，做好呼唤应答。

（5）监护人确认环境无障碍后，将焊机电源调至最大后，合上焊机电源。

（6）操作者接到监护人的动车指令后，用焊把直接碰触13号接触器动静触头，机车运行。

（7）机车行至预定地点后，操作者将焊把脱离接触器动静触头，采取制动措施停车，并做好防溜工作。

（8）停车后，将机车、焊机恢复原状。

B　车辆运行调度工作

a　行车调度安全职责

（1）调度员应严格要求，认真完成行车调度组织工作。

（2）应该掌握接触网供电及配电装置的分布情况，准确掌握柜号、网路上开关号和所在杆位及杆位号。

（3）在牵引变电所馈电柜二次合闸失败后，应立即通知该变电所供电系统内车站、电务等单位。

（4）在非电气专业人员办理接触网局部或全部停电施工作业时，必须派电气人员到现场采取安全技术措施及监护，没有电气人员参加不得下达停电及施工命令。

（5）在下达局部区段停电作业命令时，应同时下达给有关车站，并得到车站值班员认可后，方可下达施工单位和维修单位。

（6）在下达牵引变电所对全线停电命令前，必须确认供电区段无电机车运行。

（7）向牵引变电所下达恢复送电命令前，必须在全线施工和维修工作负责人都亲自办理了工作终结手续或用电话亲自办理终结手续后，方可下达恢复送电命令。

（8）牵引网路上任何施工和维修工作负责人用电话办理停送电作业或工作终结手续（含局部线路）时，值班调度用规定的格式记录，经复诵确认后，方可下达停送电命令。

（9）值班调度无权下达牵引变电所一次系统倒闸命令。

b　调度值班安全职责

（1）在办理行车闭塞时，值班员亲自用电话向邻站办理闭塞。如发车站不能发出时，应通知邻站，取消闭塞。

（2）站内调车作业时，应注视操作台的显示，遇有故障显示不明确时，应及时通知调度及电务部门处理。

（3）要亲自办理接发列车手续，接车前要亲自检查接车线路，及时检查站内停留车辆及编组取送情况。

（4）禁止向有供电网的线路上配置用人工装卸货物的列车，不得将装有超高货物的车辆编入电机车牵引的列车上，也不得编入有供电网的线路上。

（5）需要内燃机车越过禁止运行的地段或轨道、隧道去救援作业时，必须持有停电调度命令方可进行作业。

（6）站内供电电路停电时，应立即通知司机、调车员、调度员。

c　信号员安全职责

（1）班前严禁饮酒，工作时要佩戴好劳动保护用品，使用的工具要合乎绝缘要求。

（2）在高柱信号机作业，使用的工具和材料应距牵引网路带电体 0.7m 以上，机柱下方 2m 范围内不许站人，雷雨天气禁止登杆作业。

（3）维修信号设备、线路影响行车时，必须与车站或行车调度员联系，经允许后，方可作业。

（4）更换、维修轨道绝缘前，必须通知车站值班员，待允许并经过确认回流线可靠后，方可作业。

（5）在更换、维修轨道电路与回流线直接连接的线路及器件时，必须戴手套和穿绝缘鞋。

（6）设备上 36V 以上电源，禁止带电作业。

C　车辆运行连接操作工作

a　车辆调车连接工作

（1）班前严禁饮酒，作业前穿好劳动保护用品，戴安全帽、穿绝缘鞋，不许穿硬底或带钉子的鞋，不得带妨碍视听的帽子。

（2）调车人员在进行调车作业时，应准确及时地显示各种调车信号，执行行车作业标准。

（3）调车作业时备够良好的铁鞋，提前排风、摘管、核对计划，检查确认进路和停留车情况，做好手制动机的选择及试验工作。待装待卸车辆，必须手闸制动和铁鞋双配合使用，做好防溜止轮工作。

（4）调车作业时，要正确显示信号，要站稳把牢，转身换位要注意手脚动作，不得坐在车帮子上，必须跨车端部进入车厢，严禁非工作人员乘降车辆。

（5）登车站立的位置严禁超过机车、车辆脚踏板高度，注意电机车供电网高度，防止触电。

（6）在乘降机车、车辆时，要选好地形及位置，在机车减速后于车辆侧面乘降，不准在副司机一侧上下车，不得迎头抓车。在不得已的情况下，必须停车乘降，严禁飞乘飞降。

（7）在摘挂车辆时，要认真检查车辆的状态，严禁脚蹬连挂。

（8）作业时要注意邻线的来往车辆，严禁将身体探出车体外缘，以防碰伤。

（9）车下作业时，严禁站在线路上显示信号。

（10）连挂前要认真检查车辆防溜情况，确认无误后方可连挂。连接时，要正确及时地向司机显示车辆距离信号，没有机车司机回示，应立即显示停车信号不准挂车。牵引或推送车辆时，先进行试拉，检查车辆连挂状态，确认连挂好后，车再启动。摘、接风舌前要与司机联系准确，以免动车造成人员伤害。

（11）执行车辆排风、摘管及提钩的铁路作业标准，准确摘挂车辆。

（12）在尽头线上调车时，距线路终端应有 10m 的安全距离，遇特殊情况，应严格控制速度，做好随时可以停车的准备。

（13）在坡度超过 2.5‰ 的线路进行调车作业时，应有安全措施。

（14）线路两旁堆放的货物，危及行车安全时不得进行调车作业。

（15）调车组人员上车前要提前做好准备，注意车辆的把手、脚梯有无损坏，在安全信号显示后上车作业。

（16）作业中不能骑车帮或跨越车辆。不能站在装载易于窜动货物空隙之间作业。连挂车辆时不能从车辆中间通过。

b　车辆调车连接注意事项

（1）作业前，穿戴好劳动保护。

（2）严禁站立在行驶列车的车厢连接器上，禁止跨越连接器，禁止手拉帆布或坐在车帮及闸盘上。

（3）机车牵引调车时，应在尾部指挥调车，推进运行应前方引导，正确显示信号和使用标准口语、指令。

（4）车辆连接后，应先检查大钩是否落锁，确认落锁后，方可连接风管，不得在运行中连接。

（5）严禁溜放作业，为防止溜车事故，坡道甩车时，应穿好铁鞋，拧好手制动。

（6）在矿仓作业时，必须严密注意抓斗的运行及矿仓大门的闭合。

（7）上下车时要选择地形及位置，注意积雪和障碍物，严格执行停稳上、停稳下的原则，严禁飞乘飞降。

（8）调车作业时严格控制各区段规定速度，不得超速。

（9）推进作业时应密切注意信号显示状态及线路和行人状况，随时准备停车。

D　线路畅通工作

a　过路道口畅通操作

（1）道口员对道口辅面、警标、护桩、栏杆、报警设施、通信照明等设备要保持良好状态，发现不良时要先做防护处理并及时报告有关人员。

（2）道口员在列车到达道口前 5min 放杆。

（3）严禁其他人员替岗，坚守岗位、精神集中、加强瞭望，不准与他人闲谈。

（4）应正确使用信号迎车，在接送列车时，要站在钢轨外侧限界以外随时向通过道口的车辆、行人进行安全教育。

（5）雨雪天要及时清理道口，保障畅通。

（6）在工作中不得擅离职守或由他人代替工作，要集中精力认真瞭望，安全接送过往列车。

（7）接送列车时，要手持信号旗，关闭自动栏杆或手动栏杆，列车未全部通过前，禁止解除公路信号或开放栏杆。

（8）当列车到来前，关闭栏杆要注意公路上的车、马、行人，防止打伤人，严禁将车、马、行人关在栏杆内。

（9）道口发生妨碍安全行车的意外情况时，要立即向列车显示停车信号，避免发生事故。

（10）工作中要经常巡视来往车辆，发现车辆货物超过规定高度欲通过道口时，应制止通过，防止触电。

（11）在视线不清，听到机车提示警笛时，要及时放下栏杆，显示信号。

b　行车道岔畅通操作

（1）严格执行值班员下达的接发车和调车作业计划，及时、正确、准备进路，并正确显示信号。

（2）操纵道岔时，认真核对计划，严格执行"一看，二扳，三确认，四显示"的操作规程，并正确显示信号。

（3）经常保持道岔清洁、使用良好，负责管区内道岔清扫、清雪及涂油工作。

（4）发现管区道岔技术状态异常时报告值班员，确保行车安全。

（5）调车作业时，扳道员必须根据调车作业通知单及调车指挥人所显示的信号要求，正确、及时地扳动道岔并认真执行"要道还道"制度。

（6）认真执行交接班制度，由交班值班员向接班人员交清工作内容及注意事项，交清道岔状态，停留车情况，线路空闲情况及其他设备的完好情况，回到各扳道房要对口交接，做好交接班记录。

c　行车线路养护工作

（1）作业前要穿戴齐全劳动保护用品，对使用的工器具进行检查，确认作业区间要设标志，用撬棍起道钉时，禁止用脚踩或腹压，手使撬棍时，应将手躲开轨面，防止压伤。

（2）打道钉时，禁止使用抢锤方式，要使锤在面前举起上下打，并应使之准确，不得两人同时站在一根枕木上打道钉。栽钉时要栽牢，禁止在轨面上修正道钉。

（3）捣固作业时，两人不得相对站在 2m 以内作业。

（4）换轨前，要在衬换钢轨两端的相邻轨间各安装一条横向连接线，用夹轨钳接到钢轨上，连接线要在换轨完毕后方可拆除。

（5）抬钢轨时要步调一致，注意脚下障碍物，防止扭伤、碰伤。

（6）串轨时要在拉开的轨缝间预先装设临时连接线，其连接长度必须满足串动长度。

（7）搬运铁路器材要放平搬运，不得竖起器材，装运货物高度不得超过 2.5m。

（8）在休息或来车时，禁止靠近接触网立柱，距离不得少于 3m，工具要放在线路以外。

（9）在巡视线路时，必须按规定佩戴信号旗，不得戴妨碍视听的帽子，随时注意来往车辆，发现来车时应立即停止作业，撤出线路。

（10）在巡视线路时要精神集中，确保人身安全。

d　线路养护工作注意事项

（1）工区在线路上作业时必须先与车站值班员联系并经同意后持作业票作业，并按规定做好防护工作。

（2）在线路上休息时不准坐、卧钢轨、枕木头以及道床边坡上。

（3）捣固作业时，捣固机应与起道工前后保持 5m 以上的安全距离。

（4）钉道钉时要稳、准、狠，分组打道钉时，其距离应保持 5m。

（5）巡道时必须按路线行走，携带必备的配件和工具，注意前后来车，做到眼看耳听，确保人身安全。

（6）在区间巡道时，木枕地段走枕木头左侧，混凝土地段走道心。

（7）迎、送列车应站在距钢轨不少于 2m 的路肩上，发现危及行车安全的处所，要在距该处 500m 外拦截列车。

（8）检查钢轨时，看轨面"白光"有无扩大，"白光"中有无暗光或黑线，轨头是否扩大、是否下垂，轨头侧面有无上锈，轨腰有无裂纹或变形。

E　机车、车辆日常维护工作

a　机车日常维护工作

（1）工作前，穿戴好劳动保护用品，检查电源、气源是否断开，使用工具设备是否完好，作业场地有无障碍物、易燃易爆物品等。

（2）检修各种设备，必须将设备垫牢后方可作业，拆装弹性机件时，应注意操作位置，防止机件弹出伤人。

（3）清洗零部件时，严禁吸烟和进行其他明火作业。

（4）在机车上部检修作业时，要站稳扶好，工具和物件要放置稳固牢靠，防止落下伤人。

（5）用人力移动机件时，人员要妥善配备，动作要一致，吊运较大部件时，应严格遵守起重工安全操作规程，注意安全。

（6）使用各种工具设备时，要严格执行各工具设备安全操作规程。

（7）刮研工件时，被刮工件必须稳固，不得吊动，两人以上做同一工件时，必须注意刮刀方向，不准对人操作。

（8）检修人员在修理机车过程中搬运零部件时，严禁跨越地沟。

（9）在库外检修时，必须进入安全检修区段或请求停电，方可进行检修作业。

（10）进入高压室处理故障时，必须降下受电弓，设专人监护。

（11）机车检修落成试运时，必须要有持执照驾驶员驾驶，无证及修理人员不许驾车，并要有关人员参加，无关人员严禁乘车。

（12）装铆工件时，孔对不准严禁用手操试，必须尖顶穿杆找正，然后穿钉。打冲时冲子穿出的方向不准站人。

（13）捻钉及捻缝时，必须戴好防护眼镜。打大锤时，不准戴手套，注意锤头甩落范围。

（14）机器设备上的防护装置未安装好之前不准试车或移交生产。

b　车辆日常维护工作

（1）工作前，穿戴好劳动保护用品，检查使用工具设备是否完好，作业场地有无障碍物、易燃易爆物品等。

（2）攀登车辆上部检修时，要站稳抓牢防止坠车摔伤，严禁随意向下抛掷工具、零部件，以免打伤他人。

（3）搬运、安装大部件时，要统一指挥协调作业。

（4）架落车辆时，必须有专人指挥，车辆架起后，要用木马或上部加装木柱的铁马架牢放稳，方可进行检修作业，架起的车辆，在没采取安全措施前，车辆下部严禁有人，或进行作业。

（5）更换三通阀或清洗制动缸时，要先关闭折断塞门，将副风缸排风。清洗制动缸要先装好安全套，插好安全销并将头部闪开。

（6）车辆制动试风时，严禁检修制动装置，防止发生挤伤事故。

（7）使用大锤或进行铲、剁、铆时，要戴好防护眼镜，严禁对面站人，打大锤时，注意周围人员，不准戴手套。

（8）车厢侧翻换连杆销、洗风缸时，必须用枕木支牢，并有一人监护。

3.4.2　公路汽车运输

公路汽车运输是目前运用最广泛的露天矿运输方式。它可以成为露天矿的单一运输系统，也可以与铁路机车运输、带式运输机运输等构成露天矿的联合运输系统。

公路汽车运输主要设备是汽车，露天矿山普遍采用后卸式自卸汽车。汽车的爬坡能力大，一般为 8%，最大可达 15%。道路曲率半径小，机动灵活，适用于各种条件的露天采场。采用汽车运输的露天矿，投产快，但经营费高，运距不宜过长，一般在 2~3km 以下。需有良好的道路和完善的维修保养设施，以保证汽车的正常运行。矿山常用自卸汽车的载重量多在 20t 以上。20 世纪 60 年代发展的电动轮自卸汽车，常用载重量为 109~154t，最大达 318t。汽车型号按矿岩运量、装车设备规格和运距等条件选取。

3.4.2.1　公路汽车运输的特点、适用条件及发展方向

汽车运输的经济效果，在很大程度上取决于矿山线路的合理布置、公路的质量和状态、自卸汽车的性能以及维护管理水平。对于地形复杂的陡峻高山、丘陵地带的孤峰、沟谷纵横地带、走向长度较小、分散和不规则的矿体、多品种矿石分采的矿体以及要求加速矿山建设和开拓准备新水平的露天矿，采用汽车运输较为适宜。

与铁路运输相比，公路汽车运输有如下优点：

（1）汽车转弯半径小，因而所需通过的曲率半径小，最小可达 10~15m；爬坡能力大，最大可达 10%~15%。因此，运距可大大缩短，减少基建工程量，加快建设速度。

（2）机动灵活，有利于开采分散的和不规则的矿体，特别是多品种矿石的分采；能与挖掘机密切配合，使挖掘机效率提高，若用于掘沟可提高掘沟速度，加大矿床开采强度与简化排土工艺。

（3）生产组织工作及公路修筑、维修简单。

（4）线路工程和设备投资一般比铁路运输低。

公路汽车运输的缺点：

（1）运输成本较高。

（2）合理的经济运距较小，且与车辆的载重关系大，随着运距的增大经营效果显著变化。

（3）受气候条件影响较大，在风雨、冰雪天行车困难。

（4）道路和汽车的维修、保养工作量大，所需工人数多、费用高，汽车出勤率较低。

为克服上述缺点，露天矿正通过下列方面的改进来提高汽车运输方式的适应性：

（1）在汽车制造上，通过增大汽车载重量，改进汽车结构，如上坡时采用双能源等措施，以降低单位运输成本。

（2）在汽车使用上，通过改善汽车调度以提高汽车的有效作业率，强化汽车的维护检修以提高出车率。

（3）在运输系统上，通过改善道路质量以减轻轮胎磨损和机件的破损。

（4）在运输方式上，使汽车成为深凹露天矿的集载工具，把汽车运输对矿岩的提升功能减至最小，并把提升功能转移给其他设备。

3.4.2.2　公路运输线路建设

矿用公路通常具有断面形状复杂、线路坡度陡、转弯多、曲率半径小、相对服务年限短、运量大、行驶车辆载重量大等特点，因此，要求公路结构简单，并在一定的服务年限内保持相当的坚固性和耐磨性。

A　公路的分类

露天矿公路按生产性质和所在的位置可分为运输干线、运输支线和联络线；按服务年限可分为固定公路、半固定公路和临时公路。

（1）运输干线：是指采矿场出入沟和通往卸矿点及排土场的公路，通常都是服务年限在 3 年以上的固定公路。

（2）运输支线：包括由采场出入沟通往各开采水平的道路和排土场运输干线通往各排土水平的公路。

（3）辅助线路：是指通往分散布置的辅助性设施（如炸药库、变电站、尾矿坝等）的公路。

B　公路线路建设

公路的基本结构是路基和路面，它们共同承受行车的作用。路基是路面的基础。行车条件的好坏，不仅取决于路面的质量，而且也取决于路基的强度和稳定性。若路基强度不够，会引起路面沉陷而被破坏，从而影响行车速度和汽车的磨损。

a　公路路基

公路路基应根据使用要求、当地自然条件以及修建公路的材料、施工和养护方法进行设计，使其具有足够的强度和稳定性。路基材料一般是就地取材，根据露天矿有利条件，常采用整体或碎块岩石修筑路基，这种石质路基坚固而稳定，水稳定性也较好。

路基的布置随地形而异，其横断面的基本形式如图 3-4-7 所示。为了便于排水，行车部分表面形状通常修筑成路拱，路面和路肩都应有一定横坡。路面横坡值视路面类型而异，一般为 1% ~ 4%，路肩横坡一般比路面横坡大 1% ~ 2%，在少雨地区可减至 0.5% 或与路面横坡相同。

路基边坡坡度取决于土壤种类和填挖高度，必要时，应进行边坡稳定性计算。当路堤很高（大于 6m）时，下部路基的边坡应减缓为 1：1.75。为使路基稳固，还应有排水设施，

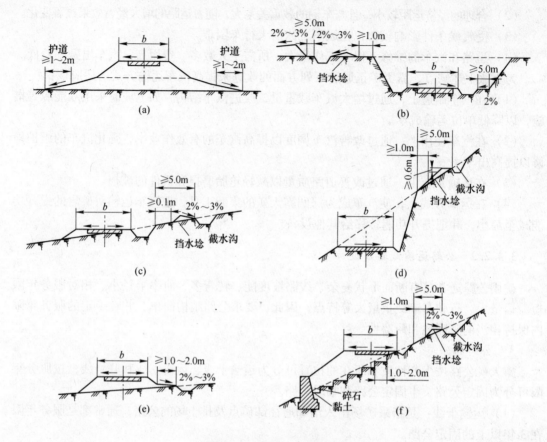

图 3-4-7　公路路基横断面

（a）填方路基；（b）挖方路基；（c）半填半挖山坡路基；（d）挖方山坡路基；（e）缓坡路堤；（f）陡坡路堤

其要求与铁路路基的排水设施相同。

b　公路路面

路面是路基上用坚硬材料铺成的结构层，用以加固行车部分，为汽车通行提供坚固而平整的表面。路面条件的好坏直接影响轮胎的磨损、燃料和润滑材料的消耗、行车安全以及汽车的寿命。因此对路面要有以下基本要求：

（1）要有足够的强度和稳定性。

（2）具有一定的平整性和粗糙度，能保证在一定行车速度下，不发生冲击和车辆振动，并保证车轮与路面之间具有必要的黏着系数。

（3）行车过程中产生的灰尘尽量少。

路面结构分为单层和多层两种形式。在路基上只铺一层的称为单层路面，多层结构路面由面层、基层和垫层构成，如图 3-4-8 所示。

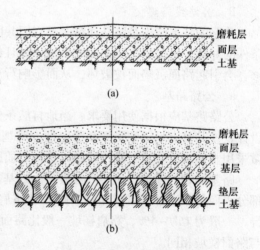

图 3-4-8　路面结构示意图

（a）单层路面结构；（b）多层路面结构

（1）面层：又称磨耗层，是路面直接承受车轮和大气因素作用的部分，一般用强度较高的石料和具有结合料的混合料（如沥青混合料）做成，起着保护整个路面免受磨耗和松散不平的作用。

（2）基层：又称取重层，主要承受由于行车作用的动垂直力，此层用石料或用掺有结合料的土壤铺筑而成。

（3）垫层：又称辅助层，其作用是协助基层承受荷载，并使其均匀分布在土基上，同时起泄水和隔温作用，防止和减少不均匀的冻胀及融冻时产生翻浆和不均匀沉陷等现象。该层可以用砾石、砂、炉渣等铺筑。

路面按采用的建筑材料不同，可分混凝土路面、沥青路面、碎石路面和石材路面等。矿山公路路面的建筑，应本着就地取材的原则，根据露天矿汽车运输的特点选择。一般说，运量大、汽车载重大、使用时间长的干线公路应选用高级路面，也可以随运输量的增长情况分期建设，即由低级路面过渡到高级路面，而把低级的旧路面作为高级路面的基层。

移动线公路一般多在强度较高的矿岩基础上修筑，可就地采用矿岩碎石做路面，但当移动线公路位于土壤及普氏硬度系数小于 4 的风化岩石上时，可采用装配式预应力混凝土路面，以便根据需要移设。

3.4.2.3　公路运输设备

A　矿用汽车载重量

公路汽车运输方式所用的运输设备是矿用自卸汽车，属于非公路汽车。矿用汽车最主要的技术参数是最大装载重量，简称载重量。

随着工业技术的进步，矿用汽车和与之配合的矿山装载设备不断向大型化发展，汽车制造业已能够为露天矿提供载重量从 10t 级到 360t 级的各类型汽车，目前最大的矿用自卸汽车载重量已达到了 360～400t 级。根据采剥运总量选配适当吨级的自卸汽车是露天矿汽车运输设计的任务之一，图 3-4-9 所示为与不同吨级自卸汽车相匹配的矿山年运输量的例子。

70t 车，800～2500 万吨 /a　　　　30 t 车，250～1200 万吨 /a　　　　20 t 车，120～600 万吨 /a

100t 车，1500～4500 万吨 /a　　　　　　360 t 车，＞5000 万吨 /a

图 3-4-9　不同吨级自卸汽车与运输量匹配图

B　矿用汽车基本类型

矿用自卸汽车按卸载方式可分为后卸、侧卸、底卸和推卸等形式；按车身结构形式可分为整体式和铰接式。铰接式汽车的转弯半径小，质量中心较低，而且各车轴之间可以有一定的相对扭曲，适合在多雨地区或道路条件很差的矿山和开发初期的矿山使用。铰接式汽车如图 3-4-10 所示。

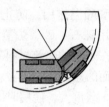

图 3-4-10　铰接式汽车

矿用自卸汽车的工作条件十分恶劣。其特点是道路坡度陡峭，转弯半径小，启动、制动、调车频繁，道路质量差，挖掘机装车对汽车冲击大。矿用自卸汽车应具有高度的灵活性和通过性，能通过小半径曲线，所以各吨级的自卸汽车都采用短轴距设计以适应这些要求。目前露天矿使用最多的是整体式车架二轴六轮后卸式汽车，按其转动形式又有纯机械传动、液力机械传动、电力传动等不同类型。

C　矿用汽车的发展和未来

除了在汽车传动系统方面的进步外，在大型柴油发动机、大型轮胎、计算机监控技术、超轻自重矿用汽车制造技术、无人驾驶矿用汽车等方面形成了新一代的制造技术。

3.4.2.4　公路运输道路通过能力与运输能力

公路运输能力计算主要包括道路通过能力、自卸汽车的运输能力和汽车需要量的确定。

A　道路通过能力计算

道路通过能力是指在单位时间内通过某一区段的车辆数，其值大小主要取决于行车道的数目、路面状态、平均行车速度和安全行车间距（由行车视距决定）。一般应选择车流量集中的区段进行计算，如总出入沟口、车流密度大的道路交叉点等，计算公式为：

$$N_d = 1000vnk/s \tag{3-4-4}$$

式中　N_d——道路通过能力，辆/h；

　　　v——自卸汽车在计算区段的平均行车速度，km/h；

　　　n——线路数目系数，单车道时 $n = 0.5$，双车道时 $n = 1$；

　　　k——道路行车不均衡系数，一般 $k = 0.5 \sim 0.7$；

　　　s——同方向行驶汽车不追尾的最小安全距离，即停车视距，m。

自卸汽车的平均行车速度与道路纵坡、道路质量、装载程度和气象条件等有关。一般情况下，上坡运行时，行车速度受汽车动力特性的限制；下坡运行时，受安全运行条件的限制；临时道路上运行时，受道路技术条件和路面质量的限制。

B　汽车运输能力计算

汽车运输能力是指单位时间内汽车所完成的运输量，它与汽车载重量、运输周期及工作时间等有关，一般用汽车台班运输能力表示。

影响自卸汽车台班运输能力的主要因素是自卸汽车的载重量、运输周期和台班工作时间等。自卸汽车台班运输能力的计算公式为：

$$Q_{tb} = 60qk_1 T_b \eta_b / t \tag{3-4-5}$$

式中　　Q_{tb}——自卸汽车的台班运输能力，t/（台·班）；

　　　　q——自卸汽车的载重量，t；

　　　　T_b——自卸汽车的班工作时间，h；

　　　　k_1——自卸汽车载重利用系数，$k_1 = 0.82 \sim 1.00$；

　　　　η_b——自卸汽车的班工作时间利用系数；

　　　　t——自卸汽车周转时间，min。

式（3-4-5）中的自卸汽车运输周转时间 t 包括汽车在工作面的装车时间、汽车在道路上的往返行走时间、卸车时间、调头时间和停留时间等。

C　自卸汽车需要量的计算

矿用自卸汽车需要量取决于矿山的设计生产能力、自卸汽车运输能力，并考虑汽车利用率及汽车运输的不均衡系数之后确定，可依据式（3-4-6）进行计算：

$$N = kQ_q / Q_{tb} k_3 \tag{3-4-6}$$

式中　　N——按运输要求计算的自卸汽车数量，台；

　　　　k——车辆运输部均衡系数，$k = 1.1 \sim 1.15$；

　　　　Q_q——每班矿岩运输量，t/班；

　　　　k_3——自卸汽车的出车率，$k_3 = 0.65 \sim 0.75$。

自卸汽车的出车率即车队出车的台班数与总台班数之比。该指标反映了矿山在籍车辆的利用程度，与汽车检修能力、备品备件供应、生产管理水平等因素有关。

3.4.2.5　提高汽车效率的途径

A　改善路况

改善路况，可以提高车速，缩短汽车运行周期，从而提高汽车效率。

B　加强生产管理，减少辅助作业时间及非作业时间

加强汽车调度工作，并减少汽车纯作业时间外的交接班时间、汽车加油时间、临检和保养时间等。为此，加油站宜设在汽车作业时往返经过的地点；临检、保养场地宜靠近采场的运输干线；加强汽车定期保养检修，提高设备完好率。

C　加强与铲装设备的配合，改善供车条件

车辆与铲装设备的配合主要有三个方面：合理确定车铲比，选择合适的调车方式，以及缩小电铲与汽车装载的夹角。

为充分发挥铲装设备和汽车的效率，应有合理的车铲比。车铲比是指汽车车厢容积与铲斗容积之比。当运距为 1~2km 时，车铲比取 3~5 倍较合理。

合理选择调车方式及装载位置有助于减少调装车作业时间。装车时，汽车停车位置与铲装设备呈"八"字形布置，当铲装设备回转一定角度，铲杆伸出 2/3 时，铲斗能对准车厢中心装矿。回转角的大小将影响装矿效率，当回转角由 90°改为 60°时，铲斗回转时间约减少 6s，提高铲装设备生产能力约 17%。

3.4.2.6　公路运输工作规范

A　汽车运输操作规程

a　普通自翻车操作规程

（1）驾驶人员必须经过专业培训，持证驾驶。

（2）车辆发动前，要认真检查刹车、方向机、喇叭、照明、液压系统等装置是否灵敏可靠，确认无异常后方可启动。

（3）起步时要先看周围有无人员和障碍物，鸣笛起步，行驶中执行城市和公路交通规则，严禁酒后或过度疲倦驾驶，严禁驾驶室以外任何部位乘坐人，行驶中要精力集中，不准吸烟、饮食和闲谈。

（4）起落斗时，其周围不准站人，车斗起到最高点，货物仍翻不下去，在车斗没完全落下前时，不准用人卸车，更不准将车前后移动碰撞或振动性卸车。

（5）起斗时不准猛加油门，行车中严禁起斗，车斗没有完全落下前不准起步行车。

（6）起斗装置不安全可靠严禁起斗，行车中要经常观察车斗是否完全落下，通过桥洞时应减速，在确认车斗完全落下后方可通过。

b　电动自卸汽车操作规程

（1）出车前，要对车辆各部进行检查，达到要求后方可出车。

（2）严禁用碰撞溜车方法启动车辆，下坡行驶，严禁空挡滑行，在坡道上停车时，司机不能离开，必须使用停车制动，并采取安全措施。

（3）驾驶室内严禁超额坐人，驾驶室外严禁载人，严禁运载易燃易爆物品。

（4）车在起斗翻货时，其周围不准站人，不准用人卸车或用移动碰撞、振动性卸车。

（5）行车中严禁起斗，车斗没有完全落下前，不准起步行车。

（6）起斗装置不安全、不可靠严禁出车，行车中要经常观察车斗是否完全落下，通过桥洞和高空架设线路、管路时要减速。

（7）装车时，禁止检查维护车辆，驾驶员不得离开驾驶室，不得将头和手臂伸出驾驶室外。

（8）雾天和烟尘弥漫影响能见度时，应开亮车前黄灯，靠右减速行驶，前后车间距不得小于 30m，冰雪和雨季道路较滑时，应有防滑措施，前后车距不得小于 40m。

B　公路养护

（1）工作前，首先检查所用工具（锹镐）等是否完好，有无不安全因素。

（2）在车辆运输地段或弯道处施工，要有专人负责安全、指挥车辆、限制速度或设放明显标志。

（3）人员与设备配合作业时要保持一定的安全距离，不许打闹，防止被设备伤害。

（4）在边坡底部和危险地段作业、休息时，要远离边坡梯段和溜井等危险地段。

（5）冬季防滑时，车上作业要系好安全带（绳）。

3.4.3　带式运输机运输

3.4.3.1　带式运输机的特点及应用现状

带式运输机是一种连续运输机械，其运输特点是物料以连续的物流状态沿着固定的线路移动。由于绝大多数带式运输机的承载带都是由橡胶材料组成的，通常又被称为"胶带机"。

带式运输机的坡度一般可达 18°～20°，而高倾角带式运输机的坡度则可高达 35°～40°。因而可减少线路长度和工程量。当露天矿开采到一定深度时，如果采用胶带运输机运输，其运距与汽车运输相比，可缩短 70%，同铁路运输相比，可缩短 82%。对于矿岩运输量很大的露天矿，胶带运输是较经济的，而且运输能力也很大。以使用 2m 宽的钢绳芯带式运输机为例，当带速为 3.0m/s 时，每小时可以输送 1 万吨矿岩。胶带机运输在采场内常作为联合运输的一部分，与汽车运输组成半连续运输工艺系统（电铲—自卸汽车—半固定破碎机—带式运输机），也可作为露天矿的单一运输方式，将矿岩直接从工作面运至选矿厂或排土场，形成连续运输工艺。在此情况下，如采用单斗挖掘机装载时，必须有带装载漏斗的移动破碎机和移动式皮带运输机与之相配合。带式运输机可直接布置在露天采矿场的边坡上，也可布置在斜井内。

带式运输机运输的主要优点是结构简单、爬坡能力大、生产能力高、劳动条件好、运营费低廉、工作连续且易实现自动化、能量消耗较少。

带式运输机运输的主要缺点是不适合运送坚硬大块和黏性大的矿岩，在运输坚硬大块矿岩前一般均需预先破碎，因此增加了露天矿剥离废石破碎环节的成本。另外，该运输方式对其系统的可靠性要求比其他运输方式更高，生产中的某个局部故障可能导致全系统停车，这是国内露天矿在用带式运输机运输系统的系统作业率普遍低于 50% 的主要原因。

近年来，带式运输机制造技术发展很快，在改进结构性质、提高设备可靠性、自动化控制程度、胶带强度以及防磨损、耐冲击、防撕裂等方面都有很大发展。当前，带式运输机正在向大功率、高速度、大倾角方向发展，以满足大型露天矿，特别是深凹露天矿的需要。

3.4.3.2　带式运输机的主要类型与技术特征

A　带式运输机的主要类型

带式运输机分为普通型和特殊型两大类。露天矿应用的是特殊型胶带机，按其构造或驱动形式不同可分为：钢绳芯带式运输机、钢绳牵引带式运输机和大倾角带式运输机等多种。近年来受到普遍关注的新型胶带机有压带式和波纹挡边式等类型。

露天矿胶带机运输系统通常由若干条胶带机串联组成。在该系统中，胶带机按其工作地点和任务分为固定式、移动式（又称移置式）、半固定式三种。

固定式胶带机通常是设置在固定运输干线上，承担较长距离和主要提升运输的胶带机。

移动式胶带机在连续或半连续生产工艺中常作为采场、排土场工作面的输送设备。按工艺特点移动式胶带机分为采场工作面、排土场工作面和端帮移动胶带机。随着采掘或排岩工作面的推进，需要在垂直于输送机纵轴线方向上不断地移设，而且在长度上也有所变化，所以，需要装设与移动式胶带机配套的移设设备，不能装备永久性的基础。

半固定式胶带机通常用于移动式胶带机和固定式胶带机之间的联系，完成矿岩的转载与装卸任务。

B　带式运输机的技术特征

一般的矿用胶带机主要由胶带、托辊和支架、驱动和拉紧装置等部分组成，其组成与工作原理如图 3-4-11 所示。

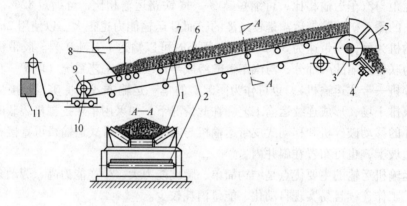

图 3-4-11　带式运输机工作原理图

1—胶带承重段；2—胶带回空段；3—驱动滚筒；4—清扫器；5—卸载装置；6—上托辊组；
7—下托辊组；8—装载装置；9—改向滚筒；10—张紧车；11—重锤

带式运输机输送物料的部分称为承载段或承重段；不装物料的回转部分称为非承重段或回空段。输送带的承载段一般采用槽形托辊支承，使其成为槽形断面（图中的 A—A 剖面），以增加承载断面的面积，而且货载不易撒落。回转段不装运货载，故用平型托辊支承。

输送带是胶带机中最重要的部件之一，它既是承载元件，又是牵引元件，其受力复杂，工作繁重，不仅要有足够的强度，还应有适当的挠性。输送带的价格昂贵，约占运输机总成本的 15%～50%，甚至更多。

目前，矿用运输机中应用最广泛的是钢丝绳芯运输机。这种输送带的带芯由高强度钢丝绳及芯胶构成，它与普通带相比强度有很大提高，抗冲击性能及抗弯曲疲劳性能好，延伸率低，成槽性好，不易跑偏，使张紧行程减小，有利于拉紧装置的布置，能较好适应露天矿长距离、大运量的运输需要。钢丝绳芯输送带的缺点是，钢丝绳间没有联系，因此输送带横向强度低，易发生纵向撕裂事故。

胶带是由托辊支撑的。运行时，若其中任何一个托辊失灵，就可能造成跑偏、磨带、撕裂等事故。对于 3.15m/s 以上的高带速，托辊必须具有较高精度和较好的动平衡性能。托辊维修很费工时，尤其对于宽带的运输机，安装和拆卸需专门的提升设备。为改善因托辊结构导致的不足，国外开发了胶带与支撑件之间不直接接触的胶带运输机，如气垫胶带机、水垫胶带机和磁垫胶带机运输机等。

当胶带机运送大块岩石时，胶带在托辊间具有较大垂度，胶带承受强烈的冲击载荷，磨损严重。为减小磨损提高胶带寿命，运送矿岩中的细料应不少于30%，以形成较大块料的"垫层"。运送经过机械破碎的细碎岩石效果最好。

C 大倾角胶带运输机

大倾角胶带运输机主要用于露天矿的提升，特别是适合于深露天矿的应用。大倾角胶带运输机是在普通胶带运输机的基础上，采用下述两种方法之一来增大倾角的。一是使胶带工作面上具有花纹、棱槽或每隔一定距离安置横挡料板，以阻止货载在大倾角运输时从胶带上向下滑落；二是在普通胶带运输机上面设货载夹持机构，将矿石夹在夹持机构与载荷胶带之间，从而增加矿石与胶带间的摩擦力，使货载在大倾角下运输不致滑落。货载夹持机构由金属带和辅助胶带组成。金属带是由许多环行链条彼此连接而成，其上段安放在辅助胶带的上段上，而下段自由下垂地压在货载上，并与载荷胶带作同步运行。金属带的运行是由辅助胶带带动的，而辅助胶带具有独立的驱动装置。

大倾角运输机的倾角可达35°~40°，最大可达60°，所以这种运输机在露天矿可直接布置在边坡上，如图3-4-12所示，从而大大缩短了线路长度，减少开拓工程量。

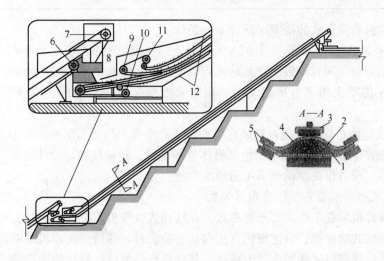

图3-4-12 大倾角压带式运输机

1—承载带；2—覆盖带；3—弹性压辊；4—物料；5—边辊；6—前段承载带驱动滚筒；7—前段压紧带驱动滚筒；

8—接力段承载带驱动滚筒；9—接力段压紧带驱动滚筒；10—接力段承载带张紧滚筒；

11—接力段压紧带张紧滚筒；12—沿胶带设置的机罩

3.4.3.3 带式运输机典型的布置形式

A 运输系统布置形式

根据运输条件要求，运输方式有水平、向上、向下和弧线运输四种。由于传动滚筒的功率配比不同，又分单、双、多滚筒驱动，由此可以组成多种布置系统，典型的布置形式见表3-4-1。

表 3-4-1　带式运输机典型布置形式示意图

形　式	传动方式	典　型　布　置　图
水平传送	单滚筒传动	
	双滚筒传动	
	三滚筒传动	
向上传送	单滚筒传动	
	双滚筒传动	
向下传送	单滚筒传动	
	双滚筒传动	

带式运输机布置形式的确定应符合下列条件：

（1）采用双滚筒传动时，不要用 S 形布置，以免胶带中钢绳反向疲劳而降低胶带和滚筒包胶的使用寿命，同时不致使物料粘到传动滚筒上，影响功率平衡，加快滚筒磨损。

（2）水平传动采用多电机启动时，拉紧装置应装在先启动的传动滚筒张力较小的一侧。

（3）带式运输机应尽可能布置成直线型，避免出现大凸弧和深凹弧的布置形式。

（4）根据矿岩物料性能和矿山地区具体气候条件，运输线路可设计成敞开、半敞开和全封闭的通廊，或者仅在驱动站采用防雨水措施。

B　移动式破碎机装载工作面布置形式

移动式破碎机装载工作面的布置形式，在移动式胶带机和挖掘机之间安设能行走到采掘工作面的移动式破碎机，由挖掘机直接向其装载物料。移动式破碎机能够跟随挖掘机自由行进，可适应挖掘机铲斗和斗臂的移动，其受料仓还需与挖掘机的生产能力相匹配。为提高整个系统的灵活性，也可在移动式破碎机与移动式胶带机之间设置一台移动式转载机。

3.4.3.4　带式运输机运输能力计算

带式运输机的小时生产率可用式（3-4-7）计算：

$$Q_s = K_x \gamma Q_o \tag{3-4-7}$$

式中　Q_s——带式运输机的小时生产率，t/h；

　　　Q_o——输送机水平输送能力，m^3/h；

　　　K_x——倾斜系数；

　　　γ——物料松散容积密度，t/m^3。

3.4.4　溜槽、溜井运输

溜槽、溜井运输是山坡露天矿利用地形高差进行矿岩下放运输的理想方式。为减少溜井的掘进工程量，在可能的情况下，尽量在山坡地形的上部采用明溜槽，并使其下部与溜井相连接。溜井有竖井（又称垂直溜井）和斜井两种，我国最常用的是竖溜井，斜溜井应用得少。溜井下部通常与平硐相连，组成平硐溜井系统，如图 3-4-13 所示。

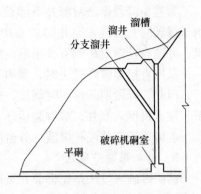

图 3-4-13　平硐溜井（溜槽）系统示意图

溜槽、溜井运输通常会单独或作为其他运输的中间环节。投资少，设备少，节约能源，经营费低，生产能力大，适用于山坡露天矿。山坡高差越大，经济上越优越。溜井的生产能力取决于溜井上口卸矿能力、溜井井筒通过能力、溜口放矿能力及溜井底部给（运）矿设备的能力，这些能力的最小值就是溜井的生产能力。

3.4.4.1　露天矿溜井系统类型

露天矿溜井系统类型常见的有下列五种类型。

3.4.4.2　溜井降段

当溜井位于采场内时，溜井应随开采台阶下降而降段，每次降段一个台阶高度。溜井降段时应最大限度地加快降段速度，缩短影响生产的时间，并防止大块矿石掉入溜井引起溜井堵塞。溜井降段的方法有下列三种。

A　直接爆破降段法

直接降段法用于溜井断面大或溜井周围矿岩可爆性较好，不易堵井或堵井之后有条件处理，溜矿井不会因为井颈周围矿岩崩入井内而导致矿石严重贫化的情况。

直接降段法的降段程序是在溜井正常放矿条件下，沿井颈周边穿孔、爆破，爆破下来的矿岩直接进入溜井，其布置图如图 3-4-14 所示。此法的关键技术是控制直接入井的矿岩块度，以避免大块堵塞溜井。因此应适当加密炮孔和增加装药量。溜井浅孔爆破直接降段法如图 3-4-15 所示。

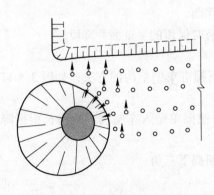

图 3-4-14　溜井降段炮孔布置图

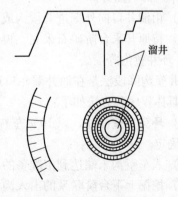

图 3-4-15　溜井浅孔爆破直接降段法示意图

为避免降段爆破对溜井下部设施的冲击破坏，溜井内应保留一定的储矿高度。另外，由于爆破时直接进入溜井的矿石中充满大量炮烟，爆破后不可以立即出矿，必须加强通风，并注意检测放矿硐室及平硐内的炮烟浓度，防止放矿操作人员炮烟中毒。

采用直接爆破降段法时，溜井降段期间的放矿作业可与降段期间的穿孔作业平行进行，因此，降段期间停产时间短，爆破的矿石一部分直接进入溜井，一部分可就近用电铲、推土机倒入溜井，节省装运环节。

也可采用溜井浅孔爆破，分台阶进行，但降段速度较慢。

B　储矿爆破降段法

储矿爆破降段法是先将溜井装满矿石，在溜井颈周围穿孔、爆破，然后将爆破下来的矿岩用挖掘机倒堆或装车运走，主要目的是为了清除爆堆中的大块，防止爆堆中的大块在正常放矿时堵塞溜井。当井口上部爆堆清理完毕后，溜井即可恢复正常放矿作业。

储矿爆破降段法能有效防止大块矿岩堵塞溜井，生产可靠。但溜井在降段期间要停止放矿，影响生产，且为储满溜井突击运矿填井，爆破后抢运爆堆，以及清理大块矿岩的工作也很繁重。

南芬铁矿为减轻填井的工作量，采用在溜井深处一定深度处（通常是人员能到达的地段，如检查巷道处）的井筒内搭封闭板台，在板台上储满矿，然后降段，收到较好效果。但这种方法只能在特定情况下使用。

C　堑沟降段法

堑沟降段法适用于采场内部单溜井降段，为了在溜井降段期间生产不间断，采取先降无卸矿平台的半壁溜井，再降另半壁溜井。根据掘进堑沟位置的不同，有直进堑沟和环井堑沟两种方法。

a　直进堑沟降段法

降段方法如图 3-4-16 所示，具体程序如下：

（1）在公路连接方便的地方，距溜井一定距离向溜井方向掘进坡度约 10°的出入车堑沟，当堑沟掘进到溜井附近时，达到拟准备的新水平标高。

（2）在先降的半壁溜井口漏斗附近穿孔。为防止爆破时大块矿岩滚入溜井，靠近溜井口附近的炮孔应加密，适当多装药。

（3）堑沟内的爆堆，部分用挖掘机堆于路堑两侧平台上，部分用汽车装运绕行至上台阶卸矿平台卸入溜井。

（4）由溜井口向外掘进开段沟或直接扩展扇形工作面。

（5）待原开采台阶矿石采完，再穿孔、爆破，将暂时保留的半壁溜井降段。

b　环井堑沟降段法

环井堑沟降段法是在溜井漏斗口近旁环绕井口向下掘进单壁堑沟的方法，如图 3-4-17 所示，具体程序和方法如下：

（1）环绕半壁溜井，以 10%左右的坡度向新水平挖掘单壁入车堑沟，堑沟长根据降段高度确定。

（2）入车堑沟末端达到拟准备的新水平标高后，回掘下三角。

（3）挖掘上下台阶联系的出入沟。

（4）从溜井口向四周扩展工作面，并刷大井口为下次溜井降段做准备。

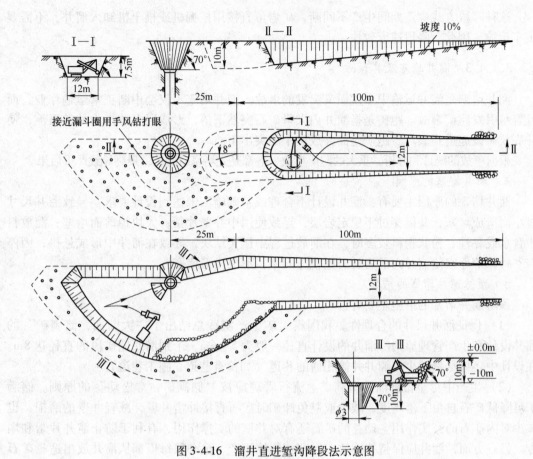

图 3-4-16　溜井直进堑沟降段法示意图

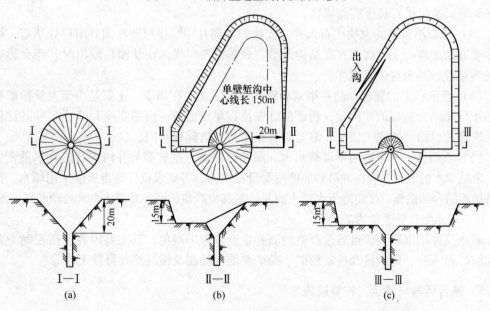

图 3-4-17　环井堑沟降段法示意图

（a）溜井降段前的状态；（b）环绕溜井口掘入车路堑；（c）回掘下三角及开掘出入沟

这种降段方式生产期间生产不间断，矿岩可直接用挖掘机或推土机卸入溜井，不需要装车运输，因此，降段速度较快。

3.4.4.3　溜井堵塞及其预防

溜井堵塞是溜井运输中多发而又突发的事故。溜井堵塞不仅会中断正常运输作业，而且容易引发跑矿事故。跑矿是指溜井内大量矿石突然下落，形成巨大冲击力的矿石流，使井底放矿设施遭到破坏。跑矿是溜井放矿中的突出事故。

根据事故的统计和分析，重大的跑矿事故一般都是先堵塞后跑矿，最终导致严重后果。

A　溜井堵塞的原因

溜井堵塞的原因主要有：溜井设计不合理或基础施工未达到设计要求，导致溜井尺寸过小而造成堵塞；井筒穿过不稳定岩层，导致使用中井壁片帮，大块掉落而堵塞；溜放料中含水或黏性、粉状物料较多时，在溜放过程中压实结块，导致在溜井中形成悬拱；因停产、检修等原因使溜井内矿岩长时间积压固结，形成拱形堵塞。

B　预防溜井堵塞的措施

预防溜井堵塞的措施主要有：

（1）保证溜井尺寸的合理性。我国露天矿生产实践总结出了"大断面，储满矿"的溜井设计和生产管理原则。溜井的设计直径一般为 5~6m，个别溜井储矿段的直径达 8m。在设计中还应尽量减少与溜井井筒相通的巷道（如检查巷道、施工巷道）。

（2）生产中尽量做到溜井储满矿。流行管理应按"储满矿、常松动"的原则。储满矿可降低矿石自由下落高度，减少或避免卸矿时矿石直接冲击井壁，减轻井壁的磨损，也减少对内矿石的夯实作用。储存的矿石还有对井壁的支撑作用，有利于防止溜井片帮和塌方。另一方面，溜井应保持持续放矿。即使暂停生产，也必须每班都从溜井放出适量矿石（1~2 车）避免矿石被压实而堵塞。

（3）严禁不合格的大块矿石入井。大块卸入溜井中，很可能在溜井出口处堵塞，堵后用爆破方法处理，还会破坏井底结构及给、放矿设备。当大块从溜口放出时，还会影响矿车装满系数，甚至将矿车砸坏。

（4）粉矿和水的管理。溜井堵塞和跑矿事故多发生在雨季，主要是由于大量粉矿和充足的水分相结合造成的。因此，粉矿最好安排在旱季溜放，雨季要按 1:3 或 1:4 的比例将粉、块搭配，做到快卸、快放、缩短矿石在溜井井筒储存时间。

（5）在溜井口和溜槽两帮设截水沟。溜井的堵塞与跑矿都与井内矿石的含水量密切相关，为减少水的危害，应在井口和溜槽两帮设截水沟，将雨水截住排走；应采用堵水、排水或堵排相结合的措施，严防地下水流入溜井。尤其应严禁从溜井井口注水来处理溜井堵塞。

C　溜井生产管理的内容

防止溜井堵塞和跑矿可通过严格的溜井生产管理来避免，其主要内容包括控制不合格的大块矿石入井、储矿量及松动放矿、粉矿和堆的控制及做好溜井降段工作等。

3.4.5　联合运输与转运、转载设施

3.4.5.1　联合运输的特点、分类和适用条件

联合运输是指两种或两种以上的运输方式相联合，把矿、岩从工作面运到地表的受矿

点或排土场。实施联合运输，是为了利用不同运输方式的优点，扬长避短，以获得更好的技术经济效果。

联合运输有以下主要特点：从采场工作面到地表受料点由数种（一般 2~3 种）运输方式分段运送矿岩；根据联合运输的组成形式，可能有多次物料转载。为了转载，在地表或采场内需设置受矿及转载设备。

联合运输的运输系统中由三个主要线路区段构成，如图 3-4-18 所示。采矿场内工作平盘区段主要以水平移动为主，沿露天采矿场边帮的区段主要以提升移运为主，地表运输区段常用采场外的固定线路，且运距往往较长。根据各种运输方式的特点，选取适宜的运输方式组成联合运输。常用的联合运输形式主要有以下几种：

（1）汽车与铁路运输的联合；

（2）汽车与带式运输机联合；

（3）汽车与溜槽、溜井联合；

（4）汽车与箕斗提升运输联合。

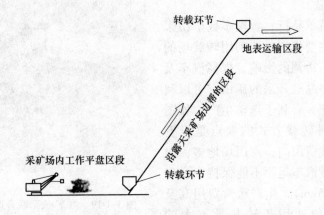

图 3-4-18　采场线路区段示意图

实施联合运输，各个不同运输方式之间必须设置矿岩转载站，其作用是用以衔接两种不同的运输方式，包括卸载、储存和装载三个环节。联合运输的问题主要是转载方式解决方案的问题。

3.4.5.2　汽车-铁路联合运输

汽车-铁路联合运输一般出现在原来采用单一铁路运输的矿山。随着采场开采深度增加，出现了采场深部难以布置铁路开拓坑线的局面，或者需改用汽车运输掘沟以提高新水平准备效率，因而改造为采场下部用汽车运输，上部仍用铁路运输的联合运输方式。采用这种联合运输方式的矿山，需设置转载站。

A　转载站的位置

转载站的位置应在尽可能不压矿及不过多增加扩帮量的条件下，尽量缩短汽车运距。根据汽车、铁路运输方式的不同，转载站位置主要分为三种情况：

（1）深凹露天矿采深过大时（超过 150m），深部矿岩用汽车运到边帮某一高度向铁路列车转运。转载站宜设置在采场端帮或边帮的宽平台处。

（2）采场内运输用汽车，地表的长距离运输用铁路列车。转载站设在紧靠露天采场边缘的地表，以设在总出入沟附近为宜。

（3）在采场铁路运输的矿山，为加速深凹露天采场的掘沟、扩帮工程，采用汽车作新水平准备的运输方式。转载站位于正在掘沟的上一个水平，一般设在开采推进方向另一侧的铁路站场附近。

　　B　转载站的形式

转载站的形式分为直接转载、挖掘机转载和矿槽转载三种方式。

　　a　直接转载

直接转载是汽车在转载平台上直接往列车中卸载。其优点是无需转载设备，方式简便可靠。适用于局部采区或小型露天矿；缺点是汽车、列车互相影响，降低运输效率及设备周转率，转载过程中容易损坏车辆和出现偏载、炮矿等情况。当汽车载重量超过 20t 时，一般不宜采用直接转载。

　　b　挖掘机转载

挖掘机转载简单易行，曾被多数矿山采用。这种方式的主要优点是能利用转载场的储矿堆均衡运输不协调的影响，提高汽车及列车的效率，对多品级开采的矿山，可以利用储矿堆进行调配，有利于选矿生产，如图 3-4-19 所示。这种转载方式的缺点是投资大、耗电多，转载费用高，占用场地多，向下搬迁困难，集载汽车运距不能保持在合理范围内（0.7~1.5km），生产运营费用高及污染环境等。一般适用于转载量不大的场地。

图 3-4-19　汽车-铁路联合运输挖掘机转载

转载场地可利用采场台阶的高差，汽车在上一台阶卸车，配备一台推土机将卸后的矿岩向外推平，铁路在下一台阶由挖掘机装车。堆场高度为 12~15m，采场内的场地平面位置也可随采掘带的推进而相应变动。

　　c　矿槽转载

矿槽转载具有转载费低、装车时间短、设备投资较挖掘机转载少等优点，但需增加矿槽基建投资。因此，在转载量较大（一般大于 300 万吨/a），使用年限较长（一般 3 年以上）的转载场，设矿槽转载有利，如图 3-4-20 所示。

矿槽转载时汽车卸载与列车装车的高差要满足车辆净空、转载设备安装高度和矿槽容量的要求等，一般宜在 15m 以上，最小不低于 12m。为使汽车与列车随卸随装，矿槽容积以大于两列车的转载量较合适。如矿槽容积较小，为避免汽车与列车相互等待，可在汽车卸载场留出储矿平场，配备 1~2 台前装机，以使矿槽储满后汽车可临时卸在储矿平场，而不影响汽车运输。当汽车因故不能及时供应矿（岩）时，可用前装机将储矿平场的矿（岩）转载入矿槽。为防止矿槽被砸坏，不能将矿槽内的矿（岩）卸空，应在槽底保留一层矿（岩）料，使卸下的矿（岩）石不致直接冲砸槽壁。

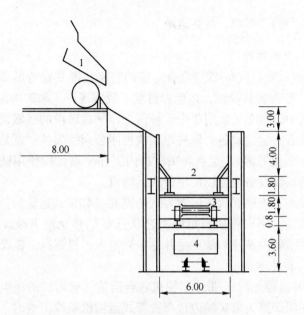

图 3-4-20 某铁矿矿槽转载设计方案图（单位：m）
1—汽车；2—矿槽；3—板式给料机；4—矿车

3.4.5.3 汽车-带式运输机联合运输

汽车-带式运输机联合运输方式是把汽车运输的灵活性和带式运输机的优点结合起来，由汽车承担采场内工作平盘区段运输，利用带式运输机完成提升运输和地表运输的方式。也是原采用单一汽车运输的矿山，在开采深度不断增加的情况下，为解决运费上升，油耗增加的问题，采取的引进带式运输机系统改善运输状态的措施。这种联合运输方式又被称为间断连续运输工艺，是当前深凹露天矿运输中的主要发展方向。

这种运输方式虽然初期投资高，但完成相同运输量的总投资比单一汽车运输低，且经营费用低。该系统由三个主要部分组成：采场内的汽车集运部分、从露天采场到卸载点的带式运输机部分、联系两个运输系统之间的破碎转载部分。

汽车和带式运输机联合运输系统的组合方案有以下几种形式：

（1）破碎转载站设在露天采场的边缘，自卸汽车由采场往破碎转载站运送物料，破碎后用带式运输机往卸矿点或排土场运送矿岩。其破碎转载站一般为固定式，转载条件好，且不影响采场作业，适合于开采深度小于100m的露天矿。

（2）破碎转载站设在露天采场的集运水平上，汽车仅服务于工作面到破碎站之间的运输。集运水平设置的破碎转载站为半固定式，一般服务3~4个工作水平。半固定破碎站通常设在采场非工作帮或端帮上，一般8~10年移设一次。

（3）在采场内设置每半年至两年移设一次的半移动破碎机。随工作面推进的需要逐步推进，缩短汽车运距，简化在集运水平设置半固定破碎站的复杂环节，可提高矿山生产能力并降低运输成本。

（4）破碎站设在采场底的坑内硐室中，由工作面到破碎硐室顶部的溜井用汽车运输，破碎后沿平硐或溜井用胶带运输。

3.4.5.4　溜井（槽）-平硐、斜井运输

A　溜井（槽）-平硐运输

溜井（槽）-平硐运输是汽车-铁路联合运输的特例。即是在地形高差条件适合的露天矿山，以溜井（槽）作为转载设施，以矿岩自重下放实现露天采矿场边帮区段移运的联合运输。在该运输系统中，汽车通常用作采矿场内工作平盘区段的运输设备，而平硐内的铁路列车则作为联通地表的运输设备。攀枝花钢铁集团公司兰尖铁矿就是采用的这种运输方式。特殊情况下（如历史原因），也有在采矿场内工作平盘区段使用铁路运输通过溜井转载的案例，平硐内的运输设备也可以使用带式运输机。

溜井作为转载设施，应根据后续运输方式的需要（如带式运输机）决定是否设置破碎系统。如果是矿石溜井，则可将矿石粗碎工艺从选矿厂移至地下破碎机硐室，可提高装载、运输效率。溜井平硐内破碎的缺点是井巷工程量大，投资高，建设期较长。

B　溜井（槽）-斜井运输

溜井（槽）-斜井运输是汽车-带式运输机联合运输转载形式的派生方案，且不限于用在山坡露天矿。当在深凹露天采矿场边帮布置带式运输机干线困难时，也可考虑利用斜井布置带式运输机，如图 3-4-21 所示。

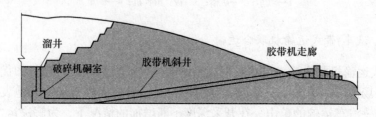

图 3-4-21　溜井-带式运输机斜井运输示意图

3.4.5.5　汽车-斜坡提升联合运输

A　汽车-斜坡箕斗提升联合运输

汽车-箕斗联合运输也是较为常见的联合运输方式。它可结合汽车运输灵活和箕斗运输克服高差大的特点。在采用汽车运输的深凹露天矿，高差超过 150～200m 时，可采用与箕斗联合运输。

箕斗运输可以直接运输大块坚硬矿岩，运输角度可达 35°，设备简单，投资省，建设快，一般设在采矿场的非工作帮或端帮上作提升移运设备。箕斗提升后，可采用汽车、铁路等方式完成地表区段的运输。采场内工作平盘区段采用汽车运输。这种联合运输的主要缺点是矿岩需经采场边坡下、上部两次转载；转载站需随开采下降移设。

箕斗提升的主要转载设施多为带矿仓的转载栈桥，需随工作面的延深而经常移设。为了便于安装和移设，常采用装配式的钢结构或钢筋混凝土结构，同时应考虑多水平共用。设于地面的转载矿仓，则为永久性结构。

B　汽车整车提升系统

以上各种联合运输方式均需设置转载设施。为发挥汽车运输的优越性，避免增加转载

环节，国内外已开展了露天矿自卸汽车整车提升系统的研究。该系统借鉴了斜井提升的原理，利用大功率电动机卷动钢绳，将载有汽车的斜坡轮式台车从露天矿底部水平拉动到地表水平。然后，汽车从台车开出，驶往目的地。同时，台阶也可以用于空车的下放。

整车提升机的特点是，在露天采场内装载及地表运输都采用一种运输设备，取消了转载过程，利用专属提升装置解决汽车运输在露天采场边帮区段长距离上坡，及其造成的费时、耗能、排放污染等问题。

汽车整车提升系统与单一汽车运输系统相比，整车提升运输所节省的费用能很好地弥补用于建设安装斜坡提升机所需的基建投资。研究认为，在矿山的整个服务年限内，与行驶在斜坡道路上的自卸汽车运输相比，运输费用将减少40%。

受提升设备能力的限制，整车提升运输系统的生产能力有限，一般为300～600万吨/a，还不能满足现代大型露天矿的要求。但对于生产周期短，自卸汽车载重量较小的大多数中小型露天矿，有望成为改善汽车运输状况的一种选择。

思考与练习

1. 简述露天矿运输工作的任务是什么。
2. 简述露天开采运输工作的特点。
3. 简述露天矿主要的运输方式有哪些？运用现状是什么？
4. 简述露天开采汽车运输和铁路运输的优缺点。
5. 露天矿铁路线路由哪些部分组成？
6. 露天矿公路按其性质和所在位置的不同分为哪几类？按服务年限不同又分为哪几类？公路的基本结构是什么？
7. 简述带式运输机运输的优缺点。
8. 什么是联合运输？联合运输的特点是什么？
9. 联合运输转载站的作用是什么？包括哪几个转载工艺工程？
10. 在溜井运输时，溜井的生产能力取决于哪些因素？
11. 露天采场内溜井降段有哪些方法？
12. 露天采场内溜井降段时应注意哪些问题？
13. 露天采场内对每次溜井降段的高度有什么要求？
14. 溜井生产管理的内容包括哪些？
15. 溜井堵塞的原因是什么？
16. 简述预防溜井堵塞的措施有哪些？

项目 3.5　排土工作

【项目描述】

露天采矿的一个重要特点就是必须剥离覆盖在矿体上部及其周围的岩石，并运至专设的地点排弃，这种接受排弃岩土的场地称作排土场。排土工作就是在排土场上，运用合理的工艺，排弃从露天矿场采出的废石和表土，以保证采矿作业持续均衡的进行。排土工作是露天矿主要生产工艺环节之一。

　　露天矿的剥离工作量一般要比采矿量大数倍。一座大型露天矿剥离量每年可达数百万吨乃至数千万吨，如果排土能力不足，就会限制露天矿生产能力的进一步提高，因此，排土工作对露天矿正常生产及经济效益有重大影响。同时，排土工作带来的粉尘和污水对环境也造成影响。

　　排土工作包括排土场位置与排土方法的选择、排土线的形成和发展，以及土地复垦等主要内容。排土工作效率在很大程度上取决于排土场位置、排土方法和排土工艺的合理选择。

　　根据排土场与露天矿场的相对位置，把位于露天矿境界以外的排土场称为外部排土场，处于露天矿采空区内的称为内部排土场。从不占农田和缩短运距方面来讲，内部排土场运距短、成本低，是一种最经济的排土方法。但是，内部排土场只有在开采水平或近水平矿体、开采深度在30~50m以内时或在一个采场内有两个开采深度不同的底平面，其中一个底一次采完有用矿物的全厚时才能采用，也就是说，如果采场内存在永久堆放废石的条件应尽量采用该方法，但大部分金属矿山不具备这种条件，因此多采用外部排土场。外部排土场位置的选择应注意以下几点。

　　（1）要不占、少占或缓占农田，尽量利用山谷、湖滩、荒地或露天采空区排弃废石，但不能截断河流和山洪。

　　（2）对可能利用的岩石，应考虑今后回收装运的可能性。

　　（3）为防止压矿，排土场不应设置在将来要扩大的露天开采境界范围之内，宜选在矿体下盘方向。深凹露天矿的排土场如距采场太近时，还要考虑排土场对采场边帮稳定的影响及废石滚落距采场边缘的安全距离。

　　（4）缩短岩土的运距，排土场应尽量设在露天矿场的附近，并布置在居民区的下风地带；对于含有有害成分的废石，应采取措施防止有害成分被水带入农田和河流。

　　（5）考虑土地复用的可能性，制订覆土造田计划。

　　（6）排土场总容积应与露天矿设计的总剥岩量相适应。

　　（7）排土场的接受能力应保证露天矿年度采掘计划的要求。

【能力目标】

　　（1）会确定各种排土工艺的土场堆置要素；

　　（2）会对土场常见的安全问题进行预防和处理；

　　（3）熟悉排土场的操作规程。

【知识目标】

　　（1）掌握各种排土工艺的排土工序及排土方法；

　　（2）掌握各种排土工艺的土场堆置要素的确定；

　　（3）掌握各种排土工艺的土场修筑与土线扩展；

　　（4）掌握排土场的安全防护措施；

　　（5）熟悉排土场的注意事项及操作规程。

【相关资讯】

3.5.1 排土场的堆置要素

排土场的堆置要素包括排土场堆置高度、排土台阶平盘宽度和排土场容积。

3.5.1.1 排土场堆置高度

排土场一般是分层、分台阶堆置的，排土台阶坡顶线至坡底线之间的垂直距离，称为排土场的台阶高度，而排土场的堆置高度是指排土场各个排土台阶的高度之和。

排土台阶高度和排土场堆置高度主要取决于排土场的地形、水文地质条件、工程地质条件、气候条件、排弃岩土的物理力学性质（如粒度分布、矿物成分、密度等）、排土工艺设备、排土管理方式、废石运输方式等，但排土场极限堆置高度主要受散体岩石强度及地基软弱层强度的控制，排土场优化设计中还要通过排土场稳定性分析加以验证。

从排土效率和成本看，排土台阶高度越高越好，但从排土场的稳定性出发，则排土台阶不应过高，否则会造成排土场稳定性差，甚至造成大幅下沉和滑坡事故。高台阶排土工艺适合于排弃坚硬岩石和地形高差较大的陡峭山岭地形，其优点是单位排土作业线长度的排弃容积大，排土线路稳定；但往往其排土场下沉量大、稳定性较差，排土线路维护量大。低台阶排土工艺则与高台阶排土工艺相反，具有下沉量少、稳定性较好等优点；但其单位排土作业线长度的排弃容积小，排土线路不稳定。一般硬岩排土台阶高度可达 30m，而软岩和土质岩应在 10~15m，甚至小于 10m。

排土场地基岩性较好；地基稳定时一般采用覆盖式排土工艺，其上部台阶直接坐落在下部台阶之上，此时排土场极限高度主要与松散岩体的岩性有关。而软弱地基排土场极限堆置高度主要受地基软岩强度、厚度、产状等地质条件的影响。

多台阶分层排土时，第一层排土台阶的高度与排土场地基的固结条件和承载能力有密切关系，如遇软弱地基时需加固，同时应降低第一层排土台阶的高度，避免因为沉降不均匀或局部地基破坏导致排土场滑坡事故。例如，大连石灰石矿的海边排土场，由于基底是 5~15m 厚的淤泥层，初期排土没有采取措施，以致边坡沉陷；造成电铲倾覆事故。对山坡地形，若基底的岩性不甚稳固，可沿山坡作成阶梯以增强基底的抗滑阻力和承载重量。大孤山铁矿在山坡地形上采取布置鱼鳞坑的办法，使基底形成凹凸不平的抗滑面，从而增强了排土场的稳定性，使排土台阶得以保持较高高度。

大容量排土场可采取分区排弃和多台阶同时作业的管理工艺措施，以提高排土工作能力，降低排土成本。

3.5.1.2 排土台阶平台宽度

排土台阶平盘最小宽度主要取决于上一阶段的高度、运输排土设备和运输线路的布置、移道步距等条件，其最低要求是使上下相邻排土台阶的排土工作不相互影响。根据生产实际经验，当排土台阶高度为 8~15m 时，最小平台宽度约为 40~50m；当排土台阶高度为 20~25m 时，最小平台宽度约为 50~60m。

3.5.1.3　排土场容积

选择设计排土场时，要求排土场总容积应与露天矿总剥岩量相适应，排土场的接受能力应保证露天矿剥采计划的顺利实施。

3.5.2　排土工艺

露天矿排土工艺因矿床的开采工艺、排土场的地形、水文地质与工程地质特征、排弃废石的物理力学特征而有所差异。

内部排土场的排土工艺可分为两类：（1）倒堆排弃。即当矿床厚度和所剥离的岩层厚度不大时，剥离废石可以使用大型机械铲或索斗铲直接倒入采空区内完成排土过程；（2）转运排弃。当矿体厚度较大，无法实现倒堆剥离时，必须使用一定的运输方式把废石运输到采空区中进行内部排弃，但此时的运距比运往外部排土场小，且可避免或大量降低向上运输量。

外部排土场的排土工艺可根据废石运输方式和排弃方式，以及使用设备的不同分为三类：（1）公路运输排土。利用汽车将废石直接运输至排土场排弃。并利用推土机推排残留废石及整理排土平台。（2）铁路运输排土。利用铁路运输将废石运到排土场，并用排土设备进行排弃。所采用的排土设备主要有挖掘机、排土犁和前装机。（3）胶带运输排土。利用胶带运输机将废石直接从采场运到排土场排弃。另外，也有采用人工造山排土和自溜排土的。

3.5.2.1　推土机排土

推土机排土适用于汽车运输的矿山。推土机是一种多用途的自行式土方工程建设机械，如图 3-5-1 所示，它能铲挖并移运土岩。例如，在道路建设施工中，推土机可完成路基基底的处理，路侧取土横向填筑高度不大于 1m 的路堤，傍山取土修筑半堤半堑的路基。此外，推土机还可用于平整场地，堆集松散材料，清除作业地段内的障碍物等。

图 3-5-1　推土机外形图

A　排土工序

推土机的排土作业包括汽车翻卸土岩；推土机推土；平整场地和整修排土场公路。

B　排土方法

依据地形条件的不同，推土机的排土方法有所不同，对于山坡地形，排土场的布置如

图 3-5-2 所示。汽车进入排土场就近卸载，推土机由近向远前进式推排，排土场顺着地形向前推进，然后再逐步向旁扩展。

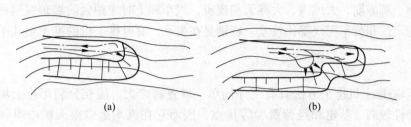

图 3-5-2 汽车-推土机山坡地形排土

(a) 废石堆排顺着地形向前推进；(b) 逐步向旁扩展

平坦地形排土场的布置如图 3-5-3 所示。汽车进入排土场后，沿排土场公路到达卸土段，并进行调车，使汽车后退停于卸土带背向排土台阶坡面翻卸土岩。为此，排土场上部平盘需沿全长分成行车带、调车带和卸土带。调车带的宽度要大于汽车的最小转弯半径，一般为 5~6m；卸土带的宽度则取决于岩土性质和翻卸条件，一般为 3~5m。为了保证卸车安全和防止雨水冲刷坡面，排土场应保持 2% 以上的反向坡，如图 3-5-4 所示。

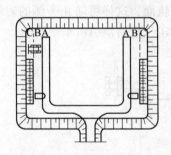

图 3-5-3 汽车-推土机平坦地形排土

A—行车带；B—调车带；C—卸土带

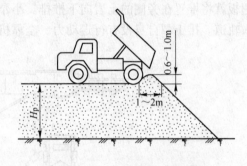

图 3-5-4 汽车在排土场卸载

C 排土作业堆置参数

汽车运输-推土机排土作业堆置参数包括排土台阶高度、排土工作平盘宽度、排土工作线长度。

a 排土台阶高度

排土台阶高度主要取决于土岩的性质和地形条件，一般要比铁路运输时的排土台阶高度要大。如弓长岭露天矿的排土场台阶高度都在 100m 以上，德兴铜矿最高排土台阶高度达 170m 尚能安全作业。如设备和安全条件许可，一般汽车运输-推土机排土的排土场只设一个排土台阶。

b 排土工作平盘宽度

在特殊情况下需要多层排土时，排土平台宽度应能够保证汽车顺利掉头卸车，并留有足够的安全距离，其最小宽度一般不应小于 25~25m。

c 排土工作线长度

排土工作线长度与需要的排土作业强度有直接关系，取决于需要同时翻卸的汽车数量和型号。当汽车在卸土带翻卸土岩后，由推土机进行推土。推土机的推土工作量包括两部分，推排汽车卸载时残留在平台上的土岩和为克服下沉塌落进行的整平工作。

在雨季、解冻期、大风雪、大雾天和夜班，汽车卸土时应距台阶坡顶线远些，因为这时边坡的稳定性和行车视线都比较差。特别是在夜班，有时推土机的推土量几乎与汽车卸土量相等。

D　评价

汽车运输-推土机排土方法具有工序简单、堆置高度大、能充分利用排土场容积、排弃设备机动性较高、基建和经营费少等优点，因而它在汽车运输露天矿中得到了广泛的应用。

汽车运输-推土机排土方法的主要缺点是排土运输费用相对较高，特别是当排土运距较远时，排土费效比显著增加。

3.5.2.2　排土犁排土

排土犁排土适用于铁路运输的矿山。排土犁是一种行走在轨道上的特殊车辆，如图3-5-5所示，车身一侧或两侧装有大翅板和小犁板，前部有分土犁板。不工作时，翅板和犁板紧贴车体，排土时靠汽缸压气将它顶开而伸张成一定角度。随着排土犁在轨道上行走，翅板就将堆置在旁侧的土岩向下推排。小犁板可下放低于轨面，这样可防止旁侧的岩块滚入轨道。排土犁自身没有行走动力，全靠机车牵引，所需压气也由牵引机车供给。

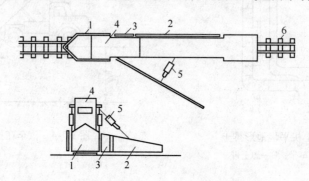

图3-5-5　排土犁示意图
1—前部保护板；2—大翅板；3—小犁板；4—司机室；5—汽缸；6—轨道

A　排土工序

排土犁排土的工序包括列车翻卸土岩、排土犁推排土岩、整修平台及边坡、移设线路。其中第一项和第二项在二次线路移设之间交替重复地进行。

B　排土方法

在新移设的线路上[见图3-5-6(a)]，因路基尚未压实稳固，为使排土台阶坡面上形成支撑土体，保证行车及翻土作业的安全，最初列车应减速慢行，采取机车推顶的方式进入排土线，自排土线起点向终点方向，在一个列车长度上逐列翻卸土岩。各列车的车厢翻卸顺序，则应由车尾开始逐渐向前端进行，如此沿排土线全长都翻卸一次土岩后，列车就可改由排土线终点向入口处后退式翻卸土岩，直至填满全线。刚开始，应在排土台阶坡面上多堆置坚硬岩石，以提高其稳定性，尤其是对于松软土岩更为重要。

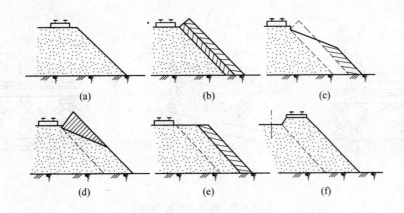

图 3-5-6　排土犁排土工序

　　当排土场沿排土线全长的初期容积已排满而形成石垄时 [见图 3-5-6(b)]，便开始用排土犁推土，将高出的石垄推掉，使排土台阶上部形成一个缓坡断面而产生新的受土容积 [见图 3-5-6(c)]。列车又可继续沿排土线全长翻卸土岩，直到排土线新的受土容积再被填满为止 [见图 3-5-6(d)]，这时再进行推土。应该注意的是，从各车辆翻下的岩堆不是连续的，一般都留有 0.5 ~ 1.0m 的间距，所以在列车翻土时要注意填补空隙。

　　按上述过程反复进行，直到线路外侧形成的平台宽度超过或等于排土犁翅板伸张的最大允许宽度，排土犁已不能进行排土作业时为止 [见图 3-5-6(e)]，此时需移设排土线路。为了保证新路基的平整和稳定，最后一列车翻卸时应保证全线翻卸均匀，土堆连续，同时要翻卸一些稳定性高、透水性好的岩石，作为新线路的路基。在最后一次卸土前的推土工作中，应将排土犁翅板位置稍加提起一些，以保证最后一次翻车能填满坡顶。排土线每移设一次，通常需推土 8 次左右，而每推一次土的行走次数在 2 ~ 6 次。

　　排土线移道前应进行平整工作，考虑到线路下沉和保证线路平直，需将排土犁翅板提起 30 ~ 50cm，使排土台阶的新坡顶线比旧坡顶线有一超高 [见图 3-5-6(f)]，其超高值一般为 100 ~ 200mm。

　　C　移设线路

　　铁路线路移设可采用移道机、吊车和叉式车移道。

　　a　移道机移道

　　移道机上装有齿条提升机构和发动机，车的下部挂有用以抓吊钢轨的卡子，在提升齿条的下端有一个在移道时起支撑作用的铁鞋，车身后架上有一小齿轮。移道机工作时，先将卡子抓住钢轨，开动发动机使小齿轮沿齿条向上移动，此时铁鞋支撑地表，移道机连同钢轨被小齿轮带动向上提起，待提至一定高度时，由于移道机和钢轨的重心向一侧偏移失去平衡，使靠其自重力向外侧下落，结果使钢轨和枕木横向移动一个距离（见图 3-5-7），一次移道步距一般为 0.7 ~ 0.8m，然后在新的位置上重复上述步骤直到全线都移动。每一个排土工序结束后，移道机需沿线路横移 10 ~ 15m，所以移道机要沿排土线全长往返多次进行移道，才能将线路横移到规定的位置上。

　　用移道机移设线路时不拆道，因此钢轨的弯曲损伤比较大，而且移设过程中要克服很大的阻力。为减轻上述缺点，可采用双机联合作业的方法，使两台移道机相距 10 ~ 15m，

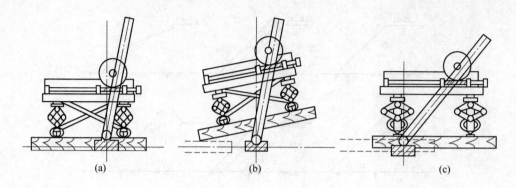

图 3-5-7　移道机工作原理

（a）开始位置；（b）抬起铁道；（c）终了位置

同时操作，这样能使移道时间大为缩短。

b　叉式车移道

叉式车移设程序简单，在采场、废石场各种移道步距条件下都可一次移成，步骤如下。

（1）推土机整平新路基；

（2）旧线轨道拆成单节，由叉式车移设至新线位置（见图 3-5-8）；

（3）接轨（对接式接头）、垫道、调整；

（4）同时移设旁架线。

为使移设工艺简单化，就应将旁架线电柱设在混凝土块上（见图 3-5-9），移道时可不与轨道一起拆卸，待新线铺道后，断开部分架线，用叉式车将旁架线电柱移至新位。

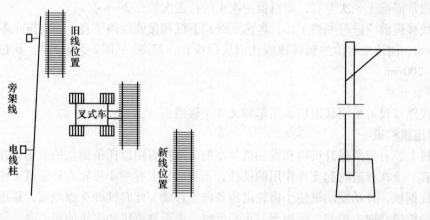

图 3-5-8　叉式车移道　　　　　　　图 3-5-9　旁架线电柱

D　评价

排土犁排土成本低，但排土宽度小（准轨 2.5～3.5m，窄轨 1.5～2.0m），移道频繁，用移道机移设线路效率低，钢轨易弯曲，排土线质量差，影响车辆运行进度和安全，卸土和排土不能在一条排土线上同时作业，作业效率低。排土台阶高度低，一般排土高度仅10～20m，在排弃坚硬块石时台阶高度也不超过 20～30m，排土线接受能力小，占用的排土线较多。

3.5.2.3 挖掘机排土

挖掘机排土适用于铁路运输的矿山,此时,排土段分成上下两个分台阶,上部分台阶的高度取决于挖掘机最大卸载高度,下部分台阶的高度根据岩土的粒度、软硬和稳定性而言,一般为10~30m。挖掘机站在下部分台阶的平盘上,车辆位于上部分台阶的线路上,将土翻入受土坑,由挖掘机挖掘并堆垒。在堆垒过程中,挖掘机沿排土工作线移动,其工作面布置如图3-5-10所示。

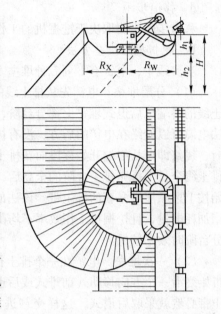

图 3-5-10　挖掘机排土工作面布置图

A　排土工序

挖掘机排土工序包括列车翻卸土岩、挖掘机堆垒、移设铁路。

B　排土方法

首先,列车进入排土线后,逐辆对位将土岩翻卸到受土坑内。列车翻卸土岩时有两种翻卸方式,一种是前进式翻卸,即自排土线入口处向终端进行翻卸。该翻卸方式由于从排土线入口开始,电铲也是前进式堆垒,故列车经过的排土线较短,线路维护工作量小,列车是在已经堆垒很宽的线路上运行,路基踏实,质量较好,可提高行车速度。对于松软土岩的排土场,在雨季适用此法。它的最大缺点是线路移设不能与电铲同时作业。另一种是后退式翻卸,即从排土线的终端开始向入口处方向翻卸,电铲也是后退式堆垒。

随着列车翻卸土岩,电铲从受土坑内取土,分上下两个台阶堆垒。向前及侧面堆垒下部分台阶的目的,是为给电铲本身修筑可靠的行走道路;向后方堆垒上部分台阶的目的,是为新设排土线路修筑路基。由于新堆弃的土岩未经压实沉降,密实性小,孔隙大,考虑到其沉降因素,需使上部分台阶的顶面标高比所规定的排土场顶面标高要高。

C　排土作业堆置参数

铁路运输-挖掘机排土作业的堆置参数包括受土坑尺寸、排土台阶高度、排土线长度及移动步距等。

a　受土坑尺寸

受土坑设在电铲与排土线之间,一般以能容纳 1.0~1.5 个列车的土量为宜,长度约为自翻车长度的 1.05~1.25 倍,坑底标高应比挖掘机行走平台低 1.0~1.5m,这主要为防止大块岩石滚落直接冲撞电铲。为保证排土线路基的稳固,受土坑靠路基一侧的坡面角应小于60°,其坡顶距线路枕木端头不少于 0.3m。

b　排土台阶高度

排土台阶高度取决于排土方式、受土坑容积、涨道高度和挖掘机的规格等。

c　排土线长度

排土线长度对排土线生产能力有重要影响。排土线短时,减少了列车的入换时间,但却增加了单位时间内线路的移设次数，并使线路两端的无效长度相对增加，使线路的有效排土长度减少。排土线过长时，则使排土线生产能力降低，为完成一定的排土量所需的排土线总长度增加。排土线长度取决于排土作业费用和挖掘机能否得到充分利用。挖掘机排土的排土线长度一般不小于 600m，但也不宜大于 1800m。

　　d　移道步距

移道步距主要取决于挖掘机的工作规格。

　　D　挖掘机的堆垒方法

在实践中，电铲有下列三种堆垒方法：

（1）分层堆垒。电铲先从排土线的起点开始，以前进式先堆完下部分台阶，然后从排土线的终端以后退式堆完上部分台阶，电铲一往一返完成一个移道步距的排土量。这种方法电缆可以始终在电铲的后方，没有被岩石压埋之虑，同时在以后退方式堆垒上部分台阶时，线路即可从终端开始逐段向新排土线位置移设，使移道和排土能平行作业，当电铲在排土线全长上排完排土台阶的全高后，新排土线也就跟着移设完毕，这时电铲再从起点开始按上述顺序堆垒新的排土带。该法的缺点是电铲堆垒 1 条排土带需要多走 1 倍的路程，增加耗电量，且挖掘机工作效率不均衡，一般在堆垒下部分台阶时效率较高，而堆垒上部分台阶时效率较低。

（2）一次堆垒。电铲在一个排土行程里，对上下分台阶同时堆垒，电铲相对一条排土带始终沿一个方向移动（前进式或后退式）。如果第一条排土带采取前进式，则第二条排土带必然就采取后退式，这样交替进行，使电铲的移动量最小。当电铲采取前进式堆垒时，线路的移设工作只有在电铲移动到终端排完一条排土带之后才能进行，这时电铲要停歇一段时间。当采取后退式堆垒时，排土和移道则可同时进行。这种堆垒方法电铲行程最短，但需要经常前后移动电缆。

（3）分区堆垒。把排土线分成几个区段，每个区段长通常为电铲电缆长度的 2 倍，即 50～150m。每个分区的堆垒方法按分层堆垒方式进行，一个分区堆垒完毕，再进行下一个分区的堆垒。分区堆垒是上述两种堆垒方式的结合，它具有前者的优点，特别是当排土线很长时，其效果最为明显。

　　E　道头堆置（排土线尽端）

由于列车翻卸时要对准受土坑，因此在道头处仅能翻卸 1～2 辆车，严重影响挖掘机作业，生产上一般采用两种方式来处理道头堆置。

（1）分线调车法。即在卸车平台增铺一条岔线，当列车头部卸完 1～2 辆车后，将空车牵出送入岔线拆下，再将重车送入卸车线，反复倒调，如图 3-5-11 所示。

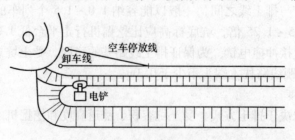

图 3-5-11　道头堆置分线调车法

（2）用排土犁堆排道头。但道头不能用挖掘机堆排时，矿山一般采用排土犁堆排。

以上两种方法都影响废石线正常收容能力，为此，在堆道头时应考虑备用废石线来平衡或采用环形扩展方式。

F　评价

铁路运输挖掘机排土的排土带宽度接近挖掘机的卸载半径与挖掘半径之和，因此移道步距大，线路移设工作量少，排土台阶高度高，线路质量好，作业安全，排土线生产能力高，雨季生产有保证；但排土工艺要求排土场有更高的稳定性，因此，排土台阶不能过高，否则容易引起线路变形，影响排土场的安全生产，另外设备费用高。

3.5.2.4　前装机排土

铁路运输-前装机排土的工作面布置如图 3-5-12 所示。在排土段高上设立转排平台。车辆在台阶上部向平台翻卸土岩，前装机在平台上向外进行转排。

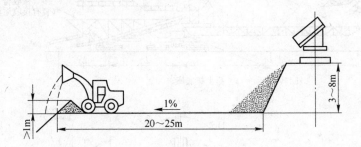

图 3-5-12　铁路运输-前装机排土作业示意图

A　排土工序

前装机排土工序包括列车翻卸土岩、前装机转排。

B　排土作业堆置参数

前装机的排土作业堆置参数包括作业线长度、上部转排平台高度和工作平台宽度。

（1）作业线长度。每台前装机控制的作业线长度与斗容有关。作业线长度至少要保证储备一昼夜转排量，并且不短于一列车的有效长度，同时还要使列车翻卸与前装机转排工作互不影响，通常为 150m 左右。一条较长的作业线可由几台前装机同时转排。

（2）上部转排平台高度。上部转排平台高度一般不宜超过前装机铲斗挖取的最大举升高度，当岩土块度较小，无特大块度时，也可稍高于铲斗升举高度；但转排高度也不宜过低，否则既影响前装机的作业效率，又不能保证转排储量。生产中，斗容为 $5m^3$ 的前装机，上部转排平台高度约为 4 ~ 8m。

（3）工作平台宽度。前装机的工作平台宽度不能过宽，否则会影响其工作效率；但太窄时前装机转向困难。为了排泄雨水，平台应向外侧有一定排水坡度，并每隔一段距离在车挡上留有缺口。平台边缘留一高度大于 1m 的临时车挡，临时车挡随排、随填、随设，以保证前装机卸土时的安全。

C　评价

前装机排土机动灵活，排土带宽度大，可使铁路线路长期固定不动，路基比较稳固，因而适应高排土场作业的要求，效率高，安全可靠。海南铁矿用 5m³ 的前装机转排时，排土台阶高度达到 150m。

3.5.2.5　胶带排土机排土

当露天矿采用胶带运输机运输时，为充分发挥胶带运输机的效率，需配合以连续作业的高效率的胶带排土机排土。

由采场运输机运来的剥离物，经转载机进入排土场内的接收运输机，输送到卸载运输机后进行排弃。图 3-5-13 是 A₂Rₛ 型胶带排土机的主要组成部分。胶带排土机最重要的部件是卸载臂。它的长度决定了排岩分区的宽度、高度以及胶带运输机的移动周期。

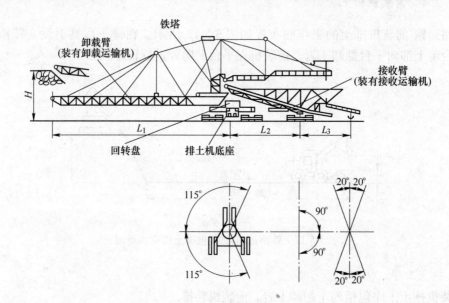

图 3-5-13　胶带排土机结构示意图

A　胶带排土机应用条件

a　气候条件

胶带排土机最佳工作气候条件为气温在 -25°～35° 之间和风速在 20m/s 以下。气温过低岩粉易在排土机的胶带上冻结积存，造成过负荷而停止运输；气温过高机器易产生过热而引起事故；风速过大排土机的机器容易摆动，运转时威胁工作人员和设备的安全。

b　排土机要求的行走坡度和工作坡度

一般排土机行走时坡度不应超过 1：20，少数可达（1：10）～（1：14）。排土机工作坡度为（1：20）～（1：33）。

c　排土机工作时对地面纵、横坡的要求

排土机工作时对纵、横坡的要求一般不大于下列数值：纵向倾斜 1：20，横向倾斜 1：33；或纵向倾斜 1：33，横向倾斜 1：20。

此外，排土机对地面的压力应小于排土机的地基承受力。

B　胶带排土机的主要作业参数

胶带排土机的主要作业参数包括排土机接收臂和卸载臂长度、排土机最大排岩高度和排土机履带对地面的压力。

　　a　排土机接收臂和卸载臂长度

排土机接收臂和卸载臂长度决定着排岩工作面排弃宽度和上部排岩分台阶高度，并对排土机生产效率有直接影响。若卸载臂短，则排弃宽度小、上部分台阶低，排土机移动次数增加，造成排岩效率降低。因此，合理地选择排土机参数具有重要意义。

　　b　排土机最大排岩高度

排土机最大排岩高度是上排的最大卸载高度（即站立水平以上的排岩高度）与下排高度（及站立水平以下的排岩高度）之和。排土机上排高度由卸载臂的长度和倾角所决定，一般上排时角度为 $7° \sim 18°$。排土机下排高度与排弃岩土的性质有关，主要应保证排土台阶的稳定和排土机的作业安全。

　　c　排土机履带对地面的压力

排土机履带对地面的压力应小于排土场的地耐压力，只有这样才能保证排土机在松散岩土上正常作业与行走，特别在多雨地区和可塑性岩土的排土场尤为重要。

气候条件对地面耐压力有很大影响。雨季或多雨地区岩土含水量大，强度低，地面耐压力减小。因此，在一个位置上停止作业的时间太长易下沉。要求行走电动机的功率能克服地面下沉后的行走阻力，保留排土机在一处停留 $30 \sim 40d$ 而不影响其移动。

　　C　排土机的工作面布置

排土机的排土台阶一般由上排和下排两个分台阶组成。排土机和与之相配合的胶带运输机都设立在两个分台阶之间的平盘上。胶带运输机至上部分台阶坡底线距离参考值见表 3-5-1。

表 3-5-1　胶带运输机至上部分台阶坡底线距离参考值

距离/m	29.6	28.8	27.9	27	26.1	25	24.2	22.9	21.6	20.2	18.8
上部分台阶坡面角/(°)	35	34	33	32	31	30	29	28	27	26	25

排土机的工作面规格应根据排土机的类型、参数以及排弃岩土的性质确定。图 3-5-14 和图 3-5-15 分别为排土机单纯上排和单纯下排时的排土工作面。

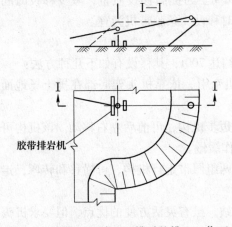

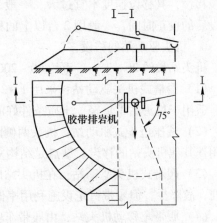

图 3-5-14　排土机单纯上排时的排土工作面　　　　图 3-5-15　排土机单纯下排时的排土工作面

胶带排土机和胶带运输机移设至排土场的指定位置后，即可使排土机向上部或下部分台阶堆垒岩土。胶带排土机的小时生产能力的计算一般采用胶带运输和输送能力的计算方法。

D　胶带运输机的移设

胶带运输机的移设包括排土工作面的胶带机移设（其中包括机头、机尾驱动站和机架的移设）和端帮运输机的接长和缩短。

在移设前要做好准备工作，如平整新路基，雨季要防止垫枕下陷，必要时可用砂砾或碎石铺垫；更换松动的轨枕，对下陷或埋住的垫枕要撬出；放松胶带，开始移设，移设过程如图 3-5-16 所示。

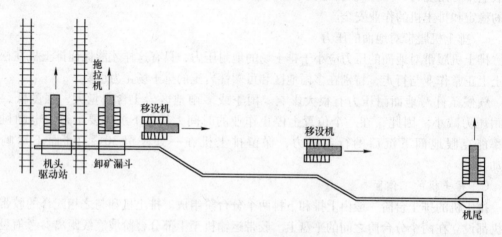

图 3-5-16　移动式胶带机移设

a　胶带机架的移设

机架为型钢焊接结构，托承机架的垫枕上铺有移设用的钢轨。移设机（由履带式推土机改制）上卡轨器的两对滚轮夹在机架的轨头上，由侧臂吊起卡轨器，离地约 20cm，靠移设机的侧拉力移动机架，移设机沿胶带机往返走行，逐步将机架移设到新位置。

移设的步距为 0.5～1.5m，一般不超过 1m，在机架移设的同时，要结合机头、机尾同步移设，其移设速度不宜过大，一般为 2～8km/h。为提高移设质量，减少移设时间和移设后的校正时间，一般用 2 台以上的移设机同时移设一条胶带机为宜。

b　机头驱动站的移设

机头站长约 26～35m，重约 60～200t，个别约达 700t，其移设有如下几种方法：

（1）滑橇式机头驱动站：采用 1～2 台拖拉机牵引，依靠机头架底部在排土场地面滑动。适用于机头站重量轻、土质条件好的排土场。

（2）液压迈步式驱动站：机头两侧附设液压迈步机构，可前后左右移动。该机构可拆下用作其他机头站的移设。缺点是结构复杂、动作缓慢。

（3）履带式机头驱动站：在机头站底架安装两组履带走行机构，可横移和转弯，走行方便，故障少，但履带行走设施利用率低。

（4）履带车移动机头站：由履带车驮移机头站，虽有灵活方便的优点，但要求机头架有足够的刚度，履带车对地耐力要求较高。

c　机尾站的移设

因机尾站重量在 20～60t 之间，移设时可用 1～2 台拖拉机牵引。

E　胶带排土机排土工作评价

胶带排土机排土工作的优点：兼有运输和排土两种功能，排土场接受能力大，生产效率高，成本低，电能消耗少，工人的劳动强度小，容易实现连续化与自动化开采，适应矿山现代化的要求。国内外开采坚硬矿岩的露天矿山正在向连续开采工艺方向发展，胶带排土是一种有发展前途的排土方法。

其缺点是胶带抗磨性差。目前国内外均加大力度研制抗磨性强的胶带。

3.5.2.6　人工自溜排土

人工自溜排土是在排土场内采用自溜运输的方式，人工配合进行排土。如图 3-5-17 所示，矿车利用一定坡度，自溜至排土工作线，由人工或自动翻车装置将土岩翻于一侧，然后空车又以一定坡度溜离排土场。排土场的平整及移道工作则由人工进行。

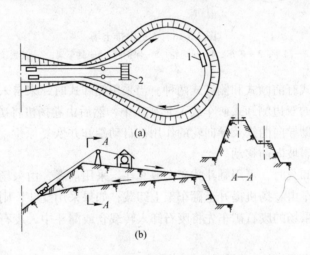

图 3-5-17　自溜排土线路的布置

1—翻车器；2—卷扬机

自溜排土线路的布置形式有环形式[见图 3-5-17(a)]和折返式[见图 3-5-17(b)]两种。环形式的优点是空、重车滑行方向相同，不需调头错车；道岔少，运行安全；便于采用自动翻车复位装置，实现运输排卸自动化。缺点是随排土场的发展，自溜线路要经常移设调整；占地面积比较大；当线路中间发生故障时，全线受影响。折返式的自溜线路占地少，但进入排土地点后需要人力推车和翻车。

当采矿场与排土场间的高差较大，且排土场居于高处时，往往需用绞车把岩石重车提升至排土场和把空车下放回采矿场，而在排土场内空、重车道的高度差，则由设在空车线上的爬车器来补偿。

自溜排土一般只设置一个排土阶段。由于矿车较小，因此堆置高度较高。这种排土方法需用设备少，排土成本低；但排土能力不大，且要有足够的排土场地，只能用于窄轨运输的小型露天矿，只要条件适宜，它是小型露天矿实现排土自动化的有效途径。

3.5.2.7 人造山排土

人造山排土是用卷扬机将土岩重车沿斜坡道提升到一定高度，在翻车架上进行翻卸，翻卸的土岩逐步向上堆置而成山峰状，故称为人造山，其布置形式如图 3-5-18 所示。

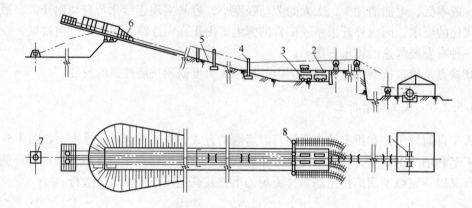

图 3-5-18 人造山排土场

1—卷扬机；2—漏斗；3—矿车；4—压绳轮；5—保护网；6—翻车架；7—拉紧绞车；8—转盘

土岩的排卸形式有前倾式和侧卸式两种。当采用侧卸式时，来自采场的重车需经漏斗将土岩转载至特制的双边侧卸式矿车或 V 形矿车中，然后由卷扬机将矿车沿钢轨提升到自动翻车架，矿车借助导向曲铁及导向轮的作用，自动翻卸并恢复原位。翻车架可随土岩堆积高度的增高而沿斜坡向前移动。

当采用前倾式卸载时，可用翻斗式矿车或箕斗。采用前者，由采场驶来的矿车不需倒装转载，而直接挂车由卷扬机提升至翻车架上卸载；如果采用箕斗，则中间必须设转载仓或转载漏斗，来自采场的废石矿车先将废石卸入转载仓或漏斗中，废石经转载设施进入箕斗再提升翻卸。

人造山排土的主要设施包括斜坡道、卷扬机、提升容器、装卸设备和安全装置等。

斜坡道有单车道和双车道两种。其倾角一般在 30° 以下。当采用矿车提升时，根据矿山使用经验，以 18° ～22° 为宜，当采用箕斗提升时，为 20° ～30°，卸载架倾斜角为 8° ～10°。

无论采用何种提升容器，在卸载处均需设置卸载架（翻车架），使容器进入卸载架后能自动卸载。卸载架位于人造山的最高点，为避免雷击，要安设避雷器。同时为使卸载架和导向轮牢固，人造山的前方地面上要设拉紧绞车，斜坡道上也要设置安全道岔及防跑车装置。

3.5.3 排土场的建设

3.5.3.1 排土场的初期建设

排土场建造是露天矿建设时期的主要工程之一，同时，随着露天矿生产的发展，也需要改造或新建排土场。排土场的建设与其所用的排土方法有密切的联系。对大多数排土方法来说，排土场的建设主要是修筑初始路堤，以便建立排土线进行排土。排土场初始路堤的修筑，根据地形条件的不同，分为山坡和平地两种修筑方法。

A　山坡排土场初始路堤的修筑

在山坡地形上修筑初始路堤的方法比较简单，只要沿山坡修成半挖半填的半路堤形式即可。当路基宽度小于 8m 时可用推土机推平，路基宽度 8 ~ 12m 时，则用电铲或柴油铲挖掘修筑，经推土机平整后即可铺上排土线路，如图 3-5-19 所示。

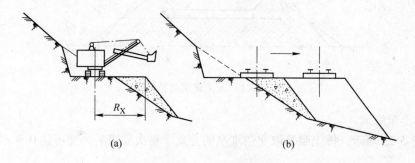

图 3-5-19　在山坡上修筑路堤示意图
(a) 电铲修筑；(b) 铺设排土线

由于地形条件的限制，常遇到排土线需横跨深谷的情况，为避免一次修筑高路堤或修建桥梁而花费大量投资，可采取先开辟局部排土段，加宽排土带宽度，用废石逐渐填平深谷后，再贯通排土线的方法，如图 3-5-20 所示。鉴于深谷和冲沟通常是汇水的通路，在雨季里，排土场滑坡的地段往往是在冲沟的地方，为此，在用上述方法填平深沟时，应排弃透水性较好的岩石，以保证排土场的稳定。

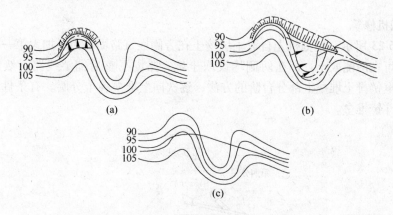

图 3-5-20　初始排土线横跨深谷时的贯通方法
(a) 初始路基及部分移动线；(b) 移动线延伸及扩展；(c) 形成全部初始路基

B　平地排土场初始路堤的修筑

在平地上修筑初始路堤比在山坡上复杂，这时需要分层堆垒和逐渐涨道。根据具体情况，可采用不同方法。

a　人工修筑

如图 3-5-21 所示，这种方法是先在地面修筑路基，铺上线路，然后向两侧翻土。翻土后用人力配合起道机将线路抬起，向枕木下及道床上填土，并作捣固使线路结实。接着又按上述方式重复进行，以达所需的高度。每次起道可提高 0.2 ~ 0.4m。对于排土量小的小型矿山，限于设备条件可用此法。

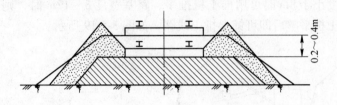

图 3-5-21　人工修筑初始路堤

b　排土犁修筑

如图 3-5-22 所示，排土犁采取交错堆垒的方式。每次涨道的高度可达 0.4 ~ 0.5m。

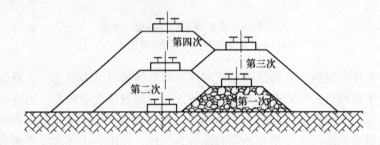

图 3-5-22　排土犁修筑初始路堤

c　挖掘机修筑

如图 3-5-23 所示，挖掘机先自取土坑挖土在旁侧堆筑路堤，为了加大第一次堆垒的高度，电铲也可在两侧取土，即在两侧均设取土坑。路堤平整后铺上线路，然后由列车翻土，再按照电铲排土堆垒上部分台阶的方法，逐次向上堆垒各个分层。有条件时可采用长臂电铲或索斗铲堆垒。

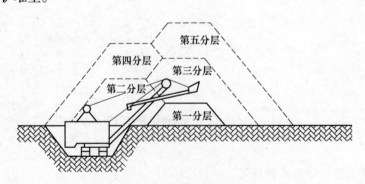

图 3-5-23　挖掘机修筑初始路堤

d　推土机修筑

用推土机堆垒的方法如图 3-5-24 所示。一般是用两台推土机从两侧将土推向路堤，使之逐渐增高。这种方法适用于修筑高度在 5m 以下的路堤。

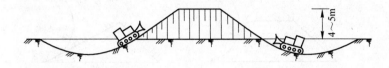

图 3-5-24　推土机修筑初始路堤

e　胶带排土机修筑

在平地或较缓的山坡上设置外部排土场，其初始排土台阶也可用胶带排土机堆筑，如图 3-5-25 所示。首先形成第 1 台阶，后形成第 2 台阶，然后把排土机移到第 1 台阶和第 2 台阶的上部进行排弃，直至排土台阶达到要求的高度时，初始排土台阶便形成。

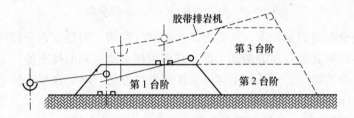

图 3-5-25　胶带排土机修筑初始路堤

3.5.3.2　排土线的扩展

排土场的建设除了首先修筑初始路堤以建立排土台阶外，还要进行排土线的扩展，而对于铁路运输还须在排土平盘上配置铁路线路。排土线的扩展方式跟运输方式相关，由于汽车运输的排土方式简单，可以向两侧或四周扩展，所以这里不予介绍。

A　铁路运输排土线的扩展

根据铁路运输平盘上配置的线路数目，可分为单线排土场和多线排土场，其排土线的扩展方式分别介绍如下。

a　单线排土场的扩展方式

单线排土场即同一排土台阶上只设置一条排土线，随着排土工作进展，排土线的扩展方式有平行、扇形、曲线和环形四种，如图 3-5-26 所示。

（1）平行扩展：如图 3-5-26(a) 所示，随着排土线的扩展，沿初始排土线的平行方向向外发展，因考虑安全问题，列车不能在线路尽头翻车，要留有一定的安全距离，因此排土线路不断缩短，排土场得不到充分利用。但移道步距是固定的，移道工作简单。

（2）扇形扩展：如图 3-5-26(b) 所示，移道步距是变化的，从排土线的入口处到终端移道步距数值逐渐增大，它以道岔转换曲线为移道中心点呈扇形扩展，其排土线终端仍然存在缩短问题。

（3）曲线扩展：如图 3-5-26(c) 所示，可以避免排土线缩短的缺点，排土线每移设一次都要接轨加长，它广泛地应用在排土型排土和电铲排土场内。

（4）环形扩展：如图 3-5-26(d) 所示，排土线向四周移动。排土线的长度增加较快，

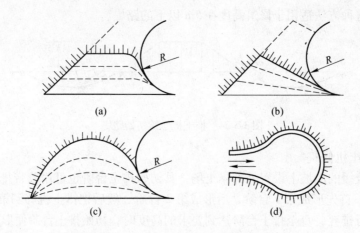

图 3-5-26　铁路运输单线排土扩展示意图

在保证列车间安全距离的条件下，可实现多列车同时翻卸。但是，当一段线路或某一列车发生故障时，会影响其他列车的翻卸工作。它多用在平地建立的排土场。

为避免排土线的缩短，可采用下述尽头区的堆垒方法：电铲在尽头区先堆好下部分台阶，如图 3-5-27(a) 所示，然后堆垒上部分台阶，如见图 3-5-27(b) 所示，当上部分台阶堆满后，电铲履带调转 90°，开始扩展新的工作平盘，如图 3-5-27(c) 所示。在电铲进入新的工作平盘后，将通道填满，使之与上部分台阶保持同一水平，并将铁路移设至新的位置，如图 3-5-27(d) 所示。此外，还可以采用推土机辅助的方法，避免排土线缩短。

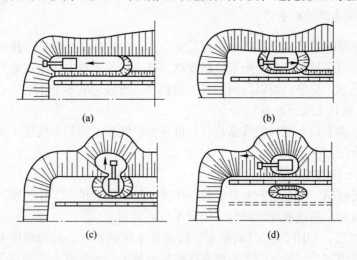

图 3-5-27　挖掘机排土线尽头区的堆垒方法

b　多线排土场的扩展方式

多线排岩是指在一个排岩台阶上，布置若干条排土线同时排岩，如图 3-5-28 所示。它们之间在空间上和时间上保持一定的发展关系，其突出的优点是收容能力大。

建立在山坡上的多线排土场，通常都采用单侧扩展，如图 3-5-28(a) 所示。建立在缓坡或平地上的多线排土场，多采用环形扩展，如图 3-5-28(b) 所示。

当用挖掘机排土时，各排土线可采用并列的配线方式，如图 3-5-29 所示。其特点是：

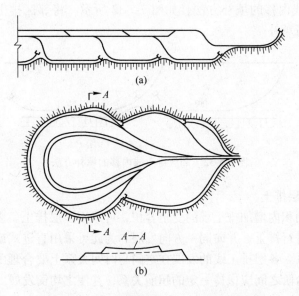

图 3-5-28 铁路运输多线排土场扩展示意图

各排土线保持一定距离，以避免相互干扰和提高排土效率。

c 多线排土场的"豁口"

多线排土平台在相邻排土线间常产生未被土岩填满的缺口部分，俗称"豁口"。豁口的存在将影响排土线的扩展，所以必须进行填补，其填补方法有如下三种。

（1）暂时截断相邻排土线的填补方法，如图 3-5-30 所示。这种排土方法要影响相邻排土线的作业，因此只有在排土线较多的情况下才使用。

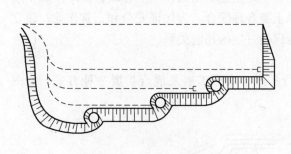

图 3-5-29 挖掘机并列排土

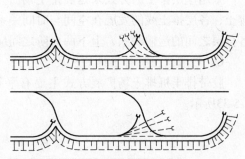

图 3-5-30 暂时截断相邻排土线的填补方法

（2）利用相邻排土线超前土堤的填补方法，如图 3-5-31 所示。当不宜采用截断相邻排土线的方法填补豁口时，可利用此法。邻区先排土，留下的豁口由另一条排土线填补。

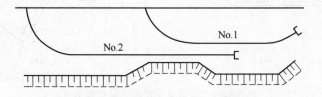

图 3-5-31 利用相邻排土线超前土堤的填补方法

（3）邻区排土线内移的填补方法，如图 3-5-32 所示。将邻区排土线内移，使另一条排土线伸过豁口进行填补。

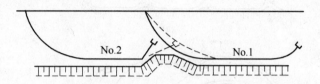

图 3-5-32　邻区排土线内移的填补方法

d　铁路运输多层排土

为了在有限的面积内增加排土场的受土容积，可采用多层排土。多层排土就是在几个不同的水平上同时进行排土，并向同一方向发展。为此可采用直进式或折返式线路建立各分层之间的运输联系。各层排土线的发展在空间与时间关系上要合理配合。为保证安全和正常作业，上下两台阶之间应保持一定的超前关系，并使之均衡发展。

B　汽车运输排土线的扩展

a　排土场位于山谷内时

排土线从最高处开始扩展，初始排土平台比较狭窄，要加强汽车的调度，缩短入换即等待卸车的时间。随着排土场的扩展，排土平台增大，再加上汽车运输的灵活性，调度简单。排土线的扩展方式采用直线或弧形延展。减少推土机的移动距离，增加排卸后土岩的沉降时间，保证人员和设备的安全。

b　排土场位于平地时

采用垒层排土的方式来延展排土场。先在平地上建立初始排土工作线，逐渐形成多层排土，各层排土线的发展在空间与时间关系上要合理配合。为保证安全和正常作业，建立各分层之间的运输联系，上下两台阶之间应保持一定的超前关系。

C　胶带排土机排土线的扩展

胶带排土机排土场扩展方式主要有平行扩展、扇形扩展及混合扩展三种方式，如图 3-5-33 所示。

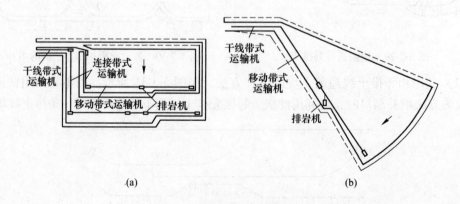

图 3-5-33　胶带排土机排土场扩展方式
（a）平行扩展；（b）扇形扩展

　　a　平行扩展

　　如图 3-5-33(a)所示，平行扩展的特点是随排土场工作面的推进，移动式带式输送机向前平移，其移设步距等于一个排土带宽度，并相应接长端部的连接带式输送机，排土场以矩形向外发展。平行扩展方式的运距随排土工作面的推进而增加，对多层排土，可减少上下两个排土台阶的相互影响。

　　b　扇形扩展

　　如图 3-5-33(b)所示，扇形扩展方式的干线带式输送机直接与排土线上的移动带式输送机连接，每一条排土线有一个回转中心，排土线以回转中心为轴呈扇形扩展。它的布置和移设工作都比较简单，且运距相对稳定，但排土线上的排土宽度不等，其平均排土带宽度只相当于平行扩展时的一半。在多层排土时其上下排土台阶间的时空发展关系复杂，相互制约十分严格。

　　c　混合扩展

　　由于受排土场范围、地形条件和形状的影响，单一的扩展方式有时难以适应或效果不佳，故应因地制宜采用平行和扇形的混合扩展方式，以发展平行和扇形扩展的各自优点与适应性，提高排土效率。

3.5.3.3　排土场安全与防护

　　A　排土场稳定性与防护

　　排土场边坡稳定性主要取决于排土场地形坡度、排弃高度、基底岩层构造及其承压能力、岩土性质和堆排顺序。常见的边坡失稳现象是滑坡和泥石流。

　　a　排土场滑坡与防护措施

　　排土场的自然沉降压实属于正常现象，其沉降率较小。但如果基岩是软弱岩层，承压能力较低，排土场发生大幅度沉降并随其地形坡度而滑动，说明排土场将要发生滑坡。常见的边坡滑坡现象有剥离物内部滑坡、基底表面滑坡、基底软弱层滑坡，如图 3-5-34 所示。

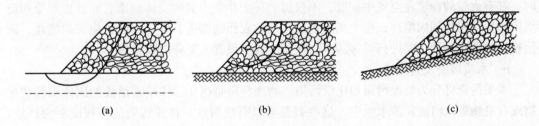

　　　　　　(a)　　　　　　　　　　　(b)　　　　　　　　　　　(c)

图 3-5-34　排土场滑坡类型
(a) 基底软弱层的滑动；(b) 排土场内部的滑坡；(c) 沿基底面的滑坡

　　提高排土场基底的稳定性是预防滑坡的条件。为此首先应根据基底的岩层构造、水文地质和工程地质条件等进行稳定性分析，控制排弃高度不超过基底的极限承压能力。对上述滑坡类型可采用的主要防护措施是：

　　(1) 对倾斜基底，要先清除表土及软岩层，将不易风化的岩石堆放在底部，然后开挖成阶梯，避免在基底表面形成软弱面，以增强基底表面的抗滑力。

　　(2) 对含水的潮湿基底，应将不易风化的剥离物堆排在基底之上，将不风化的大块硬岩排弃在边坡外侧，并设置排水工程将地下水引出排土场。

（3）对倾斜度较大且光滑的岩石基底，可采用交叉式布点爆破，增加其表面粗糙度，调整排弃顺序，建立稳定的基底。

（4）设置可靠的排水设施，筑堤或疏导，拦截或疏引外部地表水不使其进入排土场，避免废石场被地表水浸泡、冲刷，防止在基底表面形成大量潜流，产生较大的动水压力冲刷基底。

b 排土场泥石流的防护措施

排土场泥石流多与滑坡相伴而生。有降雨和地面沟谷水流时，排土场坡面受到冲刷，使滑坡迅速转化为泥石流而蔓延。所以从排土场的选址开始，就应避免泥石流产生的隐患。泥石流的发生需具备三个基本条件，即：

（1）泥石流区含有丰富的松散岩土来源。

（2）山坡地形陡峭并有较大的沟谷纵坡。

（3）泥石流区中上游有较大的汇水面积和充沛的水源。

排土场泥石流发生的地点、规模、滑延方向和危害区域是可以事先预见的，因此可以预先采取防护措施，减小甚至消除泥石流发生后所造成的危害。可采取的预防措施主要有：

（1）在排土场坡底修筑拦挡构筑物，防止泥土滑坡与山沟洪水汇合。

（2）在排岩下游的山沟内或沟口设拦淤坝，拦截并蓄存泥石流。

（3）当排土场下游地势不具备修筑拦淤坝条件时，可在其下游较开阔的场地修建停淤场，通过导流设施使泥石流流向预定地点淤积。

B 排土场的污染和防治

因排土场堆置岩土和进行的排土工作而引起的大气污染、水质污染等，对环境都是有害的，因此必须采取防治措施，保护环境。

a 大气污染及其防治

大气污染是指由于排土场排弃对象是松散岩土，无论哪种排土工艺，在卸土和转排时，都有大量的粉尘在空气中扩散，不仅影响排土作业人员的身体健康，而且也严重污染周围环境。粉尘随风飘荡，排土场附近的居民和农作物深受其害。因此，应采取措施，防治粉尘扩散，如卸土时进行喷雾洒水，在排土线上设置人工降雨装置等。

b 水质污染及其防治

水质污染可分为物理污染和化学污染。物理污染是指化学性质不活泼的固体颗粒状矿物或有机物进入河流和蓄水池中，这些颗粒若具有放射性，将使污染危害程度更为严重。化学污染是指排弃物化学性质较活泼，与大气或水等发生化学反应并产生不良影响。

为使采矿对水质的影响减轻到最低限度，必须切断外流污染渠道，采取妥善的处理措施，采取的防治方法有：

（1）中和法。用石灰来中和酸性水。

（2）蒸馏法。将酸性水加热到沸点，使生成饮用水和浓缩盐水。

（3）逆渗透法。酸性水通过一个半薄膜渗滤，过滤出和浓缩成离子盐类。

（4）离子交换法。采用特殊的树脂，选择性地交换矿水中的盐类和酸类离子，产生无污染水。

（5）冻结法。当酸性水冻结后，形成纯结晶，然后在水中离析有害成分。

（6）电渗析法。从电极溶液中将某种物质去除（电置换）的方法。

3.5.3.4 排土场的关闭与复垦

A 排土场关闭

矿山企业在排土场使用结束时，必须整理排土场资料，编制排土场关闭报告。关闭后的排土场安全管理工作由原企业负责，破产企业关闭后的排土场由当地政府落实负责管理的单位或企业。关闭后的排土场重新启用或改做其他用途时，必须经过可行性设计论证，并报安全生产监督管理部门审查批准。

B 排土场复垦

露天矿排土场的占地面积比较大，会导致大量土地资源、植被以至生态环境被破坏，产生不良后果。恢复和再利用被排土场破坏的土地，是露天开采必须同步或滞后进行的工作，应统一规划进行。从环境保护的观点来看，土地复垦是矿山开采工作的组成部分，是开采工作的继续。

矿山土地植被恢复要因地制宜，根据地区气候、植物生长环境、经济地理条件、岩土的化学成分、含酸程度等因素，土地植被恢复后的使用方式有：将土地恢复供农业使用；恢复种植牧草和植被绿化，用于牧业生产，恢复生态平衡；将露天采矿场改造成水库、人工湖、养鱼池或尾矿池，开辟风景旅游区，以及恢复土地供建筑厂房使用等。

3.5.4 注意事项及操作规程

3.5.4.1 排土场排土注意事项

（1）排土车辆进入排土场排弃岩土时要有专人指挥。

（2）移道机移道时，工作人员一定要站在移道机上，严禁站立在地面上。

（3）铁路运输自翻车向受土坑翻卸时，要注意路基的稳定，时刻观察路基的沉降。

（4）电铲排土时，电铲司机要遵守电铲的操作规程。

3.5.4.2 排土工作操作规程

A 推土机工作操作规程

（1）上机前，应将设备各部件检查一遍，确认安全，方可上机。

（2）行驶时，操作人员和其他人员不准上下，不准在驾驶室外坐人，不准与地面人员传递物件。

（3）行驶作业时，驾驶员要经常观察四周有无障碍和人员。刮板不能超出平台边缘。推土机距离平台边缘小于 5m 时必须低速行驶。禁止推土机后退开到平台边缘。

（4）夜间作业时，前后灯必须齐全。

（5）牵引机械和设备时，必须用牵引杆连接，并有专人指挥。

（6）驾驶员离开操作位置、保养、检修、加油时，应摘挡、熄火、铲刀落地。

（7）起步前要检查现场，给发车信号。

（8）当必须在斜坡上停车时，必须使用制动锁，防止车辆自动下滑。

（9）冬季禁止用明火烤车。

（10）冬季禁止在斜坡上行驶。

（11）如在坡上停车时，要放下铲刀，熄火，踩下制动踏板，并掩车履带。

（12）行驶时最大允许坡度，上下坡不得超过 30°，横坡不得超过 25°。在陡坡上纵向行驶时，不准拐死弯。

（13）作业时最大允许坡度，上坡不得超过 25°，下坡为 30°，横坡为 6°。

B　推土机工作注意事项

（1）工作前做好各项准备工作，佩戴好劳动防护用品。

（2）发动机启动时，不可将摇把迅速地整周转动。

（3）启动机转动时，夏季不得超过 10min，冬季不得超过 15min。

（4）主发动机低速空转 5min 后，再以高速空转 5min，待主发动机工作平稳后，方能持续带负荷工作。

（5）行走前必须将铲刀提到最高位置，并前后左右瞭望，若在 5m 内没有人或障碍物方可行走。

（6）行驶时不准将离合器处于半结合状态（转弯或过障碍物时例外）。

（7）推土机作业时，推土机不得超过平台边缘，如果平台边缘出现裂缝应采取安全措施。推土机距离平台边缘小于 5m 时，必须低速运行。禁止推土机后退开向边缘。

（8）推土机作业时，铲刀上禁止站人，排除障碍时要将铲刀放在地面上，禁止铲刀悬空，探身向上观察。

（9）推土机司机离开作业点时，要将发动机熄火。

（10）推土机牵引车辆和其他设备时，被牵引车辆必须有制动措施，并有人操纵；推土机行走速度不得超过 5km/h；下坡时禁止用绳牵引。

（11）推土机工作必须指定专人指挥。

（12）推土机发动以后，严禁任何人在机体下面工作。发动机未熄火、推土板未放下，司机不得远离驾驶室。行走时，禁止人员站在推土机上或机架上。

（13）对推土机进行修理、加油和调整时，应将其停在平整地面上。从下部检查推土板时，应将其放稳在垫板上，并关闭发动机。禁止人员在提起的推土板上停留或检查。

（14）过桥时，要注意桥梁负重能力，无标志桥梁不能通过，过桥时要用一挡行驶。

（15）拉变压器和移动电柱时，要有人指挥，防止空中高压线被刮断伤人。

C　前装机（铲运机）操作规程

（1）工作前必须对机器全面检查保养，起步前必须让柴油机水温达到 55℃，气压表达到 4.4MPa 后方可起步行驶，不准出带病车。

（2）起步与操作前应发出信号，必须由操作人员呼唤应答、鸣喇叭，通知有妨碍的人和车辆走开，对周围做好瞭望，确认无误方可进行。

（3）行驶时，避免高速急转弯。

（4）驾驶室内不准乘坐驾驶员以外人员，驾驶室以外的任何部位都不准乘人，更不准坐在铲斗内。

（5）严禁下坡时熄火滑行。

（6）随时注意各种仪表、照明等应急机械的工作状态。

（7）装料时要求铲斗内物料均匀，避免铲斗内物料偏重，操作中进铲不得过深，提斗不能过急，一次挖掘高度在 4m 以内。

（8）工作时严禁人员站在升降臂及铲斗下。

（9）工作场地必须平整，不得在斜坡工作，防止在转运料与卸料时发生倾翻。

（10）作业时发动机水温不得超过 80℃，变矩器油温不超 120℃，重载作业超温时，应停车冷却。

（11）全载行驶转运物料时，铲斗底面与地面距离应高于 0.5m，必须低速行驶。

（12）不准装满物料后倒退下坡，空载下坡时也必须缓慢行驶。

（13）向汽车卸土，应待车停稳后进行，禁止铲斗从车辆驾驶室上方越过。

（14）行驶时，臂杆与履带车体平行，铲斗及斗柄油缸安全伸出，铲斗斗柄和动臂靠紧，上下坡时，坡度不应超过 20°。

（15）停机时，必须将铲斗平放地面，关闭电源总开关；水箱水放净。

　D　前装机（铲运机）工作注意事项

（1）作业前认真检查机车的机械润滑、液压是否正常，检查作业场所周边环境，对要进行铲装物品、材料的前进后退等要进行确认。

（2）车辆检查维护时，必须使车辆各部位都处于静止状态，注意刹车、液压的日常维护保养。

（3）停车时铲斗必须落地，非司机不准操纵。行车时铲斗车外踏板不准站人。

（4）铲装时思想要集中，注意与被装车辆或场地的距离，铲斗起落要平稳。

（5）行车时遵守交通规则，注意瞭望，保持中速行驶。

思考与练习

1. 什么是排土场？什么是排土工作？排土工作包括哪些内容？

2. 影响排土工作效率的因素有哪些？

3. 露天矿有哪些排土机械？

4. 排土场的堆置要素包括哪些？

5. 按排土场和露天采场的相对位置关系，可将排土场分为几类？简述各类排土场的选择条件。

6. 外部排土场位置的选择应注意哪些问题？

7. 山坡排土场与平地排土场的初始排土线修筑有什么不同？

8. 影响排土场台阶高度的因素有哪些？

9. 挖掘机排土时的排土线长度对排土生产能力有什么影响？

10. 简述推土机排土的作业工序及其优缺点。

11. 简述挖掘机排土的作业工序有哪些。

12. 挖掘机排土时，挖掘机有哪些堆垒方式？堆垒的目的是什么？

13. 针对排土场各种滑坡类型，可采取的主要防护措施有哪些？

14. 什么是覆土造田？

15. 影响边坡稳定性的因素有哪些？

16. 常见的边坡失稳现象有哪些？

17. 简述排土场泥石流发生的条件及其预防措施有哪些。

18. 简述铁路运输单线排土场排土线的扩展方式有哪几种。

模块 4 露天矿生产剥采比均衡与采掘进度计划

项目 4.1 露天矿生产剥采比及其均衡

【项目描述】

　　一个矿山的生产规模，常以矿石的产量来表示，若以采剥总量来衡量则更为客观。特别是对于一些生产剥采比较大的黏土、有色金属和煤炭露天矿来说，剥离量远远超过采矿量，土岩量可多达开采矿量的 10～20 倍。生产剥采比是露天矿山一个很重要的技术经济指标，它直接与矿石成本相联系。按其自然发展来说，生产剥采比一般随着矿山工程延深而变化。

【能力目标】

　　(1) 会针对矿山实际情况对露天矿生产剥采比进行调整；
　　(2) 能通过作图对矿山生产剥采比进行均衡。

【知识目标】

　　(1) 掌握影响生产剥采比的因素；
　　(2) 掌握生产剥采比的调整措施；
　　(3) 掌握生产剥采比的均衡的原则及均衡的方法；
　　(4) 掌握减少初期生产剥采比和基建工程量的措施。

【相关资讯】

4.1.1　生产剥采比的影响因素

　　影响生产剥采比的因素很多，主要分为两大类，即矿体埋藏条件和开采技术条件。
　　矿体埋藏条件对生产剥采比的影响较大，其主要影响因素有矿体形状、倾角、覆盖岩土厚度、地形条件等，它们都不同程度地影响生产剥采比。这些因素是客观存在的，也是不可改变的，只有采取相应的技术措施加以利用。
　　开采技术条件对露天矿的生产剥采比影响也很大，主要因素有工作帮坡角、露天采场开拓沟道的位置、沟道坡度等，以下就上述因素作简要分析。

4.1.1.1　工作帮坡角

　　对于地形平坦的急倾斜层状矿体，露天采场按一定的工作帮坡角生产时，其生产剥采比通常是变化的。下面用一个例子来研究其变化规律。
　　某露天矿矿体赋存情况和采场境界如图 4-1-1 所示。采场采用底帮固定坑线开拓，工作线由下盘向上盘推进，矿山工程延深方向与矿体倾向一致。当采场按某一固定的工作帮坡角 φ 生产时，开采延深到各水平的工作帮推进位置如图中一组平行的斜线所示。每延深一个水平所采的矿石量、岩石量及剥采比见表 4-1-1，并用图 4-1-2 表示。

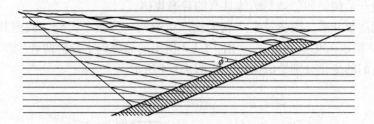

图 4-1-1　工作帮坡角不变时采剥工程发展程序及剥离量的变化

表 4-1-1　某矿采剥量统计

水平别	矿石/万吨	土/万立方米	(岩/石)/万立方米	土岩合计/万立方米	累　计		生产剥采比/$m^3 \cdot t^{-1}$
					土岩/万立方米	矿石/万立方米	
1		56.2		56.2	56.2		
2		176.8		176.8	223.0		
3	102.5	303.0	14.5	317.5	550.5	102.5	3.10
4	158.0	367.9	248.4	616.3	1166.8	260.5	3.90
5	156.5	415.3	624.9	1040.2	2207.0	417.0	6.65
6	155.0	121.6	941.1	1062.7	3269.7	572.0	6.86
7	154.0		812.4	812.4	4082.1	726.0	5.28
8	152.0		662.2	662.2	4744.3	878.0	4.36
9	150.5		496.0	495.0	5240.3	1028.5	3.31
10	149.5		408.0	408.0	5648.3	1178.0	2.73
11	148.0		237.9	237.9	5886.2	1326.0	1.61
12	146.0		178.4	178.4	6064.6	1472.5	1.22
13	145.0		28.0	28.0	6092.6	1617.5	0.19
合计	1617.5	1440.8	4651.8	6092.6			

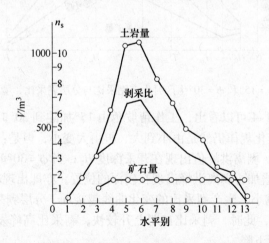

图 4-1-2　每延深一个台阶采出的矿石量、岩石量和剥采比

从这些图表中可以看出，工作帮坡角 φ 不变时，生产剥采比随着矿山工程的延深而变

化。首先大量剥岩而不采出矿石，随后开始采出矿石，这时生产剥采比随着矿山工程的延深而不断增大，达到最大值后逐渐减小。这个最大值期间叫剥离洪峰或称剥采比高峰期。高峰期一般发生在凹陷露天矿工作帮上部接近露天矿地表境界线时。生产剥采比的这种变化规律是一般开采倾斜和急倾斜矿体具有的普遍规律。

如果采用陡帮开采，则将对生产剥采比产生影响。为便于比较，假定其他条件相同，分别按 $\phi = 15°$ 和 $\phi = 30°$ 进行开采，用图 4-1-3 所示的简单例子分析两者生产剥采比变化的区别，并把它们的变化分别绘成曲线，如图 4-1-4 所示。

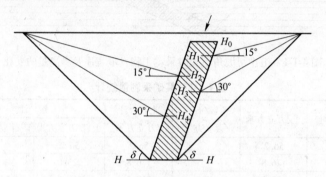

图 4-1-3　按 $\phi = 15°$ 和 $\phi = 30°$ 生产时剥离洪峰出现的位置

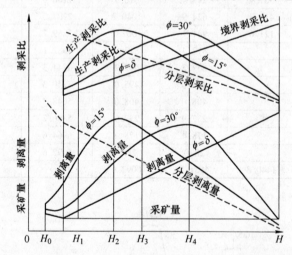

图 4-1-4　按 $\phi = 15°$ 和 $\phi = 30°$ 生产时生产剥采比与分层剥采比、境界剥采比对比

从图 4-1-3 和图 4-1-4 可以看出，工作帮坡角由 15° 加陡到 30° 时，生产剥采比随开采深度而发生变化，其变化规律仍然是由小到大，再由大变小，但是：

（1）当 $\phi = 15°$ 时，剥离洪峰值出现在开采深度 H_2；当 $\phi = 30°$ 时，剥离洪峰值出现在开采深度 H_4，即 ϕ 值增加，剥离洪峰出现在较深的位置，亦即出现时间晚。

（2）工作帮坡角越小，生产剥采比的变化曲线越接近于分层剥采比的变化曲线，后者的工作帮坡角可视为 0，此时，剥采比初期上升较快，剥采比高峰发生较早，然后在一个很长的时间剥采比逐渐下降。

（3）工作帮坡角越大，生产剥采比与境界剥采比的变化曲线越接近，后者的工作帮坡角可视为最终边坡角，此时，剥采比上升较慢，时间较长，剥采比高峰出现较晚。

通过以上分析可见，工作帮坡角越大，初期生产剥采比越小，在开采深度相同的情况下，初期剥离量越少，这对于减少投资降低初期生产成本、早出矿多出矿是有利的。

工作帮坡角大些好，但不能任意增大。当工作平盘宽度最小时，台阶单独开采的工作帮坡角的最大值一般是 15°左右。因此，采用陡帮开采有很大的技术经济意义。

4.1.1.2　开拓沟道的位置

开拓沟道位置及工作线推进方向，对生产剥采比影响较大。图 4-1-5 表示一个开采急倾斜矿体的凹陷露天矿，它主要有四种代表性的开拓方案：Ⅰ为顶帮固定坑线开拓，Ⅱ为上盘移动坑线开拓，Ⅲ为下盘移动坑线开拓，Ⅳ为底帮固定坑线开拓。图中用箭头表明了各方案矿山工程的延深方向，用短横线表示各水平开段沟的位置并用数字表明其编号。图中还给出了方案Ⅰ的各水平工作帮坡面发展情况。

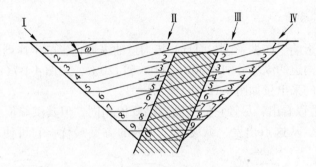

图 4-1-5　四种开拓方案生产剥采比的比较

为便于比较，令各方案的境界相同，工作帮坡角也相同（都按 $\phi = 15°$ 计），分别计算各方案按工作帮坡角不变时延深到各个水平的矿岩量及生产剥采比，以及它们投产前的基建工程量计量，并把结果绘成曲线，如图 4-1-6 所示。

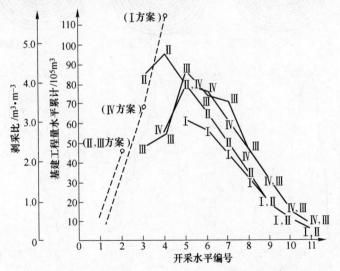

图 4-1-6　四种方案的生产剥采比和基建工程量

----按水平累计的基建工程量；——剥采比及方案编号

从图 4-1-6 可以看出：方案 Ⅰ 在延深至 4 水平时见矿，延深到 5 水平时投入生产，投产的基本建设时期工程量相当于 1 水平到 4 水平的矿岩总量，投产后从 5 水平到 10 水平生产剥采比逐渐减小。方案 Ⅱ、Ⅲ 延深到 2 水平见矿，3 水平投产；方案 Ⅳ 延深到 3 水平见矿，4 水平投产。

综上所述，开拓方案对露天矿的基建工程量及生产剥采比的影响是很大的。当 ϕ 不变时，生产剥采比由小到大，达到最大值后又逐渐减小的规律仍然存在，但各个方案的沟道位置不同，生产剥采比也不同。Ⅱ、Ⅲ 两个方案接近矿体掘沟，见矿快，基建工程量小，生产剥采比大；Ⅰ、Ⅳ 两个方案在顶底帮的位置掘沟，远离矿体，见矿慢，基建工程量大，生产剥采比小。其中尤以 Ⅰ 方案基建工程量最大，生产剥采比最小，并且是在达到"高峰"时才投产，这种方案投资最大，一般不宜采用。方案 Ⅳ 由于是底帮固定坑线开拓，线路质量好，离矿体不太远，矿山设计中常采用。

4.1.1.3　沟道坡度

不但开拓方案影响生产剥采比，而且开拓沟道的纵坡也影响生产剥采比，例如某矿采用螺旋坑线开拓，沟道的纵坡分别为 30‰、60‰ 和 120‰，如图 4-1-7(a) 所示。露天矿各种不同开采深度时的采出量如图 4-1-7(b) 所示。

从图 4-1-7 中可以看出：尽管它们的剥离洪峰值相同，但其洪峰值到达的时间在开采深度上却相差很大。从这点出发，纵坡 $i = 120‰$ 的方案最优，它可使剥离洪峰期比 $i =$

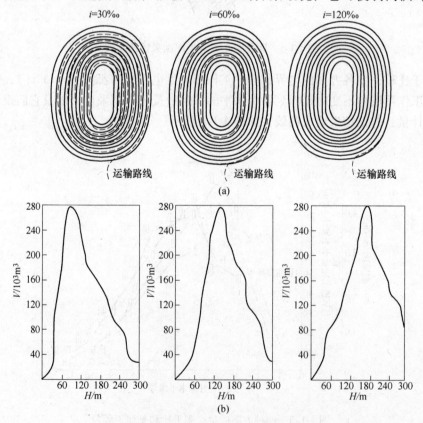

图 4-1-7　不同纵坡 i 值的 $V = f(H)$ 曲线图

30‰晚出现深度达 105m。若露天矿的平均年下降速度为 15m/a，则使剥离洪峰晚出现 7 年，因而可获得较好的经济效益。但沟道坡度大，会降低汽车的使用寿命，故在一般情况下不采用大坡度的沟道。

影响生产剥采比的因素还有露天矿的沟道延深方向、开采程序、采剥方法及两级矿量指标等，这里不一一论述。

4.1.2　生产剥采比的调整与均衡

露天矿矿岩生产能力（采剥总量）与生产剥采比和矿石生产能力的关系为：

$$A = A_k(1 + n_s) \qquad (4\text{-}1\text{-}1)$$

式中　A——露天矿矿岩生产能力，m^3/a 或 t/a；

　　　A_k——露天矿矿石生产能力，m^3/a 或 t/a；

　　　n_s——露天矿生产剥采比，m^3/m^3 或 t/t。

从式（4-1-1）可见，在一定的矿石生产能力下，露天矿的采剥总量取决于生产剥采比的大小。如果生产剥采比经常变化，则矿石产量也随之变动，这对矿山生产是不利的。因为在正常情况下，要求露天矿的矿石产量大致不变，为了更有效地使用露天矿大型机械设备，其设备数量亦应相对稳定。但如果生产剥采比不断变化，露天矿的矿岩总量也就逐年变化，这样在短期内就要改变生产采掘、运输设备的数量。例如到剥采比洪峰期，更要求短期集中大量的设备和相应的辅助设施，配备足够的人员，而洪峰之后又要削减。这样短期的增减，必将降低设备的利用率，使基建费用增大，生产成本增高，并且使露天矿的生产组织工作复杂化。因此必须对生产剥采比进行调整，使之在一定时期内相对稳定，以达到经济合理地开采矿床的目的。

因此，矿山工作人员的任务是认识生产剥采比的变化规律与矿山工程发展程序间的联系与制约关系，从而合理安排矿山工程发展程序，控制生产剥采比的变化，使矿山达到经济合理和持续进行生产。

4.1.2.1　生产剥采比的调整

生产剥采比的调整，就是设法降低高峰期的生产剥采比，使露天矿能在较长时期内以较稳定的生产剥采比进行开采。生产剥采比的调整主要是通过改变矿山工程的发展方式来实现。以下重点讨论改变台阶间的相互位置、开段沟长度和矿山工程延深方向对生产剥采比进行调整的方法。

A　改变台阶间的相互位置调整生产剥采比

改变台阶间相互位置就是改变工作平盘宽度的方法，可以将生产剥采比高峰期间的一部分岩石提前或推后剥离，从而减小高峰期生产剥采比。

如图 4-1-8 所示，若在剥离高峰期前提前完成剥离量 ΔV_1，推后完成剥离量 ΔV_2，则减小的生产剥采比 Δn 为：

$$\Delta n = \frac{\Delta V_1 + \Delta V_2}{P_h} \qquad (4\text{-}1\text{-}2)$$

式中　P_h——剥离高峰期采出的矿石量，t。

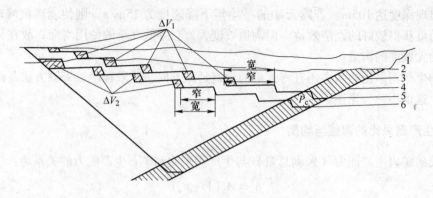

图4-1-8　改变台阶相互位置调整生产剥采比

用改变工作平盘宽度的方法调整生产剥采比是有限度的。减小后的工作平盘宽度不得小于最小工作平盘宽度；加大后的工作平盘宽度应使露天矿保持足够的工作台阶数，以满足配置露天矿采掘设备的需要。

改变工作平盘宽度容易实现，一般能适应原有的生产工艺，并不影响总的开拓运输系统，是调整露天矿生产剥采比的主要措施之一。实际上露天矿的工作平盘宽度经常是处于变动之中的。我们的任务是要掌握变动工作平盘宽度的规律，以便有效地调整露天矿的生产和生产剥采比，使之满足矿山生产计划的要求。

B　改变开段沟长度调整生产剥采比

开段沟的最大长度通常等于该水平的走向长度（工作线纵向布置时），最小长度一般不小于采掘设备所要求的采区长度。用铁路运输时要求要长一些，采用汽车运输时可以短一些，最短可以只挖一个基坑。

改变开段沟长度是指新水平开拓准备初期形成一个小于采场走向长度的开段沟，然后一边扩帮，一边继续掘进开段沟，这种安排与将开段沟全长掘好后再扩帮的安排相比，可使剥采比高峰削减并推迟出现，最初开段沟长度越短，降低生产剥采比高峰值和减少基建工程量的效果越显著。汽车运输的露天矿往往采用此方法，特别是汽车运输无开段沟逐步扩展工作线的矿山工程发展方式的效果尤其明显。而对于铁路运输的露天矿来说，由于要求的最小采区长度较长，改变开段沟长度的幅度不大，因此，单纯采用这种方法调整生产剥采比很难得到明显的效果，这时就应采取其他的措施来配合。

此外，当矿体沿走向厚度不同时，生产剥采比达到高峰时期，适当减缓或停止推进矿体较薄区段的工作线，可以降低生产剥采比高峰值。这是山坡露天矿经常采用的调整生产剥采比的措施之一。

C　改变矿山工程延深方向调整生产剥采比

如图4-1-9所示，矿山工程初期沿山坡 AB 延深可加速采出矿石和减少掘沟工作量。当生产水平最低标高达到 B 点后，矿山工程改沿 BC 方向延深，可减少初期生产剥采比。当露天矿最低水平达到 C 点之前，为了保证露天矿持续生产，应完成 BCED 或 BCE'D 的扩帮工程量。若扩帮工程由外向内进行时，则应完成 BCED 扩帮工程量。此时，矿山工程应由 B 沿山坡 BD 延深到 D，然后，沿露天矿开采境界延深到 E。若由内向外扩帮时，应完成 BCE'D 扩帮工程量，此时，自上而下沿 BC 向往外扩帮。此外，为了降低剥离高峰值，顶帮也可以同时采取压缩上部工作平盘宽度的措施，相当于设立临时顶帮开采境界 *FGH*。此时，*FHJK* 的扩帮工程量应在工作帮达到 *JH* 位置之前完成。显然，由于改变矿山工程延深方向而使不同时期的矿岩采出量得到改变，从而达到调整生产剥采比的目的。

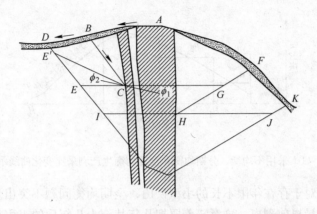

图 4-1-9　改变矿山工程延深方向调整生产剥采比示意图

除上述调整生产剥采比的方法外，用改变开段沟位置和工作线推进方向也可以对生产剥采比进行调整。但要指出，无论采用什么开段沟位置和工作线推进方向，只要工作平盘宽度保持不变，在整个生产过程中，仍然保持着生产剥采比变化的一般规律，仍然存在生产剥采比高峰期。此时，仍需借助改变工作平盘宽度、开段沟长度等措施对生产剥采比作适当的调整，以利于露天矿持续、经济合理地开采矿石。

4.1.2.2　生产剥采比的均衡

均衡生产剥采比的实质是：在整个生产过程中调整某些发展阶段的剥岩量，以保持生产时期（或分期）内每年的矿岩采剥量不变和生产剥采比不变，从而保证生产设备、辅助设施、人员的相对稳定，有利于生产管理和确保生产任务的完成。

A　均衡分期

根据矿山大小和服务年限长短，生产剥采比均衡方式有全期均衡和分期均衡两种。全期均衡是指在露天矿正常生产年限内，只按一个生产剥采比均衡生产。分期均衡是指在露天矿正常生产年限内分几期生产剥采比均衡生产。

用图 4-1-10 和图 4-1-11 表示一个存在年限很长的大型露天矿，分别采用不均衡（φ =

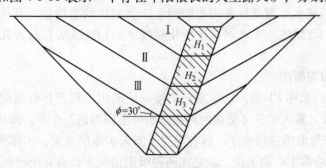

图 4-1-10　剥采比分期均衡示意图

30°）、分期均衡和全期均衡三种方式时，生产剥采比变化曲线示意图。图中：H_I、H_{II}、H_{III} 表示分期均衡的分期开采深度；n_I、n_{II}、n_{III} 表示各期的均衡生产剥采比；n_c 为深度 H_{III} 以上采用全期均衡的均衡生产剥采比。

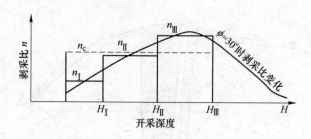

图 4-1-11　采用不均衡、分期均衡和全期均衡生产剥采比变化曲线示意图

一般情况下，对于存在年限不长的小型矿山，全期均衡问题不突出。对于大、中型矿山，全期均衡要大量提前剥离，这意味着要把几年甚至十几年后的工程提前投资，这显然是不经济的。因此，大、中型矿山宜采用分期均衡。均衡生产剥采比的分析和拟定可在矿岩变化曲线 $V = f(P)$ 图或生产剥采比变化曲线 $n = f(P)$ 图上进行，也可以采用经验系数法或最大水平分层矿岩量法进行粗略估算。

在均衡生产剥采比时，存在均衡期问题，根据装运设备的服务年限，均衡期以 10a 左右为宜。大型露天矿的开采时间较长，一般为 30～40a，可分 2～3 期均衡。而中小型露天矿存在的时间短，可以一次均衡。

B　均衡原则

均衡生产剥采比的原则如下：

（1）服务年限较长的露天矿可采用分期均衡生产剥采比，每期一般不少于 5a。

（2）生产剥采比的变化幅度不宜过大，变化幅度应考虑其他方面相应的变化，如工作面数目、排土场的建设、设备的购置和辅助设施的建设等。

（3）生产初期的剥采比应尽量取小值，由小到大逐渐增加，以后再逐步减少，不要骤然波动，以免人员、设备随之发生突变。

（4）两个或两个以上采场同时生产的矿山应互相搭配，搞好综合平衡，使生产稳步发展。

C　均衡方法

均衡剥采比的基本原理是计算均衡期间生产剥采比的平均值。具体均衡方法有矿岩量变化曲线 $V = f(P)$ 图法、生产剥采比变化曲线 $n = f(P)$ 图法和最大几个分层平均剥采比法。

a　$V = f(P)$ 图均衡法

$V = f(P)$ 曲线，又称 PV 图，它是露天矿按一定矿山工程程序发展时的剥离量 V 和采矿量 P 的关系曲线。露天矿只可能在两种极限条件范围内进行生产，即按最大工作帮坡角生产和按最小工作帮坡角进行生产。后者相当于露天矿逐层开采，工作帮坡角为零。用矿岩变化曲线 PV 图均衡生产剥采比，就是在两种极限情况下计算并绘出其相应的关系曲线，然后在这两个极限之中找出一个均衡生产剥采比。一般不会逐层开采，而是尽量接近最大工作帮坡角生产。因此，为了节省工作量，一般只讨论按最大工作帮坡角生产时生产剥采比的均衡。矿山工程发展程序确定之后，工作台阶仅保持最小工作平盘宽度。也就是按最大工作帮坡角发展，绘出采场延深至各水平的平面图以及各水平的分层平面图，利用图中标出的工作线推进位置计算出延深至各水平的采剥量并编制成表 4-1-1 类型的矿岩量表。然后，以矿石累计量为横坐标，以剥离岩石量计量为纵坐标，以矿岩量表中各水平的两种累计量作为曲线矿 $V=f(P)$ 上各点的坐标值，标出各点，联成曲线，如图 4-1-12 所示。显然，PV 图上曲线的斜率为剥采比，曲线斜率的变化反映了生产剥采比的变化。

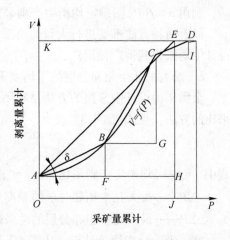

图 4-1-12　$V=f(P)$ 图上均衡生产剥采比

　　PV 图曲线中的每一点代表某开采水平的采矿量和剥离量，把曲线中两点用直线相连，如图中的 AB、BC、CD、AE，若每段直线两个开采水平间的生产矿岩量按此直线发展，就意味着这期间的生产剥采比为一固定值，即实现了均衡。

　　图 4-1-12 中的直线 AE 是一个长期均衡生产剥采比的方案，其均衡的生产剥采比数值为线段 EH 和 HA 之比值，即 EH/HA。剥离量 OA 相当于投入生产前的基建剥离量，矿量 ED 为末期无剥离采矿量。折线 $ABCD$ 表示分三期均衡生产剥采比的一个方案，各期生产剥采比之值分别是：BF/AF、CG/BG、DI/CI。

　　b　$n=f(P)$ 图均衡法

　　将图 4-1-12 的横坐标定为采出矿石累计量，纵坐标改为生产剥采比，即可作出 $n=f(P)$ 曲线，如图 4-1-13 所示。在此曲线上均衡生产剥采比的方法是：在图中选取一直线，此直线以上为削减的剥采比，削减的剥离量与提前的剥离量相等，即图中面积 $\Delta F_1 = \Delta F_2$。ΔF_1 为提前的剥岩量，ΔF_2 为削减的剥岩量。

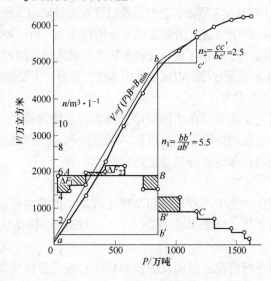

图 4-1-13　$n=f(P)$ 图上均衡生产剥采比

利用 $n = f(P)$ 图确定均衡生产剥采比能比较清楚地表示生产剥采比的变化。

以上两种方法都要进行大量的绘图、测量面积和计算矿岩量，十分烦琐，因而在实际设计中均未得到推广使用。

c　最大的几个相邻分层的平均剥采比均衡法

金属矿山设计中常用的方法是利用最大的几个相邻分层的平均剥采比作为均衡生产剥采比的方法，见式 (4-1-3)：

$$n_s = \frac{\sum V}{\sum P} \tag{4-1-3}$$

式中　n_s——均衡生产剥采比，$\mathrm{m^3/m^3}$；

$\sum V$——最大几个相邻分层的剥离总量，$\mathrm{m^3}$；

$\sum P$——最大几个相邻分层的总采矿量（分层数与同时工作的台阶数相同），$\mathrm{m^3}$。

这一经验公式简单易行。从图 4-1-3 和 4-1-4 可知，在采用缓帮开采工艺时（工作帮坡面角 $\phi \leqslant 15°$），生产剥采比曲线很接近分层剥采比（$\phi = 0$）曲线，剥离洪峰出现较早，相邻几个最大分层的平均分层剥采比比较接近前期生产剥采比。因此，用这一方法求出的均衡生产剥采比来安排露天矿进度计划一般问题不大。但是如果工作帮坡角较大，生产剥采比高峰出现较晚，用这种方法计算的剥采比作为均衡生产剥采比对于前期生产则偏大。工作帮坡角越陡，则这种偏差越大。

无论采用哪一种方法确定均衡生产剥采比，都只为编制采掘进度计划安排采剥量时提供依据或作为参考。最终，生产剥采比要通过编制采掘进度计划加以验证和落实。也就是说，设计中要通过安排采掘进度计划具体均衡生产剥采比。

4.1.2.3　减少初期生产剥采比和基建工程量的措施

减少露天矿初期生产剥采比和基建工程量，对节约基建投资和加速露天矿建设有重大意义。一个经济合理的开采方案，既要求均衡生产剥采比小，同时基建剥离工程量也应较小。因此，在最后确定均衡生产剥采比时，要考虑减少基建工程量的措施。

减少初期生产剥采比和基建工程量，主要是通过合理安排矿山工程发展程序来达到的，因为矿山工程发展程序本身与生产工艺、开拓运输系统密切相关，所以要求矿山工作人员能善于处理生产工艺、开拓运输系统、矿山工程发展程序和生产剥采比之间的矛盾，全面合理地解决露天矿生产工艺和矿山工程发展程序，以减少矿山基建工程量，主要的措施有以下几个。

A　合理布置开段沟的位置

开段沟的位置应接近矿体和设在矿体较厚、覆盖岩层较薄地段，并以此决定工作线推进方向。然而，在矿体较陡的情况下，接近矿体掘开段沟，工作线向两侧推进，势必要求采用移动坑线开拓，这对汽车运输开拓是更适宜的。

B　采用陡帮开采

采用陡帮开采能减少初期生产剥采比和基建工程量，但其缺点就是采掘设备上下调动频繁，影响采掘设备的利用，降低其生产能力；一般都使用移动坑线；采场辅助工程量大；生产管理工作复杂。

陡帮开采主要适用下列情况：倾斜及急倾斜矿体；表土厚度大的矿体；倾斜地形的矿体；上小下大的矿体和采用大型设备生产的矿山。

C 采用较短的开段沟长度

在生产工艺条件允许的情况下，采用较短开段沟的长度，以后再逐步延长和增加工作线长度，可以减小初期生产剥采比和矿山基建工程量。

D 采用分期和分区开采

a 分期开采

分期开采就是在开采大型矿床时，选择矿石多、岩石小、开采条件好的地段作为第一期开采或者是在露天开采最大的范围内，初期按小境界进行开采，形成了一定高度的固定边帮后，再过渡到按最终境界开采。这样就可以把大量的岩石推迟到若干年后剥离，减少初期岩量。因此它是大型露天矿减小基建工程量的有效措施。

如图 4-1-14 所示，将露天矿分为 2 期开采，基建和生产首先在第一期内进行。当上部工作台阶达到第一期境界后就停止推进，待第一期的生产剥采比下降后再在露天矿的上部开始扩帮，向第二期过渡。

分期开采时，上部工作台阶到达第一期境界后停止推进，工作台阶转化为非工作台阶，其帮坡角等于或接近于非工作帮坡角；当上部台阶恢复工作后，非工作帮又向工作帮转化，非工作台阶又逐渐转化为工作台阶，如图 4-1-15 所示。由于存在两个过渡，所以分期开采才能达到推迟剥岩和均衡生产的目的。

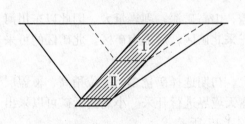

图 4-1-14 分期开采示意图

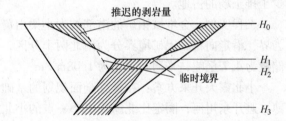

图 4-1-15 分期开采的两个过渡

分期开采主要的参数有：分期时间、开始过渡的时间、过渡扩帮量、过渡期间的生产剥采比等，其中过渡时间是一个关键性的参数，开始过渡的时间越早，过渡扩帮量就越小，过渡期间的生产剥采比就越低，过渡越容易实现，但分期开采的效果就越差，甚至不起分期开采的作用；过渡时间晚，过渡扩帮量和过渡期间的生产剥采比就越大，二次投资就大，经济效益也差，扩帮过渡也较困难。开始过渡的时间可以通过绘制大小境界的 $V = f(P)$ 曲线，并在方案比较的基础上确定。

分期开采的扩帮过渡方式。从一期境界向二期境界过渡的扩帮工程的发展方式可以有三种。一种是由小境界向外扩帮的方式，这种方式的优点是无须为进行补充剥岩而另行掘沟；其缺点是在预定扩帮的边帮上，要留足够的平台宽度，使前期剥岩量增大，并对下部台阶的生产作业有干扰，影响安全。第二种是自最终境界向内的扩帮方式，它的优点是不干扰正常生产，过渡时期补充剥岩具有独立的开拓系统；缺点是须在最终边帮处开掘双壁沟延深，降低了补充剥岩开拓系统的延深速度，从而难以在预定的时间内完成过渡任务。第三种是工作线沿走向推进的方式，它可以利用前两种方式的优点，不论采用哪种扩帮方式，分期开采在矿山设计中都应在编制采掘进度计划时将正常生产与过渡扩帮的关系明确规定下来。

分期开采的主要优点：基建工程量小，初期生产剥采比小，投资少，投产快，达产早。主要缺点：扩帮过渡比较困难，如安排不当，露天矿生产会受到严重影响。分期开采主要适用于开采深度达、储量多、开采期长的露天矿。

　　b　分区开采

　　分区开采是指在平面上分区，逐步建立或轮流使用露天矿山工程和工作线，从而达到减少基建工程量和前期生产剥采比的目的，以提高露天矿开采的经济效益。分区开采主要适用于开采范围大、储量大、开采期长的水平或缓倾斜矿体。有时倾斜或急倾斜矿体也采用分区开采。

　　分区开采的实质是：若露天矿的走向长度比较长或开采范围比较大，但所需要的矿山工程下降速度不大，工作线的推进速度也不大，此时可在剥采比较低、矿石品位较高、矿石质量较好、开采技术条件较优越的地段开始开采，建立首采区，如图 4-1-16 所示。

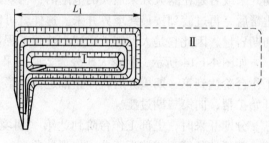

图 4-1-16　分区开采示意图

　　除上述情况外，首采区开采至最终深度后，再开采另一分区，并将剥离的岩石向首采区的废坑装卸，这样既缩短了运距，又减少了排土场的占地。

　　工程实例：金堆城钼矿的南部被大小梁山覆盖，山高矿深，剥岩量大。因此以东川河为界，沿走向将露天矿境界分为南北两个分区，先采北矿区，后采南矿区。北矿区的可采储量为 4.7 亿吨，平均剥采比为 $1.08\text{m}^3/\text{m}^3$。

　　小北露天开采方案：在做好全面规划的基础上，初期选择矿量多、品位稍高、覆盖层薄，避开东川河，圈定比北露天更小一点的小北露天境界进行开采。小北露天矿可以采出矿石 3.46 亿吨，平均剥采比为 $0.34\text{m}^3/\text{m}^3$，如图 4-1-17 所示。

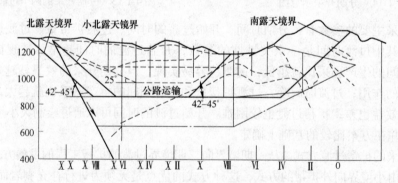

图 4-1-17　金堆城钼矿的分区期开采

思考与练习

1. 简述生产剥采比的概念及其影响因素。

2. 为什么要对生产剥采比进行均衡?

3. 凹陷露天矿剥离高峰期通常发生在什么时期?

4. 生产剥采比均衡的主要方法有哪些?

5. 简述分期开采的主要参数及其优缺点。

6. 简述分区开采的定义、目的和实质。

项目 4.2　露天矿生产能力与采掘进度计划

【项目描述】

生产能力是露天矿山的主要工作指标之一，其大小通过用矿石年产量和矿岩年采剥总量两个指标来表示。由于各露天矿的矿床赋存条件、开拓方法和矿山工程发展方式等各不相同，生产剥采比差也相差很大，故生产能力通常用上述两个指标来共同表示。

露天采剥对象是自然生成的矿床，其赋存情况是多变的，矿石的质量、品位、剥采比等波动较大，作业地点分散并经常移动，生产还受着季节气候及其他一些因素的影响。在这些变化因素影响下，为了能达到露天矿的生产能力，确保露天矿生产能持续有序进行，必须做到把露天矿生产工艺环节有机的组织起来，保持采剥工作平衡，实现人力、财力、物力的合理部署和使用，对于露天矿来说，周密地制订采掘计划是非常重要的。

露天矿采掘进度计划是矿山建设和生产的安排，是用图和表来表示矿山工程发展的具体时间、空间与数量关系的，验证落实露天矿生产能力和生产剥采比等各项技术措施。它是指导矿山均衡生产的重要文件。

【能力目标】

（1）会对露天矿生产能力进行验算;

（2）会编制露天矿的采掘进度计划。

【知识目标】

（1）掌握影响露天矿生产能力的主要影响因素;

（2）熟悉露天矿生产能力的验算方法;

（3）掌握采掘进度计划编制的要求及原则;

（4）掌握露天矿采掘进度计划编制的方法。

【相关资讯】

4.2.1　露天矿生产能力

4.2.1.1　露天矿生产能力的定义

露天矿生产能力即露天矿的生产规模，指露天矿在正常生产时期年采出的矿石量或年采剥矿岩总量。

露天矿的矿岩生产能力和矿石生产能力之间的关系，可以通过生产剥采比进行算，换算关系式如下：

$$A = A_k + n_s A_k = A_k(1 + n_s) \tag{4-2-1}$$

式中　A——矿岩生产能力，t/a；

　　　A_k——矿石生产能力，t/a；

　　　n_s——生产剥采比，t/t。

4.2.1.2　生产能力的确定

露天矿的生产能力是企业的主要技术经济指标，露天矿生产能力直接关系到矿山的设备选型和数量、劳动力及材料需求、基建投资和生产经营成本等。因此，生产能力是露天矿设计中的一个重要参数，合理确定露天矿的生产能力具有十分重要的意义。

露天矿生产能力的主要影响因素有：

（1）自然资源条件，即矿物在矿床中的分布、品位和储量。

（2）开采技术条件，即开采程序、装备水平、生产组织与管理水平等。

（3）市场，即矿产品的市场需求及产品价格。

（4）经济效益，即矿山企业在市场经济环境中所追求的主要目标。

露天矿生产能力应综合考虑矿产品需求量、矿山资源条件、开采技术可行性和经济合理性等因素进行综合分析确定和验证，并通过编制采掘进度计划进行检验落实。

A　按采矿技术条件验算生产能力

露天矿的生产能力除受矿床资源及开发的经济条件限制外，还要受矿山的具体生产技术条件和技术水平的限制。因此要研究一个矿山从采矿技术条件方面可能达到的生产能力，可以从以下两个方面进行验算。

a　按可能布置的挖掘机工作面数目验证生产能力

挖掘机是露天矿的主要采掘设备，每台挖掘机构成一个工作面。选定某种挖掘机后，露天矿的生产能力取决于可施布置的挖掘机工作面数。可能布置的挖掘机总数决定了矿岩生产能力，其中可能布置的采矿工作面数，决定了矿石生产能力。

（1）首先计算一个采矿台阶可能布置的挖掘机台数：

$$N_{wk} = \frac{L_t}{L_c} \tag{4-2-2}$$

式中　N_{wk}——一个采矿工作台阶可能布置的挖掘机数，台；

　　　L_t——台阶 L 作线长度，m；

　　　L_c——采区长度，m。

对于铁路运输，要求 $N_{wk} \leqslant 3$。

（2）计算可能同时采矿的台阶数目：它主要取决于矿体厚度、倾角、工作帮坡面角和工作线推进方向。下面以规则层状急倾斜矿体为例进行计算，如图 4-2-1 所示。图 4-2-1（a）表示工作线从上盘向下盘推进，图 4-2-1（b）表示从下盘向上盘推进。

采矿工作帮的水平投影长度为

$$M' = \frac{M}{1 \pm \cot\theta\tan\phi} \tag{4-2-3}$$

式中 M'——采矿工作帮的水平投影，m；

　　　M——矿体水平厚度，m；

　　　ϕ——工作帮坡面角，(°)；

　　　θ——矿体倾角，(°)；

　　　±——采矿工程从下盘向上盘推进时取"+"，反之取"-"。

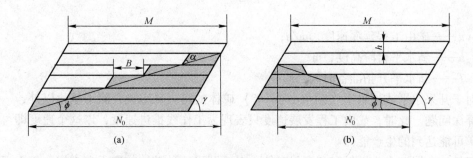

图 4-2-1 同时工作的采矿台阶数目计算示意图

(a) 由上盘向下盘推进；(b) 由下盘向上盘推进

当工作平盘宽度相同时，可能同时工作的台阶数目为

$$m = \frac{M'}{B + h\cot\alpha} \tag{4-2-4}$$

式中 B——工作平盘宽度，m；

　　　h——台阶高度，m。

(3) 计算露天矿可能的生产能力。

将式 (4-2-3) 代入式 (4-2-4) 得

$$m = \frac{M}{(1 \pm \cot\theta\tan\phi)(B + h\cot\alpha)} \tag{4-2-5}$$

露天矿可能的生产能力：

$$A_k = N_{wk}mQ_{wk} \tag{4-2-6}$$

式中 Q_{wk}——挖掘机平均生产能力，t/a。

以上计算一般只适用于比较规则的层状急倾斜矿体。当矿体形状复杂矿体厚度不稳定时，可用露天矿分层平面图来确定可能布置的挖掘机台数，再进一步求算露天矿可能有的矿岩生产能力。

b 按矿山工程延深速度验证生产能力

露天矿在生产过程中，工作线不断往前推进，开采水平不断下降，直至最终境界，即矿山工程沿水平和向下两个方向发展。通常用工作线水平推进速度和矿山工程延深速度两个指标来表示开采强度。显然开采强度越高，采出的矿石越多。

当露天矿的挖掘机数目一定时，工作线的水平推进速度随挖掘机的平均生产能力的增大而提高，随台阶数目的增多而降低。若要加大工作线的推进速度，最根本的措施是使用高效率的采运设备。

矿山工程一般包括剥离工程、采矿工程和新水平准备。这里所说的矿山工程仅就新水平准备而言，是由掘沟工程和为保证下水平掘沟所需的扩帮工程组成。矿山工程的延深速度是根据新水平的准备时间所完成的台阶高度，折合成每年下降进尺，又称下降速度，其计算式为

$$u = \frac{h}{T} \tag{4-2-7}$$

式中　u——矿山工程延深速度，m/a；
　　　h——新水平台阶高度，m；
　　　T——新水平开拓准备时间，a。

对于开采水平或近水平（倾角小于10°）矿体的露天矿来说，除了基建以外，一般不存在降深问题。此时，矿山工程发展速度只表现为工作线推进速度，以这个速度即可验证露天矿可能达到的生产能力。

但是，金属矿多为倾斜和急倾斜矿体，对于开采这种矿体的露天矿来说，矿山工程的发展速度主要应表现为矿山工程延深速度。但此时工作线推进速度与延深速度具有制约关系，即矿山工程延深速度不但取决于下部新水平开拓准备的时间，而且受上部水平工作线推进速度所限制。现以沿矿体下盘移动坑线开拓为例说明两者的制约关系，如图4-2-2所示。矿山工程沿矿体底板延深，当由D延至Q时，为保证上部各台阶有足够的工作平盘宽度，若两个方向均按工作帮坡面角ϕ进行发展，D点上的工作水平就应分别推

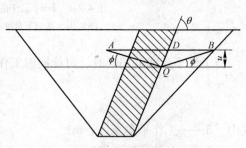

图 4-2-2　矿山工程延深速度与
工作线推进速度的关系

进至A和B点。即矿山工程延深速度和工作水平推进速度之间要满足一定的关系，这一关系如图4-2-3所示，可表示为：

$$u = \frac{v}{\cot\phi + \cot\theta} \tag{4-2-8}$$

式中　v——工作线推进速度，m/a；
　　　θ——延深角，即延深方向（该水平开段沟与上一水平开段沟位置错动方向）和工作线水平推进方向的夹角，(°)；
　　　ϕ——工作帮坡角，(°)。

从式（4-2-8）可以看出，在ϕ和θ一定的情况下，要加快延深速度，必须相应加快水平推进速度。否则，将影响延深速度，或破坏露天矿正常生产条件，出现采剥失调。山坡露天矿$\theta > 90°$的情况下，水平推进速度对延深速度影响较小，在凹陷露天矿的条件下则影响较大。

从图4-2-3可以看出，当矿山工程延深角与采矿工程延深角（矿体倾角）不同时，延深速度出现了两个概念：一个是矿山工程延深速度，另一个是采矿工程延深速度。采矿工程延深速度是指露天矿场境界内被开采矿体的水平面每年垂直下降的米数，但其数值却取

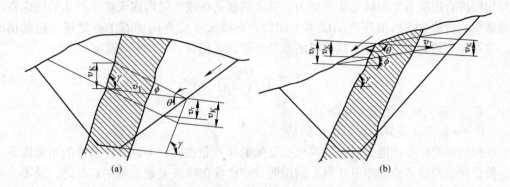

图 4-2-3 矿山工程延深速度与工作线推进速度及采矿工程延深速度的关系
(a) 凹陷露天矿；(b) 山坡露天矿

决于矿山工程延深速度的大小。两者的关系可表示为：

$$u_p = u \frac{\cot\phi \pm \cot\theta}{\cot\phi \pm \cot\gamma} \tag{4-2-9}$$

式中　　u_p——采矿工程延深速度，m/a；

　　　　γ——矿山工程延深角，(°)；

分子中"±"——矿山工程延深方向与采矿工作线推进方向一致为"＋"，反之为"－"；

分母中"±"——采矿工作线推进方向与矿体倾斜方向一致为"＋"，反之为"－"。

由此可知，采矿工程延深速度与矿山工程延深速度二者是不等同的。从理论上讲，用采矿工程延深速度确定露天矿生产能力较接近实际。但一般露天矿掘沟的部位都在离矿体很近的顶、底盘位置或在矿体中，两者相差很少，故金属露天矿设计中，通常采用矿山工程延深速度 u 验证露天矿生产能力，其计算公式如下：

$$A_k = \frac{u}{h} P_c \frac{\eta}{1-\rho} \tag{4-2-10}$$

式中　　P_c——所选用的有代表性的水平分层矿量，t；

　　　　η——矿石的实际回收率；

　　　　ρ——矿石贫化率；

　　　　其余符号意义同前。

以上验算方法，对于采用 3~4m³ 小型挖掘机、铁路或小型汽车运输来说是重要方法。在目前推广采用大型挖掘机和电动轮汽车的设备条件下，由于汽车运输采区长度较小，可以布置的挖掘机工作面数较多，加之挖掘机生产能力大，掘沟速度快，矿山工程延深速度可达 20~30m/a。事实上，延深速度已不成为限制露天矿生产能力的因素。

B 按经济合理条件验算生产能力

上面讨论了按技术条件确定露天矿生产能力的方法，并用上述方法求得技术上可能达到的最大生产能力。该生产能力虽然在技术上是可行的，但在经济上不一定合理。如露天矿储量一定时，以最大生产能力开采时，其基建费用可能过大，以致不符合国家规定的要求。另外以大生产能力开采时，开采时间过短，而使大型设备、矿山建筑物、构筑物不能得到充分的利用。因此，在确定生产能力时，除了开采技术因素外，必须着重考虑它的经济合理性。我国金属露天矿在设计中，主要根据露天矿的经济合理服务年限来验证。

　　用经济合理服务年限确定生产能力，其实质就是在该年限内露天矿生产用的固定资产全部磨损，价值全部摊销在产品成本中回收。在露天矿境界内矿石工业储量一定的情况下，生产能力的大小，决定了露天矿的服务年限，可用式（4-2-11）表示：

$$T = \frac{Q\eta}{A_k(1 - \rho)} \tag{4-2-11}$$

式中　　T——露天矿正常服务年限，a；

　　　　Q——露天矿境界内矿石工业储量，t。

　　在校验露天矿生产能力时，如果根据已知的年产量按式（4-2-11）求得的正常服务年限，符合规定的经济合理服务年限，则说明该年产量在经济上是合理的；反之，是不合理的。因为这时露天矿的设备、建筑物等固定资产，除采装运设备和部分可拆移的设备外，均将提前废弃。选矿厂、冶炼厂如附近不能及时开发出新的矿源接续供矿，则也将提前废弃，这在经济上是不合理的。不过，也有些特殊情况，如国家急需的矿源，允许缩短服务年限，以加大其生产能力。再如开采条件好的富矿、小矿、附近有远景储量大的露天矿、地下水大的露天矿，其服务年限也可适当缩短。对矿区内有几个采矿场的露天矿，其单个采矿场的服务年限也可以缩短。

　　各类露天矿规模的划分和经济合理年限可参照表 4-2-1。

表 4-2-1　露天矿山规模及服务年限的划分

矿山规模		矿石产量		服务年限/a
		年产量/万吨	日产量/t	
大　型		>100	>3000	>30
中　型	黑色矿山	30～100		15～20
	有色矿山	20～100	600～3000	15～20
小　型	黑色矿山	<30		10 左右
	有色矿山	<20	<600	10 左右

　　在合理年限范围内，可以在技术经济分析的基础上初选出几个生产规模方案进行比较。生产能力不同，将影响其基建投资和矿石成本。这样，可能出现生产能力大、总投资高而成本低和生产能力小、总投资少而成效较高的两类方案。在这种情况下评定方案优劣的原则，可用评价矿山规模经济效益的主要指标投资收益率（投资返本率）来表示。一般情况下，一个经济上合理的建设规模，应该是投资收益率高、建设快、达产时间短和产量持续稳定。

　　应该指出，随着露天矿采运设备的更新及开采工艺技术的改进，尤其是近年来大型挖掘机及汽车的广泛使用，露天矿山生产能力受工作面数目及矿山工程下降速度的限制越来越小，这就势必把确定生产能力的主要矛盾转移到经济因素上来。但确定经济合理的生产能力是一个复杂的技术经济课题，要结合我国经济体制的现状进行研究，不能照搬外国。

4.2.2　露天矿采掘进度计划的编制

4.2.2.1　采掘进度计划的编制目标与分类

　　编制露天矿采掘进度计划的总目标是确定一个技术上可行且使矿床开采总体经济效益

达到最大、贯穿于整个矿山开采寿命期的矿岩采剥顺序。从动态经济的观点出发，所谓矿床开采的总体经济效益最大，就是使矿床开采中实现的总净现值最大。所谓技术上可行，是指采掘进度计划必须满足一系列技术上的约束条件，主要包括：

（1）在每一个计划期内为选矿厂提供较为稳定的矿石量和入选品位。

（2）每一计划期内的矿岩采剥量应与可利用的采剥设备生产能力相适应。

（3）各台阶的水平推进必须满足正常生产要求的时空发展关系，即最小工作平盘宽度、安全平台宽度、工作台阶的超前关系、采场延深与台阶水平推进速度的关系等。

依据每一计划期的时间长度和计划总时间跨度，露天矿采掘计划可分为长远计划、短期计划和日常作业计划。

（1）长远计划。长远计划的每一计划期一般为一年，计划总时间跨度为矿山整个开采寿命。长远计划是确定矿山基建规模、不同时期的设备、人力和物资需求、财务收支和设备添置与更新等的基本依据，也是对矿山项目进行可行性评价的重要资料。长远计划基本上确定了矿山的整体生产目标与开采顺序，并且为制订短期计划提供指导。没有长远计划的指导，短期计划就会没有"远见"，出现所谓的"短期行为"，造成采剥失调，损害矿山的总体经济效益。

（2）短期计划。短期计划的一个计划期一般为一个季度（或几个月），其时间跨度一般为一年，短期计划除考虑前述的技术约束外，还必须考虑诸如设备位置与移动、短期配矿、运输通道等更为具体的约束条件。短期计划既是长远计划的实现，又是对长远计划可行性的检验；同时，短期计划会与长远计划有一定程度的出入。例如，在做某年的季度采掘计划时，为满足每一季度选厂对矿石产量与品位的要求，4个季度的总采剥区域与长远计划中确定的同一年的采剥区域可能不完全重合。为保证矿山长远生产目标的实现，短期计划与长远计划之间的偏差应尽可能小。若偏差较大，说明长远计划难以实现，应对之进行适当调整。

（3）日常作业计划。日常作业计划是指月、周、日采掘计划，它是短期计划的具体实现，为矿山的日常生产提供具体作业指令。

我国矿山设计院为新矿山做的采掘进度计划属于上述的长远计划。生产矿山编制的计划一般分为5年（或3年）计划、年计划、月计划、旬（周）计划和日（班）计划。

本项目主要介绍矿山设计中的长远计划编制。

4.2.2.2　编制采掘计划的要求

编制露天矿采掘进度计划的具体要求包括以下几个方面：

（1）根据露天矿的具体情况，正确处理需要与可能的关系，尽可能地减少基建工程量，加速基本建设，保证在规定的时间内投产。投产后应尽快达到生产能力和保证规定的各级储量，保证产量的均衡稳定。

（2）具有多种品级矿石时，各种工业品级矿石的产量要求保持稳定或呈现规律变化。

（3）贯彻采剥平衡的方针，合理地安排生产剥采比，均衡生产剥采比的期限不能过短。

（4）上下水平的工作线要保持一定的超前距离，使平盘宽度不小于最小工作平盘宽度。工作线要具有一定的长度，并尽可能保持规整，保证线路的最小曲线半径及各水平的运输连通，采掘设备调动不要过于频繁。

（5）合理的水平推进与延深要密切配合，要按计划及时开拓新水平，保证采矿和矿量准备的衔接，在扩帮过程中一定要遵守预定的矿山工程发展程序。

（6）对于分期开采的矿山，要处理好分期和过渡的关系。

4.2.2.3　编制采掘计划所需的原始资料及要求

目前国内编制采掘进度计划仍以手工方法为主，虽然计算机在近几年开始被应用到这一工作中，但在方法上仍无根本改变，计算机只是辅助手工设计，所起的作用被一些工程师称为"计算器加求积仪"。本节主要简述手工编制采掘进度计划的方法，编制时所需的基础资料有：

（1）地形地质图。图上绘有矿区地形等高线和主要地貌、地质特征。对于扩建或改建矿山还需开采现状图。图纸比例一般为1∶1000或1∶2000。

（2）地质分层平面图。图上绘有每一台阶水平的矿床地质界线（包括矿岩界线）和最终开采境界线、出入沟和开段沟的位置。图纸比例一般为1∶1000或1∶2000。

（3）分层矿岩量表。在表中按重量和体积分别列出各水平分层在开采境界内的矿岩量，以及体积、重量分层剥采比。

（4）开采要素。包括台阶高度、采掘带宽度、采区长度、最小工作平盘宽度和运输道路要素（宽度和坡度）等。

（5）露天矿开采程序（采剥方法）。台阶推进方式、采场延深方式、沟道几何要素。

（6）矿石回收率和矿石贫化率。

（7）挖掘机数量及其生产能力。

（8）矿山设计生产能力、逐年生产剥采比、储备矿量保有期和规定的投产标准。

4.2.2.4　露天矿采掘进度计划的内容和编制方法

编制采掘进度计划是从基建第一年开始逐年进行，主要工作是确定各水平的年末工作线位置、各年的矿岩采剥量和相应的挖掘机配置。露天矿采掘进度计划的内容和编制方法如下。

A　具有年末工作线位置的分层平面图

具有年末工作线位置的分层平面图如图4-2-4所示。分层平面图上有逐年矿岩量、作业的挖掘机数量和台号、出入沟和开段沟位置、矿岩分界线、开采境界以及年末工作线位置等。

绘制具有年末工作线位置的分层平面图，是为了确定各分层作为新水平投入生产的时间和各年末的工作线位置，可逐年逐水平依次进行。根据拟定的开采程序（采剥方法）、矿石生产能力及均衡生产剥采比、矿山基建开工时间和所配置挖掘机的实际年生产能力，从露天矿上部第一个水平分层平面图开始，对各开采分层的矿岩量进行划分，拟出各年的开采区域，便可画出各开采分层年末工作线的起始和终止位置。

在确定年末工作线位置时，应综合考虑采掘对象和作业方式对挖掘机效率的影响、矿山工程延深与扩帮的关系、矿石回收率、矿石贫化率及矿石产量与质量要求、最小工作平盘宽度及上下相邻水平的时空关系、储备矿量的大小、开拓运输线路通畅等因素。

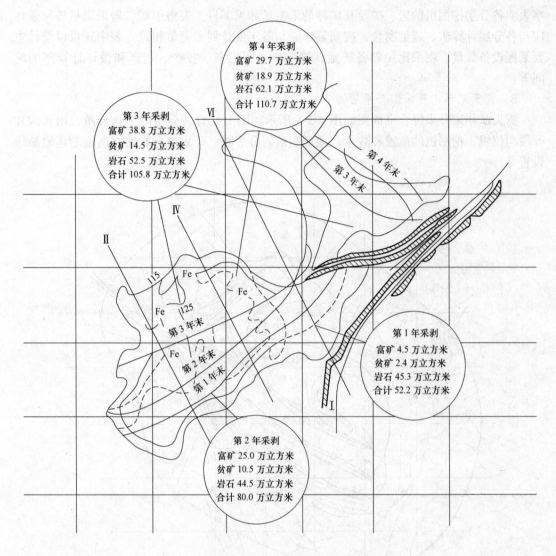

图 4-2-4　某露天铁矿 +115m 水平分层平面图

可以看出，绘制具有年末工作线位置的分层平面图是一个试错过程，年末工作线的合理位置往往需要多次调整才得以确定。借助于计算机辅助设计软件，可以加速这一过程。

采掘进度计划表应逐年编制，编到设计计算年以后 3～5 年，以后的产量以年或 5 年为单位粗略确定。在特殊情况下，如分期开采的矿山，则应编制整个生产时期。

所谓设计计算年，是指矿石已达到规定的生产能力和以均衡生产剥采比开始生产的年度，其采剥总量开始达到最大值。计算年的采剥总量是矿山设备、动力、材料消耗、人员编制和建筑规模等计算的依据。

编制采掘进度计划表，主要是以横道线的形式描述挖掘机运行及调度的轨迹。在绘制具有年末工作线位置的分层平面图的同时编制本表。按照分层平面图拟定的方案，在该表表体中以横道线的位置、长短和错动分别表示挖掘机的作业水平、作业起止与持续时间和调动情况，以横道线的颜色或样式表示挖掘机的作业方式，并以横道线上方标注的分段数字表明各分层挖掘机的岩、矿及其矿种的采掘量和采剥量。表格中矿、岩采剥量按行累计应与各分层计算矿、岩量吻合，按列累计需与各年度计划采剥量相符。表中还可以统计主要采掘设备数量、剥采比和储备矿量，确定新水平准备、投产、达产和设计计算年的时间等。

B　露天矿年末开采综合平面图

露天矿年末开采综合平面图如图 4-2-5 所示。图上绘有各分层的工作台阶、出入沟和开段沟位置、挖掘机的位置和数量、地形和矿岩分界线、开采境界和铁路运输的运输站线设置等。

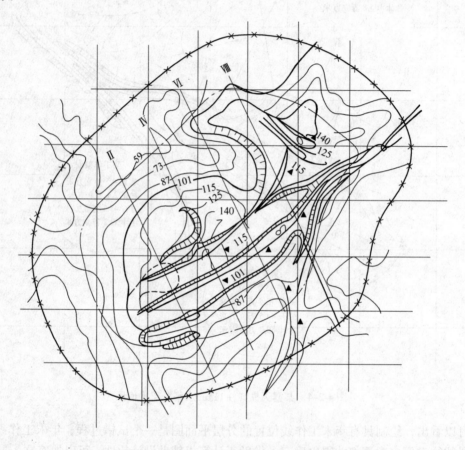

图 4-2-5　某年末采场开采综合平面图

采场年末综合平面图可以反映该年末的采场现状。该图每年或隔年绘制一张，直到计算年。

采场年末综合平面图是以地质地形图和分层平面图为基础编制而成。在该图上先绘出采场以外的地形、开拓运输坑线、相关站场，然后将同年末各分层状态（平台或工作面位置、已揭露的矿岩界线、设备布置、运输线和会让站等）投影到图上。图中可以看出该年各分层的开采状况，各分层之间的相互超前关系。当多水平同时开采时，各水平的推进速度应互相协调；上下两相邻水平的间距应满足最小工作平盘宽度的要求。

有时，由于运输条件的限制，上水平局部地段（如铁路运输时端帮未形成环线）会妨碍下水平的推进，造成下水平工作线推进落后，以致使工作线形成不规整状态。一旦上水平允许，就应当迅速将下水平工作线恢复正常状态。

在开采复杂矿体时，有时为了获得某工业品级的矿石而需要改变工作线正常状态，可能一端加速推进，另一端停滞不前，从而也妨碍下水平的推进。同样，这种状态事后也应立即扭转，使其恢复正常状态。

C 逐年产量发展曲线和图表

逐年产量发展曲线如图 4-2-6 所示，图中绘有露天矿寿命期内每年矿石开采量、岩石剥离量和矿岩采剥总量 3 条曲线；逐年产量发展表见表 4-2-2，表中填写露天矿寿命期内每年的矿石及其矿种开采量、岩石剥离量和矿岩采剥总量，以及采掘设备类型和数量。

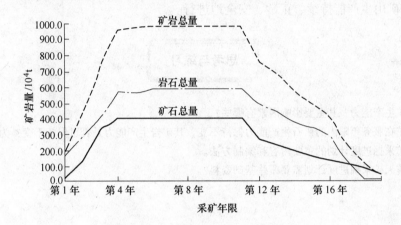

图 4-2-6 某露天矿逐年产量发展曲线

表 4-2-2 某露天铁矿年产量发展表

项　目	开　采　年　度									
	第 1 年	第 2 年	第 3 年	第 4 年	第 5 年	第 6 年	第 7 年	第 8 年	第 9 年	第 10 年
富矿/万吨	15.3	85.7	214.5	216.6	190.1	189.0	148.7	137.0	130.2	126.8
贫矿/万吨	6.7	40.9	111.2	184.8	215.0	213.1	254.5	263.2	269.8	273.2
矿石合计/万吨	22.0	126.6	325.7	401.4	405.1	402.1	403.2	400.2	400.0	400.0
岩石/万吨	164.6	280.0	399.4	566.8	563.9	583.7	578.8	584.5	583.3	585.3
矿岩合计/万吨	186.6	406.6	725.1	968.2	969.0	985.8	982.0	984.7	983.3	985.3
剥采比/t·t^{-1}	7.48	2.21	1.23	1.41	1.39	1.45	1.44	1.46	1.46	1.46
W-4 型电铲/台	3	5	6	7	7	7	7	7	7	7

项　目	开　采　年　度									合计
	第 11 年	第 12 年	第 13 年	第 14 年	第 15 年	第 16 年	第 17 年	第 18 年	第 19 年	
富矿/万吨	108.8	75.3	65.6	53.9	39.7	25.8	15.3	3.1	0	1841.4
贫矿/万吨	291.0	189.9	164.6	139.5	113.6	102.2	93	82.9	38	3047.1
矿石合计/万吨	399.8	265.2	230.2	193.4	153.3	128	108.3	86	38	4888.5
岩石/万吨	583.0	483.7	438.0	369	336	278	118	13	3.3	7512.3
矿岩合计/万吨	982.8	748.9	668.2	562.4	489.3	406	226.3	99	41.3	12400.8
剥采比/t·t^{-1}	1.46	1.82	1.90	1.91	2.19	2.17	1.09	0.15	0.09	1.54
W-4 型电铲/台	7	6	5	4	4	3	2	1	1	

逐年产量发展曲线和逐年产量发展表是将采掘进度计划表中相关的矿岩量整理后分别绘制和填写的。逐年产量发展曲线是绘在横坐标表示开采年度、纵坐标表示采剥量的坐标系内，逐年产量发展表示以行表示开采矿岩类别、列表示开采年度。

采掘进度计划只编制到设计计算年以后 3～5 年，后续历年产量可按各水平矿石量比例及剥采比推算。

D　文字说明

露天矿采掘进度计划的编制需对编制原则、编制依据和编制要求等相关事项作必要的文字说明。

采掘进度计划是要认真编制与实施的。但由于客观情况的变化，要及时完善修改原计划，以确保矿山生产能持续、正常、安全地进行。

思考与练习

1. 何谓露天矿生产能力？其主要影响因素有哪些？
2. 假如露天矿在服务年限内的矿石生产能力保持不变，其矿岩生产能力是否也保持不变？为什么？
3. 简述露天矿采掘进度计划的主要内容和编制方法。
4. 手工编制露天矿采掘进度计划需要哪些基础资料？

模块5 露天矿安全工作

项目5.1 防排水工作

【项目描述】

防水与排水是露天矿山的辅助生产工作，但它却是保证矿山安全和正常生产的先决条件。特别是开采含水丰富的矿床时，矿山生产能否安全正常进行将取决于防水与排水技术的先进性和措施的完善程度。

四陷露天矿的采坑好比一只盛水的大碗，具备了汇集露天矿坑涌水的条件。露天矿坑涌水水源主要有三种：一是直接降入的大气降水；二是地表水体（如河、湖、塘、沟及水库的积水）流入和渗入的地表水；三是通过岩体裂隙、断层等渗入的地下水。

大气降水是其他水源的总补给水源。大气降水一部分直接降入采场，一部分降到地表成为地表水。地表水一部分流入采场，一部分渗入地下变为地下水的补给。地下水又可能通过裂隙、断层渗入采场。

水给露天矿生产带来的不利影响是多方面的，主要有以下几个方面：

（1）降低设备效率和使用寿命。在多水岩层进行采矿时，穿孔设备钻进效率大大降低，坍孔、废孔率高，穿孔成本增加；挖掘机在有水的作业面工作时，其工作时间利用系数一般仅达到挖掘机正常作业条件的1/3～1/2；对于汽车和机车不仅降低效率而且威胁安全。由于水的氧化腐蚀作用，增加设备故障和维修工作，并降低设备使用寿命。

（2）增加爆破成本和影响爆破效果。水孔爆破需采用费用高的防水炸药，而且装药到不了孔底，装药密度小，爆破效果不好，易产生根底和大块。

（3）降低矿山工程下降速度。采场底部汇水受淹时，会降低掘沟速度，给新水平的准备工作造成较大的困难。如果不能按时排水，必将降低矿山工程下降速度。

（4）降低边坡稳定性。水是促使边坡失稳的一个主要因素，它会使岩体内摩擦角和黏聚力等物理参数降低，尤其对大型结构面力学参数影响较大，从而降低边坡稳定性。大面积的滑坡会切断采场内的运输线路并掩埋作业区，导致生产中断。

由此可知，露天矿防排水的主要目的是防止涌水淹没采场并维护边坡稳定。这正是露天矿正常和安全生产的基本条件。露天矿防排水的主要任务是：

（1）对地表水，利用防排水的工程和设施，通过拦截、疏导，使地表水不能直接流入采区。

（2）对地下水，一是采用隔离法，将地下水隔离在采区之外；二是采用疏干法，及时把地下水降到允许值，或汇集并排出到露天矿影响区界限以外。

（3）对未经疏干和没有得到彻底疏干的矿坑水，或防渗堵水未能彻底拦截而流入矿坑的地下水，以及直接降入露天采场降雨径流，进行采坑排水。

【能力目标】

会根据不同的实际情况对露天矿水害进行治理。

【知识目标】

（1）掌握露天矿地表水的防治措施；

（2）掌握露天矿地下水的防治措施；

（3）掌握露天矿坑内排水的原则。

【相关资讯】

5.1.1　地表水的防治

露天矿地表水防治工程是防止降雨径流和地表水流入露天采场，减少露天采场的排水量，节约能源，改善采掘作业条件并保证其工作安全的技术措施。

地面防水工程的防治对象，多为汇水面积小的降雨坡面径流或季节性小河、小溪、冲沟等。其特征是雨季水量骤增，旱季水流很小，甚至无水，一般缺少实测水文资料，进行洪水计算时，主要用洪痕调查、地区性经验公式或小汇水面积洪水推理公式等方法。对于大中型地表水体的防治工程，由于问题复杂，涉及范围广，其防水工程应由专业部门专题解决。

地表水的防治工程必须贯彻以农业为基础的方针，和农田水利相结合，保护资源，防止污染，并尽量不占或少占农田。矿区地表水的防治还必须与矿坑排水和矿床疏干等工程密切配合，统筹安排，以防为主，防排结合，凡是能以防水工程拦截疏导的地表水流，原则上不应流入露天采场。具体处理原则如下：

（1）为防止坡面降水径流流入露天采场，通常借助于设在露天境界外山坡上的外部截水沟和设在采场封闭圈以上各水平的内部截水沟，将地表径流引出矿区之外。

（2）当地表水体直接位于矿体上部或穿越露天采场，或者虽然在露天境界以外，但有泛滥溃入露天采场的威胁时，一般采用水体迁移、河流改道或设置堤防等措施。

（3）露天采场横断小型地表水流，如河流、小溪或冲沟等季节性河流时，若地形条件不利于河流改道或者经济上不合理时，可在上游利用地形修筑小型水库截流调洪，以排水平硐或排水渠道进行泄洪。

（4）当露天采场在地表水体的最高历史洪水位或采用频率的最高洪水位以下时，一般采用修筑防洪堤的方法，预防洪水泛滥。

（5）当露天采场及其附近的地表水体处赋存强透水岩层，在开采过程中有可能发生地表水大量渗入矿坑，对采掘作业或露天边坡稳定性有严重不良影响时，可对地表水体采取防渗隔离或移设等措施。

（6）由于地形低洼或在设有堤防情况下的内涝水，应分析内涝水或洼地积水对露天矿的边坡稳定或矿区疏干效果的影响程度。当影响较大时，应首先采用拦截方法以减少内涝水量，并用排水设备按影响程度限期排除积水，洼地积水排干后，也可将其填平。

5.1.1.1　截水沟

截水沟的作用是截断从山坡流向采场的地表径流。当矿区降水量大，四周地形又较陡时，截水沟发挥拦截和疏引暴雨山洪的作用。以防洪为目的的截水沟须设在开采境界以外，对经拦截而剩余的洪水量和正常时期的地表径流可设第二道截水沟拦截。第二道截水沟可根据地形、水量、边坡稳定性等具体条件，设在境界外或境界内。设在境界外的截水沟应根据防渗和保护边坡等要求决定其具体位置。境界内的截水沟一般来说设在台阶平台上。为防止边坡坍塌掉块堵塞水沟，截水沟所在平台要留有足够宽度。露天矿截水沟的布置如图 5-1-1 所示。

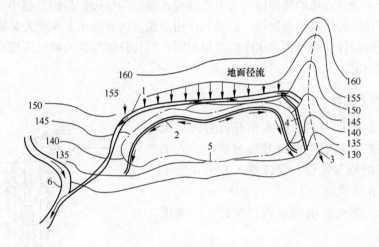

图 5-1-1　露天截水沟的布置
1—外部截水沟；2—内部截水沟；3—雨季山洪；4—拦洪堤；5—开采境界；6—河流

截水沟的排泄口与河流交汇时，要与河流的流水方向相适应，并使截水沟沟底标高在河水的正常水位之上，其目的是为减少截水沟的排泄阻力和防止河水冲刷倒灌。

5.1.1.2　河流改道

当河流穿过露天开采境界时，须将其改道迁移。河流改道工作比较复杂，投资较大。因此在确定露天开采境界时，是否将河流圈入境界要进行全面的分析比较。建设大型露天矿遇到河流必须改道的问题时，也应尽量考虑分期开采，将河流划归到后期开采境界，以便推迟改道工程，不影响矿山的提前建成和投产。但对于只在雨季有水的季节性河流，可根据具体情况确定。河流改道一定要考虑矿山的发展远景，避免二次改道造成浪费。

新河道的位置应该选在路线短、地势低平和渗水性弱的地段。新河道的起点宜选在河床不易冲刷的地段，并应与原河道的河势相适应，不要强逼水流进入新河。新河道的终点要止于河道的稳定地段，而且相接的夹角不宜过大，否则易造成下游河道的不稳定。

5.1.1.3　调洪水库

季节性少量地表水横穿开采境界时，除采用改道方法外，还可以在上游利用地形修筑小型调洪水库截流。调洪水库的作用是拦截和蓄存洪水，削减洪峰，以排洪平硐或排洪渠道泄洪，保证采场安全。

露天矿的调洪水库不同于水利部门的蓄水水库，除了在暴雨时削减洪峰流量，暂时蓄存排洪工程一时排不掉的洪水外，平时并不要求水库存水。

调洪水库的主体工程是拦洪坝和泄水工程。拦洪坝的坝体高度及强度应综合考虑水库蓄水量、水压力、库底泥沙压力、冰压力、地震力以及坝顶载荷等作用力的影响，按照相关的水利设计规范进行专门设计；泄洪工程多采用排洪隧道，也可用排洪渠道，泄洪工程主要用来配合调洪水库的排水导流，以放空水库。

5.1.1.4　拦河护堤

当露天开采境界四周的地面标高与附近河流、湖泊的岸边标高相差很小，甚至低于岸边地形时，应在岸边修筑拦河护堤。护堤的作用是预防河流洪水上涨灌入采场。

拦河护堤的设计计算与调洪水库拦洪坝相同，但其具体参数的确定应按河流洪水与地势的具体情况而定。

5.1.2　矿床地下水疏干

矿床疏干是借助巷道、疏水钻孔、明沟等流水构筑物，在矿山基建之前或基建过程中，人工降低开采地区的地下水位，保证露天开采正常生产的地下水害预防措施。

根据经验，露天矿出现下列情况时，应考虑采取疏干措施：

（1）矿体或其上下盘赋存含水丰富的含水层或流沙层，一经开采有涌水淹没和流沙溃入作业区的危险时。

（2）由于地下水的作用，降低了被揭露的岩石物理力学强度指标，较大地影响露天边坡稳定性时。

（3）矿坑涌出的地下水，对矿山生产工艺的设备效率有严重的不良影响，如果进行疏干可以大幅度提高设备效率，降低开采成本时。

矿床疏干应保证地下水位下降所形成的降落曲线低于相应时期的采掘工作标高，至少要控制到允许的剩余水头。疏干工程的进度和时间，应满足矿床开拓、开采计划的要求，在时间、空间上都应有一定的超前。以下简要介绍几种主要疏干方法。

5.1.2.1　深井疏干法

深井疏干是在地面布置成排的抽水井，内装潜水泵或深井泵抽水，如图 5-1-2 是潜水泵深井断

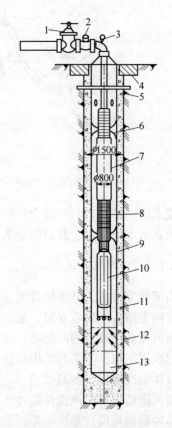

图 5-1-2　潜水泵深井断面图

1—节流阀；2—流量计；3—压力表；4—井口基础；
5—排水管（内径 250~300）；6—吸水滤网；
7—水泵外壳；8—潜水泵；9—井壁管；
10—潜水电机；11—充填砂砾；
12—滤水管；13—积水管

面图，图 5-1-3 是某露天矿深井降水孔的布置图。疏
干井位、井距和井数要根据井的集水能力、设备性
能、允许残余水头和季节性水位变化等因素确定。

该法使用简便安全，井内装有过滤器，水质好，
地表沉陷小。深井疏干已实现了水位遥测和多井集中
遥控；地面施工易于管理；深井的布置和疏水设备迁
移较灵活。缺点是在非均质含水层中，经常出现集水
能力不足、酸性水腐蚀管道的情况，使水泵不能发挥
作用，甚至使抽水井报废，且受疏水设备的扬程、流
量和使用寿命等条件的限制。

图 5-1-3 某露天矿深井降水孔的布置
1—开采境界；2—深井降水钻孔

随着我国矿业水泵制造技术向高扬程、大流量、
低磨损方向发展，且使用寿命显著提高，深井疏干法
的应用日益广泛。

5.1.2.2 巷道疏干法

巷道疏干法是利用巷道和巷道中的各种疏水孔降低地下水位的疏干方法。

疏干巷道的平面布置应与地下水的补给方向相垂直以利于截流。主要起截流作用的疏
干巷道，应设在开采境界以外，并在不破坏露天矿边坡的前提下尽量靠近开采境界，以提
高疏干效果。

如图 5-1-4 所示，某露天矿为拦截 200m 以外河流的地下径流渗入，在境界外 50m 处
布置了嵌入式疏干巷道（巷道的腰线位于含水层与隔水层的分界线上）。疏干巷道用混凝
土浇灌并留有滤水孔，渗入的地下水经沉淀池沉淀后进入水仓，再由深井泵排至地表。

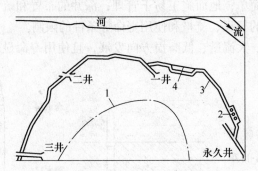
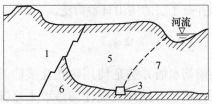

图 5-1-4 某露天矿巷道疏干工程平面布置图
1—露天矿境界；2—深井泵；3—疏干巷道；4—沉淀池；5—含水层；6—隔水层；7—潜水降落线

疏干巷道设在含水层内或嵌入在含水层与隔水层的分界线处，可直接起输水作用。如
果掘进在隔水层中，则巷道只起引水作用，这时必须在巷道里穿凿直通含水层的各种类型
疏水孔，地下水通过疏水孔以自流方式进入巷道。

疏水孔有水平或倾斜的丛状孔（见图 5-1-5）和从地表向疏干巷道打沟通含水层的放
水孔（见图 5-1-6），还可以从巷道的顶底板或两侧将打入式过滤管打入含水层放水（见
图 5-1-7）。

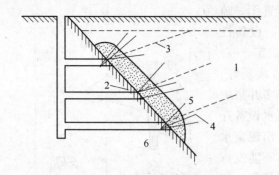

图 5-1-5　丛状放水孔的布置
1—含水层；2—放水硐室；3—降落曲线；
4—丛状放水孔；5—矿体；6—隔水层

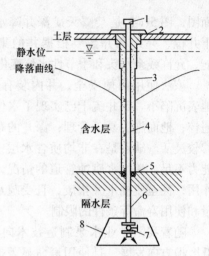

图 5-1-6　直通式放水钻孔
1—孔盖；2—孔基础；3—充填砂砾；
4—滤水管；5—止水承座；6—孔口管；
7—放水闸阀；8—放水硐室

该法疏干能力大，能形成较陡的水位降落漏斗，适应性强，疏干效果可靠；在有条件的矿山利用该法疏干，投资省，建设快，排水集中，维修管理方便。缺点是：在基建施工中若安全措施不力，有可能发生突然涌水；井下水若无沉淀、排泥和分排清浊水设施，可能引起环境污染；岩溶地区的地表沉陷较大。

5.1.2.3　深井疏干法

深井疏干法是在地表钻凿若干个大口径钻孔，并在钻孔内安装深井泵或潜水泵降低地下水位。如图 5-1-7 所示。

深井疏干法的优越性非常突出，施工简单；地面施工易于管理；深井的布置和疏水设备迁移较灵活。其主要缺点是受疏水设备的扬程、流量和使用寿命等条件的限制。

随着我国矿业水泵制造技术向高扬程、大流量、低磨损方向发展，且使用寿命显著提高，深井疏干法的应用日益广泛。

5.1.2.4　防渗堵水

防渗堵水的方法是使用钻孔注浆防渗帷幕和用特殊机具开挖深槽浇注防渗墙来堵塞涌水通道的防治地下水害的方法。

采用防渗堵水工程防治地下水具有显著的优越性：可以节省大量电能和排水费用，在岩溶发育的矿区还可以避免因矿床疏干排水而引起大面积塌陷，保护农田和地面建筑以及地下水资源不受破坏。

A　使用条件

在下列情况下考虑采用防渗堵水工程：

（1）矿体围岩含水丰富，地下径流通畅，

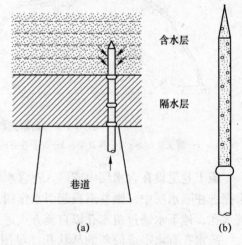

图 5-1-7　打入式过滤管
（a）打入式过滤管的布置；（b）过滤筛管

漏水量大，而且地下水补给来源充沛，采用疏干排水不能满足露天开采技术经济要求或经济上不合理时。

（2）矿区内赋存有流沙层，地下水涌水量虽然不是很大，但当疏干排水不能彻底截断地下水源，不能满足露天边坡稳定和开采技术要求时。

（3）当矿坑疏干排水会产生大面积地面沉降、开裂或塌陷，造成大片农田和建筑物破坏，或使地下水资源遭到强烈破坏、使地下水水质受到严重污染，引起供、排矛盾而不好解决时。

B 方法

防渗堵水工程一般有注浆帷幕、防渗墙。防渗墙只适用于松散地层中防渗堵水，且深度有限；注浆帷幕既可用于松散层中透水性强的含水层堵水，也可用于基岩裂隙、岩溶含水层的防渗堵水，深度可浅可深。

当然，对于矿山这种大范围进行防渗堵水，目前我国经验还不够丰富，必须慎重。尤其是水文地质条件复杂且未完全查清的矿山，不能盲目采用。对于矿区水文地质条件已查清，且具有良好水文地质边界条件（地下水流入矿坑和进水口较窄），工程量和投资相对较小的矿山可考虑采用；而对于工程量和投资巨大的地下防渗工程，尚需慎重研究。

a 注浆帷幕

注浆技术是通过钻孔注入泥浆、黏土或化学材料等具有充填、联结性能的防渗材料配制成的浆液，用压送设备将其注入地下水主要通道地层的孔隙、裂隙或溶洞中去，浆液经扩散、凝结硬化或胶凝固化形成防渗帷幕，以堵截流向采场的地下水流，达到防止地下水害、保护露天边坡稳定和开采工程顺利进行的目的。

注浆材料应具有流动性，并具有压入、充填所要注浆地层的空隙经过一定时间凝结、硬化的性质。对于注浆材料的具体要求是：

（1）可控性好（流动性好、黏度低、分散相颗粒小等）；

（2）浆液稳定性好，可长期存放而不改变性质或不发生其他化学反应；

（3）浆液凝结时间易于调节并能准确地控制凝固时间，固化过程最好是突变的；

（4）浆液固结之后，具备所需要的力学强度、抗渗性和抗侵蚀性能；

（5）材料源广价廉，储运方便；

（6）配制、注入工艺简单；

（7）不污染环境，对人无害，非易燃、易爆之物。

注浆材料种类甚多，如悬浮类和化学类浆液。悬浮类浆液如水泥、黏土，化学浆液有水玻璃等溶液型和丙烯酸胺类等高分子注浆材料。

水泥浆液是使用历史最长、应用最广的注浆材料。水泥浆液具有结石强度高，材料来源广，价格低、运输和储存方便以及注浆设备和工艺比较简单等优点。但因为它属于悬浮液颗粒性材料，对某些细微裂隙、裂隙或孔隙的地层注浆有时效果不好。水泥浆液一般用于空隙大于 0.4~0.5mm 的岩层和粒径大于 1mm 的砾石层和较粗砂层中，另外还要求地下水流速小、岩层无酸性或磁性。黏土浆用于粒径大于 0.1mm 以及大裂隙、溶洞的地层中，或地下水流速较低但对于水泥有侵蚀作用的岩层中。

化学浆液与水泥相比，具有较好的流动性，而且能按工程的需要调节浆液的胶凝时间，适用于有流动水的堵漏和防渗。有的化学注浆材料还具有较高的固结强度、效果较好。对某些用水泥注浆不能解决的工程问题，可采用化学注浆材料处理。一般很少单独全面采用化学注浆构筑大型防渗帷幕。化学浆液材料除水玻璃外，其他化学浆液材料存在有毒、污染环境且材料来源不足、制造复杂、价格昂贵等缺点，因此在实际使用上受到一定的限制。

　　b　注浆方法

注浆法按注入浆液的方式可分为自流法、压入法和高压旋转喷射法三种。

自流法是利用浆液自重作为注浆压力，不需注浆泵，设备简单，用于地下水压力不大或钻孔很深，难以实现高压注浆的情况。

压入法是用注浆泵压入浆液的方法，使用广泛。

高压旋转喷射法是用钻机在防渗帷幕线上打孔，钻到预定深度后，用高压泵将浆液通过钻杆由钻头喷嘴转换为高压喷流射进土层，由于喷射浆液的破坏力，把一定范围内的土层搅乱，与浆液均匀混合，喷嘴按一定速度一边旋转，以便缓慢提升，从而使土层形成一定强度的圆柱固结体。各圆柱固结体相连，形成连续的地下防渗帷幕。

　　c　防渗墙

防渗墙是在地面上沿防渗线或其他工程的开挖线，开挖一道狭窄的深槽，槽内用泥浆护壁。当单元槽开挖完毕后，可在泥浆下浇注混凝土或其他防渗材料，筑成一道连续墙，起截水防渗、挡土或承重之用。这种造墙方式能适应于各种复杂的施工条件，具有施工进度快、造价低、效果比较显著的优点，在矿山防水工程中得到应用。

矿山防渗墙的适用条件与注浆帷幕基本相同，但主要用于第四纪松散含水层，而且含水层距地表较浅且有稳定的隔水底板。

5.1.3　坑内排水

未经疏干，或矿坑水没有得到彻底疏干，或防渗堵水未能彻底拦截，而流入矿坑的地下水以及直接降入露天采场的降雨径流，这部分的矿山涌水必须在坑内布置排水设施排出。

5.1.3.1　露天矿排水系统

露天矿排水主要指排出进入凹陷露天矿采场的地下水和大气降水，排水系统是排水工程、管道、设备在空间的布置形式，可分为露天排水（明排）和地下排水（暗排）两大类四种方式，见表 5-1-1。

表 5-1-1　不同排水方式使用条件及优缺点

排水方式	优点	缺点	适用条件
自流排水方式	安全可靠，基建投资少；排水经营费低；管理简单	受地形条件限制	山坡露天矿有自流排水条件，部分可利用排水平硐导通
露天采矿场底部集中排水方式	基建工程量小、投资少；移动式泵站不受淹没高度限制；施工较简单	泵站移动频繁，露天矿底部作业条件差，开拓延深工程受影响；排水经营费高；半固定式泵站受淹没高度限制	汇水面积小、水量小的中、小型露天矿；开采深度浅，下降速度慢或干旱地区的大型露天矿亦可应用

排 水 方 式	优　点	缺　点	适 用 条 件
露天采矿场分段截流永久泵站排水方式	露天矿底部水平积水较少，开采作业条件和开拓延深工程条件较好；排水经营费低	泵站多、分散；最低工作水平仍需临时泵站配合；需开挖大容积储水池、水沟等工程，基建工程量较大	汇水面积大、水量大的露天矿；开采深度大、下降速度较快的露天矿
井巷排水方式	采场经常处于无水状态；开采作业条件好；为穿爆采装等工艺的高效率作业创造良好条件；不受淹没高度限制；泵站固定	井巷工程量、基建投资大；基建时间长；前期排水经营费高	地下水量大的露天矿；深部有巷道可以利用；需预先疏干的露天矿；深部用地下开采，排水巷道后期可供开采利用

5.1.3.2　露天矿排水方案选择原则

排水方式的选择，不仅要进行直接投资和排水经营费的对比，而且还需考虑其对采矿工艺和设备效率的影响，以及由此而引起的对矿山总投资和总经营费的影响。选择排水方案应遵照下述原则：

（1）有条件的露天矿应尽量采用自流排水方案，必要时可以专门开凿部分疏干平硐以形成自流排水系统。

（2）露天和井下排水方式的确定。对水文地质条件复杂和水量大的露天矿，宜优先考虑采用露天排水方式。生产实践证明，采用露天排水方式对矿山生产和各工艺过程设备效率的影响都很大。

（3）一般水文地质条件简单和涌水量小的矿山，以采用露天排水方式为宜，但对雨多含泥多的矿山，也可采用井下排水方式，减少对采、装、运、排（土）的影响。

（4）露天采矿场是采用坑底集中排水还是分段截流永久泵站方式，应经综合技术经济比较后确定。

（5）矿山排水系统与矿床疏干工程应统筹考虑，尽量做到互相兼顾、合理安排。值得注意的是，尽管地下井巷排水与巷道疏干在工程布置上可能有许多相似之处，但其主要作用是有区别的。排水巷道是用于引水、储水和安排排水设备的井巷。疏干巷道是专门用于疏水、降低地下水位或拦截地下径流的井巷。排水巷道具有一定程度的疏干作用，疏干巷道也会兼有引水作用。因此，排水与疏干巷道的划分只能根据它们的主要目的和主要作用来分辨。

思考与练习

1. 露天矿坑涌水的主要来源有哪些？
2. 露天矿防排水的主要任务是什么？
3. 什么是露天矿地表水的防治工程？
4. 露天地面防水工程的防治对象是什么？地表水的防治方法有哪些？
5. 截水沟的作用是什么？

6. 地下水的防治方法有哪些？

7. 什么是矿床疏干？

8. 露天矿排水的基本矛盾是什么？怎么解决？

9. 露天矿的坑内排水方式有哪些？

项目 5.2　露天开采安全与环保

【项目描述】

安全生产是我国保护职工安全健康的一贯方针。安全生产是发展社会主义国民经济的重要条件。不断改善职工的劳动条件、防止工伤事故和职业病是促进生产持续发展和实现工业现代化的重要保证。安全生产方针要求企业各级领导在生产建设中把安全和生产看作是一个统一整体，树立"生产必须安全，安全促进生产"的辩证统一思想，明确安全工作在生产中的地位是"安全第一"。

为贯彻安全生产方针，必须加强劳动保护管理工作，执行劳动保护的各项政策，做好劳动保护立法，加强安全思想教育和技术训练，健全安全专业管理和群众管理组织机构，改革不利于安全生产的劳动制度。为加强法制，必须严格执行安全生产的规章制度，坚持立法必执，执法必严，奖惩分明。对于违章指挥、违章作业而使职工受到重大伤害，国家财产遭到严重损失的，要按照法律手续提起公诉，严加审理，绳之以法，以保证安全生产。必须明确，安全技术是劳动保护的组成部分，它主要是研究生产技术中的安全问题。针对生产劳动中的不安全因素，研究控制措施以预防工伤事故的发生。安全技术措施应立足于把工伤事故消灭在未出现以前。所以，在设计生产过程、开拓采矿、机器设备和各种工艺流程的同时，就要采取确保安全生产的各项技术。安全技术是生产技术的组成部分。在计划、布置、检查、总结、评比生产工作的同时，必须同时计划、布置、检查、总结、评比安全工作，即所谓"五同时"。露天开采的安全技术是研究露天开采过程中造成伤亡的不安全因素及其控制措施。

【能力目标】

（1）能对露天开采早爆事故进行预防；

（2）能对露天开采的盲炮进行处理；

（3）熟悉露天开采用电方面的安全及预防。

【知识目标】

（1）熟悉露天开采常见的爆破事故；

（2）掌握露天开采爆破的早爆预防和盲炮的处理措施；

（3）熟悉露天开采机械方面常见的安全事故；

（4）掌握露天开采用电方面的安全及预防；

（5）熟悉露天开采的通风方式；

（6）掌握露天开采尘源的产生及除尘方法。

【相关资讯】

5.2.1　露天开采安全生产

5.2.1.1　露天开采爆破事故的预防

A　露天开采爆破作业的安全概述

露天开采爆破分为硐室爆破、深孔爆破、浅孔爆破和覆土爆破。爆破作业中有较多的不安全因素，从事爆破作业的人员必须接受爆破技术训练和专业安全教育，使之熟悉爆破器材性能，掌握安全操作方法和了解《爆破安全规程》。爆破作业的下述环节都必须保证安全生产：准备、炮位验收、药包加工、装药、堵孔、起爆和爆后检查。

a　爆破准备和炮位验收

针对我国露天开采历年事故教训，爆破准备工作中应注意：严禁打残眼，应首先了解天气情况，禁止在黄昏、夜间、雷雨或大雾天进行大爆破作业；硐室大爆破的导硐和药室开挖应组织专业队伍，配备安全和测量人员，保证必要的机械和材料供应；装药前要做好药室位置的测量校核，在地面图上做好标记，调整装药量，检验爆破电桥，组织好警戒和边坡保护工作；对炮位应检查其位置是否准确，炮位有无乱孔、堵孔、卡孔等现象，硐室有无塌方、冒顶、片帮的危险，要进行杂电检查和扫雷，应确保无残存雷管和积水，以免炸药受潮失效或雷管拒爆。

b　装药充填及起爆技术

保护好炸药包装，如有撒粉应及时清扫。检查好运药道路，注意处理浮石，保护好传爆线。采用装药车或装药器时，要有可靠的防止静电的措施。起爆药包的加工需在单独的房间内进行，加工台上应设置有突出边缘的软垫以防碰撞或摔响雷管，要先用铜、铝或木制小棒在药卷上扎一个孔，不要将雷管硬插进去。爆破母线应当专用，不应接连其他用电设备，以防反向供电或引进杂电而造成重大事故。起爆前所有人员应撤到安全地点，以防磁电、感应电或杂散电流引起早爆事故造成严重伤亡。

c　爆后检查

明火起爆应查点炮数，在最后一响至少 5min 之后方可进入爆区检查，要重点检查有无拒爆或半爆现象。大爆破之后应立即将母线电源切断，最少 30min 后才允许到爆区检查。如果在山谷通风不良的地段中进行大爆破，必须待炮烟消散后才能进爆区检查。检查中如果发现拒爆药包或对全爆有怀疑时，应先设警戒。爆后危石应设危险标志，经安全处理后才能解除警戒。

B　爆破事故原因分析

爆破作业中的伤亡事故主要发生原因有：爆破后过早进入爆区；爆破器材质量不佳、起爆方法不良；盲炮处理不当；警戒不严、信号不明、安全距离不够；炸药储存运输管理不严以及违反安全规程等。

露天开采爆破飞石伤人的事故较多，飞散的炸碎石块又多来自明火点炮和二次破碎时所放糊炮。爆破时由于药包最小抵抗线掌握不准、药量过大等原因，造成了爆破飞石超越安全允许范围、击中人身或设备。也有的事故是因安全距离估算错误，警戒不严所造成。因此，露天爆破必须正确计算装药量，施工时要准确校核，并根据爆破性质、爆破参数与地形条件正确计算爆破安全距离。

起爆材料质量不良往往会引起早爆或迟爆现象，以致造成伤亡事故。对过期变质的导爆线和雷管应及时销毁，严禁发放。由于对工人进行炸药性能的安全教育不够，曾发生过多起因揉搓硝化甘油炸药而造成的伤亡事故，也曾发生过因用铁镐撬开硝铵炸药箱发生火花引燃炸药的事故。

露天开采、雷雨天进行电气爆破时，也曾发生过多次早爆事故。此外，尚有因杂散电流或静电干扰而发生的早爆事故。

C　爆破安全距离

露天开采爆破时，会产生爆破地震波、空气冲击波和个别飞石，它们对人及建筑物的危害范围，取决于爆破规模、性质、地形和爆破环境。露天大爆破时，地震波和飞石的影响范围较大，空气冲击波在加强抛掷爆破时有较显著的影响，松动爆破对人和建筑物的危险性较小。为保证人员、设备和建筑物的安全，必须正确决定各项安全距离，以防发生爆破事故。

a　地震波的安全距离

炸药爆炸时，有百分之几的能量转化为弹性波，它在岩石或土壤中传播而引起的地面震动，称为"爆破地震"。它对附近地层、建筑物、构筑物产生破坏性的作用。它与自然界地震的主要区别在于爆破的能源在地表浅层发生，且其能量衰减较快，另外，"爆破地震"持续时间短、振动频率较高，在爆破近区的竖向振动较为显著。"爆破地震"的安全距离是指爆破后不致引起建筑物、构筑物破坏的最小距离。评价地震波对建筑物的危险程度，一般采用质点垂直振动速度，其值主要与装药量、爆源距离、地质与地形条件有关。

b　露天开采爆破冲击波的安全距离

露天开采抛掷爆破时，爆破的部分高压气体随着矿岩块的冲击，在空气中形成冲击波。冲击波在爆源附近的一定范围内产生冲击气浪，能摧毁房屋，伤害人员。爆破空气冲击波的安全距离，在采用裸露药包对大块进行糊炮作业时，距离应不小于 400m，浅孔爆破时，距离应不小于 200m，中深孔时，也要不小于 200m。

D　早爆事故的预防

静电和雷电能造成药包的早爆。当采用压气装药时，炸药以较高的流速沿输药管滑动，致使炸药与输药管壁之间发生摩擦而产生静电。静电电压有时很高，这不仅对人有触电危险，而且由于电雷管的脚线与带电的药流或输药管接触时，能产生火花放电，会引起电雷管早爆。此外，在风沙大的地区进行露天爆破时，也会产生静电引起的雷管早期爆炸。预防静电引起的早爆事故，可采取下列措施：

（1）保证装药车具有良好的接地装置，用以导出所产生的电荷，接地电阻应控制在 10Ω 以下。

（2）采用塑料输药管路，并应将其接地；使用导电的屏蔽线。

（3）采用抗静电的雷管，如用金属管壳的电雷管，则不许裸露在起爆药包外面。

雷云在空中放电则产生雷电。雷电的发生伴随着极大的机械作用和热力效应，同时由于静电感应和电磁感应会引起雷电的二次作用。在靠近雷击点附近的输电线能感应出极高的电压。因此，在露天爆破作业中如遇有雷雨天气则有早爆的危险。目前正在爆破网路方面研究可靠的防雷保护措施，雷电警报器已有所采用。雷雨天气应采用导爆索起爆法。在突然遇有雷雨时，应将电力起爆网路的支线进行短路，并将人员及时撤离危险区。

E　预防和处理盲炮

防止产生盲炮的措施包括：改善保管条件，防止起爆器材受潮，对不同燃速的导火线要分批使用；设置专用爆破线路，防止接地和短路，加强电网的检查和测定；避免电雷管漏接、错接和折断脚线；经常检查开关、插销和线路接头；有水的炮眼，在装药时应采取可靠的防潮措施。中深孔处理盲炮时，如果外部爆破网路破坏，当检查最小抵抗线变化不大时，可重新连线起爆；打平行孔，即距露天深孔盲炮处不小于 2m 的地点，打一平行孔眼重新装药起爆；采用硝铵类炸药时，如孔壁完好可取出部分填塞物，向孔内灌水，使炸药失效。

5.2.1.2　露天开采区运输安全

A　铁路运输安全

铁路运输中常见的事故有撞车、脱轨、道口肇事和由此引起的人身伤害。这些事故的发生除违章调度、违章作业外，多由于设备失修、线路弯曲和下沉、轨距扩大而引起线路脱轨，路外事故（铁路两侧堆物、装车不稳导致移动中矿石脱落伤人、超重、偏重等），在铁路与公路的交道口处无人看守或安全信号不灵、挡栏失效等。

在机车车辆安全装置与安全运行方面，则要求每台机车上都应装有制动机。除"单机制动"外，还应有司机用来调节列车速度或停车时采取安全措施的"列车制动"。每台机车上应装有：车梯子与脚踏板、完好的前后照明、信号标志灯、汽笛与风笛等音响信号以及电机室、高压室或辅助室门上的门联锁等安全装置。在调车安全作业中要特别注意车辆摘挂作业时的安全防护。摘车时，在超过 2.5‰ 的坡道上停放车辆要做好止轮防溜措施，然后再提钩摘车。预防轨道线下沉和设置必要的"死叉线钢轨挡"，都具有重要的安全意义。

为防止行车伤人事故，在铁路线一侧应设人行小路，在横越路线的地方要设置"小心列车"的路牌。在露天开采区沿路要按规定设置夜间照明灯和各种信号灯。

B　汽车运输安全

正确的筑路和养路，是保证运矿汽车安全行驶的主要条件。因此，汽车道路的曲率半径、路面宽度、纵向坡度与可见距离等参数都应当与行车速度相适应。汽车道应有防护设备与路标。汽车路线上的正常视度应不少于 50m。而在道路交叉点的视度应不小于 100m。行车距离应按车速、道路、视度和制动器的技术性能而定，在一般情况下不小于 50m。所以，露天开采汽车道路应做好沿路照明，汽车夜间行驶时，前灯应照射到 150m 以外，加大汽车间的距离，严禁急行与超车。如夜间在路上临时停车，必须开放小灯和尾灯，以示意停车位置，以便于车辆、行人避让。属于养路方面的措施有：经常巡查路段，山坡盘道应设置栅栏与路标，及时清除路肩、边沟、水槽、天沟和排水沟中积矽，及时维修凸凹路面。自卸翻斗汽车在翻斗升起与落下时不准人员靠近，翻斗操纵器除本车司机外一律不准他人操纵，工作完毕后应将操纵器放置于空挡位置，以防行车中翻斗自起伤人。

C　皮带运输安全

露天开采中皮带运输的主要安全措施有：禁止工人靠近运输机皮带行走；设置跨越皮带机的有栏杆的路桥；机头、减速器及其他旋转部分应设置保护罩；皮带运转时禁止注油、检查及修理；还应注意皮带机的防火。

5.2.1.3　露天开采机械运行安全

A　钢绳冲击式穿孔机工作时的安全措施

穿孔机运动部分的四周须设围栏，否则不准工作。当钻杆升起或下放时，不得有人在其前后停留。穿孔钻机如按顺阶段（长轴）方向移动时，外侧轨距距崖边不得小于 2.5m，司机要详细检查地基及工作面情况，防止钻区"推坡"。钻机在高压线下方移动时，天轮距高压线的间距不得小于 0.5m。钻机移动的行道和安设钻机的场地，应合理设计和妥善安排。需将行道和场地上的大石块和其他物体清除掉，并清理好阶段上部的浮悬岩石。设备运行时，不准修理和维护其转动部分以防绞伤。车架上严禁双层作业，安全大绳不得放在转动部分上，以免伤人。换钎时，钻杆不准吊在空中，接连部件要拧紧，防止错扣，吊运时要用绳子拉。钎子和钻杆严禁从司机室上边吊运。在冬季新打出的孔眼如被雪埋没时，要及时捅开，防止孔眼掉人。钻孔泥浆应导入排水沟中。北方矿山为防止结冰，冲钻水中应加盐。

B　潜孔钻及牙轮钻工作时的安全措施

在沿台阶边缘开车时，机架突出部分距边坡外缘不得小于 5m。钻车通过高压线时，钻机最高部分与高压线的距离不得小于 5m。停稳车时，钻机司机室距崖边最小安全距离为 1m。在起落钻架时，钻架上下均不得站人。当机械、电气、风路系统安全面控制装置失灵时，以及除尘系统发生故障及损坏时，应立即停止作业，及时修理、维护和更换。钻机夜间作业，照明设施要完善。钻机开始运行时，必须检查机械周围是否有人和障碍物，在车架及机械顶盖上不准站人，风源胶管及电缆不得通过横道。

C　电铲工作时的安全措施

电铲行道应整修平坦，如土壤松软应铺平木板以利电铲移动。应设置扶梯以便工人进入电铲工作平台，而平台周围必须设有栅栏。电铲机械室的各转动部分都必须装设保护罩。每台电铲都应装有汽笛或警报器，在电铲进行各种操作时都必须发出警告信号。电铲夜间作业时，车下及前后灯的照明必须良好。

当电铲运行时，发现有悬浮岩块或遇有塌陷征兆、瞎炮等情况，应立即停止工作，将电铲开到安全地带。当电铲挖掘作业时，任何人不得在电铲悬臂和铲斗下面以及在工作面的底帮附近停留。禁止电铲装车过满和装载不均，以及将巨大岩块装在车的一端，以免引起翻车事故，招致人员伤亡。巨大岩块不得用铲斗攫取，必须移到采掘带外的采空区里进行二次破碎后，才准重新装车。在向汽车装岩时，禁止铲斗从汽车司机室上通过，车厢内有人时不得装车；在装车时，汽车司机不得停留在司机室脚踏板上或有落石危险的地方。电铲装车时不得将铲斗压在汽车两帮上，铲斗卸矿高度不得超过 0.5m，以免震伤司机，砸坏车辆。

5.2.1.4　露天开采触电的预防措施

A　容许电压和电缆的敷设

露天开采容许使用的三相交流电的电压为：电铲用 6kV、3kV 和 380V；其他机器为 380V；地面照明设备不得超过 220V，供电铲照明灯用电不得超过 127V。配电网可架设在固定式、移动式的线杆上。为了使大型移动设备能在电气线路下安全通过，吊挂电线的高度自地面算起，对电压在1kV以下的线路应不少于6m；电压超过1kV时，不得小于7m。导线交叉时，低压线需在高压线下，其间距不得小于1.2m。1~10kV的高压线距低压线必须大于2.2m；高压线不许在建筑物上面通过。

工作人员必须与高压带电体保持的安全距离：0.5kV及以下应为0.5m以上；1~10kV以上时应不小于1m。照明线在工作地点的吊挂高度不得小于5m。电话线需保持设在另外的线杆上，移动式设备的供电胶缆可架在移动式的电缆架上。

B　保护接地

除了电压在1kV以下的中性线是接了地的电气设备要用此接地来代替保护接地以外，所有电气设备一律都应保护接地。禁止在同一电网上对一部分电气设备接零而另一部分设备予以接地，因为绝缘被击穿后，通过保护接地对于未损坏的接零设备可引起极大的电压。对露天开采矿还要求装置零线的二次接地，以保护某一地点接地线的折断。接地部分的接触电压不应超过40V。

固定设备应就地接地。移动设备则需通过胶缆和具有就地接地的供电点加以接地。供电点用固定接地器接地；移动式的供电点，则用移动接地器接地。接地器的数目应比计算的多1个，但不得少于3个。高低压设备应各自接地成网，以防高压接地网的电流流向低压接地网路。高低压设备的接地器之间的距离，应不小于10m。总接地器应布置在固定变电所附近。

C　电气设备安装检修时的安全措施

禁止带电作业。只有切断电源以后，才允许修理电气设备。只允许熟练而精通检修规程的电工根据专门的指令，并检查好工作环境，准备好绝缘用具，采取安全措施后方可进行带电修理工作。

遇有雷、电、暴风雨时，应停止电气安装及检修作业，此时也不准登线杆进行作业。停送电作业的安全操作为：正常停电先去掉负荷，然后拉开油开关，再拉开隔离开关，同时要注意联锁装置和信号灯处于正常，绝对禁止先行拉开隔离开关（无油开关的回路例外）。送电前，电力调度、变电所、配电室及工作现场彼此必须互相联系，详细检查和通知，在确知线路、设备上无人和无其他障碍物时，方可送电作业。若油开关自动脱机，要查明原因后方可送电。停止检修时，必须由负责人证实"无电"，并全部拉开刀闸，戴好绝缘防护用品后方可工作。

5.2.2　露天开采通风

5.2.2.1　露天开采大气的污染与危害

在露天矿开采过程中，由于使用各种大型移动式机械设备，包括柴油机动力设备，促使露天开采内的空气发生一系列的尘毒污染。矿物和岩石的风化与氧化等过程也增加了露天开采大气的毒化作用。

露天开采大气中混入的主要污染物质是有毒有害气体、粉尘和放射性气溶胶。如果不采取防止污染的措施，或者防尘和防毒的措施不利，露天开采内空气中的有害物质必将大大超过国家卫生标准规定的最高允许浓度，因而对矿工的安全健康和对附近居民的环境都将造成严重危害。

A　露天开采大气污染源分类

按分布地点，污染源有露天内部的，也有从露天边界以外涌入的外来污染；按作用时间，露天开采污染源分为暂时的和不间断的。浅孔凿岩和二次爆破是暂时的污染源；钻机和电铲扬尘、岩石风化、矿物自燃，以及从矿岩中析出毒气和放射性气体，则属于不间断的污染源。按涌出有毒气体的数量和产尘面的大小，露天开采污染源又分为点污染（电铲、钻机等）、线污染（汽车运输扬尘等）、均匀污染（指从台阶工作面析出的有毒有害气体以及矿坑水中析出的二氧化硫和硫化氢等）。按尘毒析出面的情况，分为固定污染源和移动污染源。前者如电铲和钻机扬尘，后者如汽车、推土机产生的尘毒。按有毒物质的浓度，分为不混入空气的毒气涌出（如从矿坑水中析出硫化氢）和混合气体污染（如汽车尾气）。由于上述有毒物质污染源的不同，都影响着它们的传播扩散、污染程度以及消除污染的方法选择。

B　露天大气中的主要有害气体及危害

露天开采大气中混入的主要有毒有害气体有：氮氧化物、一氧化碳、二氧化硫、硫化氢、甲醛等醛类。个别矿山还有放射性气体：氡、钍、锕等放射性气性。吸入上述有毒有害气体能使工人发生急性和慢性中毒，并可导致职业病。

a　露天开采有毒气体的来源

露天开采大气中混入有毒有害气体是由于爆破作业、柴油机械运行、台阶发生火灾时产生的，以及从矿岩中涌出和从露天开采内水中析出的。

露天开采爆破后所产生的有毒气体，其主要成分是一氧化碳和氮氧化合物。如果将爆破后产生的毒气都折合成一氧化碳，则1kg药能产生 80～120L 毒气。柴油机械工作时所产生的废气，其成分比较复杂，它是柴油在高温高压下进行燃烧时产生的混合气体，其中以氧化氮、一氧化碳、醛类和油烟为主。硫化矿物的氧化过程是缓慢的，但高硫矿床氧化时，除产生大量的热以外，还会产生二氧化硫和硫化氢气体。在含硫矿岩中进行爆破，或在硫化矿中发生的矿尘爆炸以及硫化矿的水解，都会产生硫化气体：二氧化硫和硫化氢。露天开采发生火灾时，往往会引燃木材和油质，从而产生大量一氧化碳。另外，从露天开采邻近的工厂烟囱中吹入矿区的烟，其主要成分也是一氧化碳。

b　各种有毒气体对人体的危害

（1）一氧化碳。为无色无味无臭的气体，对空气的密度为 $0.97g/cm^3$，一氧化碳极毒，它同血液中的血红蛋白相结合，妨碍体内的供氧能力，中毒症状为头晕、头痛、恶心、下肢无力、意识障碍、昏迷以至于死亡。

（2）二氧化氮。它是一种红褐色有强烈窒息性的气体，对空气的比重为 1.57，易溶于水而生成腐蚀性很强的硝酸。所以，它对人体的眼、鼻、呼吸道及肺组织有强烈腐蚀破坏作用，甚至引起肺水肿。症重时丧失意识而死亡。

（3）硫化氢。它是一种无色而有臭鸡蛋味的气体，具有强烈的毒性。

（4）二氧化硫。它是一种无色而有强烈硫黄味的气体，在高浓度下能引起激烈的咳嗽，以致呼吸困难。反复长期地在低浓度下工作，则能导致支气管炎、哮喘、肺心病。

（5）甲醛。甲醛等醛类是柴油设备尾气中的一种有毒气体。甲醛等能刺激皮肤使其硬化，甲醛的蒸气能刺激眼睛使之流泪，吸入呼吸道能引起咳嗽。丙烯醛也有毒性，它刺激黏膜和中枢神经系统。醛类气体除汽车尾气中含有之外，在使用火钻时也能产生。

（6）露天开采大气中的放射性气溶胶。有的金属矿床与铀钍矿物共生。含铀金属矿有四大共生类型：赋存有连续的铀矿化体；赋存有非连续的点状或小块状铀矿化体；分散性低的含铀、钍的稀有矿物和稀土矿物；铀-金属共生矿。这些共生的铀钍矿床，如采用露天开采，都会不同程度地有氡气、钍气等放射性气体析出到露天开采大气之中，从而造成矿区的放射性污染。除钍品位极高的矿山外，矿区内空气中的放射性气体主要是氡气及其子体。

氡子体具有金属特性，而且带电。由于热扩散和静电作用使带电的氡子体在非放射性矿尘上沉积、结合和黏着。这就使非放射性的微粒被活化为放射性气溶胶。因为这是天然产生的，故称为天然放射性气溶胶。露天开采时天然放射性气溶胶对人体的危害，主要是氡及其子体衰变时产生的 α 射线。这些放射性气溶胶随空气进入肺部，大部分沉积在呼吸道上形成对人体的内照射。不仅能促进矽肺病的发展，而且有导致肺癌的危险。

5.2.2.2　露天开采的自然通风

A　自然通风的主要动力和分类

露天开采的矿内空气和地面大气的交换，称为露天开采自然通风。这一过程用来从露天开采工作地点排出粉尘和有毒气体，并向露天开采输入新鲜空气。

露天开采空气交换的自然动力有两种：其一为充满露天开采的坑内大气团中个别分层间的温差；其二为自然风力的动能。形成露天开采空气流动的主要热源是太阳辐射，在个别情况下，火灾和氧化过程也能构成露天开采的热力通风。温度因素不仅参与而且也妨碍露天空气的热交换。当土壤与岩石层温度下降变冷时，温度梯度为负值，此时风流变向而且使露天开采自然通风的效果极差。风力因素的影响小于温度因素，这与露天开采所在地区的有无风、风流速度大小与强弱有关。无风或微风的天气所占百分比越多，露天开采自然通风的能力越弱，随之而来的露天开采污染则越严重。

由于大气的风向、风速不同，风流状态和风流结构各异，造成了不同露天开采或同一露天开采深浅各部位的空气中有害物质的分布、特征、污染情况等有显著差别。对露天开采自然通风进行分类的主要依据是：地面风速、绝热温度梯度等物理参数；露天开采深度、走向长度或称为与风流方向垂直的露天长度、与风流同向的露天开采地表开口水平长度、相对长度、边坡倾角（背风边坡角、上部阶段角、下部阶段角）等几何参数以及实现空气交换的动力（即温度和风流的风力）。

通风的基本方式有四种：回流、环流、直流和复环流。此外还有两种方式联合作用的环流-直流；直流-复环流。环流通风与回流通风的产生与地形、露天几何尺寸、边坡角等无关，而是在温度因素作用下形成的。至于回流-环流联合通风方式则与温度和地形、几何尺寸等两种条件均有关联。在无风或微风天气的露天开采内，空气流动呈环流和回流的方式出现的场合较多。随着地面风速增大，通风动力从以热力为主转化为以风力为主时，露天通风方式则常呈现直流和复环流。在这种情况下，和地面空气流动相一致的区域称为第一代射流区；构成闭路循环的复环流称为第二代射流。形成复环流的条件是地形极凹，开采深度较大，相对长度小于 5~6 等因素。

B　露天开采自然通风方法

（1）露天开采环流通风。露天开采的空气交换之所以呈现环流方式，是由于热气流上升造成的。在太阳辐射热的作用下，露天开采在白天极易发生环流；但当工作面发生火灾和激烈氧化过程产生的热量较大时，即使夜间也有形成环流的可能。露天开采空气的环流运动，其产生条件是：空气垂直方向的温度梯度为正值，且此值大于绝热温度。

（2）露天开采的回流通风。当露天开采垂直温度梯度为负值时，交换空气的方式呈回流状态。回流的产生是由于空气经过露天边帮及其连接的地表温度下降从而促使近地空气层变冷下行的结果。沿边帮下行风流冲刷露天凹地工作面以后，又上升经露天中部将尘毒排出地面。露天开采的回流通风有两种不同情况影响露天开采通风效果和大气成分。这两种情况虽然物理现象基本相同，但结果却有显著差异：第一种情况，露天开采位于平原地区，随露天阶段的下降日益形成深凹区，致使四面封闭。

第二种情况，顺山坡开挖阶段，构成山坡露天，形不成封闭区。在封闭凹坑露天开采中，冷而重的空气沿四周边坡向深部流动，在风流下行的过程中带走了台阶面上的粉尘和毒气，在露天坑底形成污染的冷空气团，这种空气流速缓慢，一般小于 1m/s。

当露天开采处于有利地形，回流通风能保证冷空气在所有时间内流动并排出粉尘毒气，所以它是防止露天大气污染的较好通风方式；反之，如果露天矿开采的深凹极深且四面封闭、污染十分严重时，有时亦可开凿专用通风井以便从露天的极深部将有毒气体和粉尘排出，即采用沿山坡自然入风，利用通风井机械排风的方式。或者在自然通风之外辅之以移动式通风机通风。

（3）回流-环流方式的通风。在日出或日落的时间里，某一边坡处于放热变冷状态，而另一边坡因吸光受热增温，两个边坡的垂直温度梯度一正一负，且其值有显著差别。在此种情况下，空气沿一边坡由上往下运动，而在另一边坡则出现从下往上的上行风流，这就形成了回流和环流的混合式通风。在回流下阶段表面的风速，一般不超过 1 ~ 1.5m/s。越往深部则风速越小，但不易形成停滞气团，或者说停滞空气层的高度不大。这种无风状态即使形成，持续时间也不会太长，因为日落之后环流又转为回流，而日出以后回流又可转化为环流。

由于空气容重之差是形成这种空气流动的作用力，而且和高度差有密切的关系，所以，当冷热两边坡即使空气温差很大，但处于同一水平或者高差较小时，风速也不会太大。对此，北方露天开采和高山露天开采较为有利，在个别情况下，从背阴的边坡到光照的边坡之间的局部气流，其风速有时可达 5 ~ 6m/s。

5.2.2.3　露天开采的人工通风

随着露天开采的不断延深，台阶工作面不断下降，劳动条件也逐渐恶化。尽管露天开采全面通风基本上是靠自然通风来实现的，但是，对粉尘炮烟及尾气停滞区，以及大爆破区等个别地点则很有必要辅之以人工通风，以便减少停工时间和进一步改善作业环境。

实践证明，露天开采深度越大，各种风向的自然通风效率越低；露天开采深度与长度的比值越大，自然通风的效果也越差。

按通风动力分，人工通风方法有三种：一是利用移动式通风机造成湍流自由风流；二是借助工作区加热和制造对流风流以加强自然换气；三是在边坡外和底部开凿竖井和平巷，安装风机进行全矿的抽出、压入式通风。

按露天开采人工通风装置的风流运动方向，分为两类：一是造成垂直向射流的装置，分为造成固定射流、活动射流及混合射流的装置；二是造成水平向和斜向射流的装置，也分为造成固定射流、活动射流及混合射流三类装置。

这样区分的依据是直、平、斜三向射流的参数均在不同程度上取决于重力的作用、上行和下向垂直向风流的扩展程度。至于造成固定射流、活动射流及混合射流的分法，是根据射流的活动性决定的。所谓"射流活动性"，是指通风装置运转过程中风流在垂直面和水平面上或者同时在这两个面上的位移而言。

按照射流由出口流出的排斥力和惯性力的比例关系，通风装置又可分为下列四类：

（1）等温射流装置。在等温射流中不存在排斥力，射流的扩展是由惯性力的作用决定的，表示排斥力和惯性力之间联系的阿基米德准数，在此情况下等于零。

（2）不等温的弱射流装置。在不等温的弱射流装置中，同惯性力相比，排斥力较小。

（3）不等温的强射流装置。不等温的强射流中，排斥力相当于惯性力，对风流扩散性质的影响较大。

（4）对流射流装置。在对流风流中没有惯性力，风流是在排斥力作用下扩展的。

5.2.3 露天开采除尘

5.2.3.1 露天开采尘源分析

A 钻机产尘情况

钻机产尘量占该生产设备总产尘量的第二位。钻机孔口附近工作地带在没采取防尘措施时，粉尘的质量浓度平均为 $448.9mg/m^3$，最高可达到 $1373mg/m^3$。钻机司机室粉尘的质量浓度平均为 $20.8mg/m^3$，最高可达 $79.4mg/m^3$。这还是在潮湿季节测定的，大风干燥季节尤为严重。

一台牙轮钻机当穿孔速度为 $0.05m/s$ 时，$10\sim15\mu m$ 的微细粉尘的产生量，每秒就达 $3kg$ 之多，在风流作用下可污染露天开采大片地区，即便远离钻机的地方，空气中粉尘的质量浓度也大大超过卫生标准。

司机室空气中粉尘的来源，主要因钻机孔口扬尘后经门窗缝隙窜入；其次为室内工作台及地面的积尘，由于钻机振动运转而二次扬尘。前者占 70%，后者约占 30%。

B 电铲产尘情况

电铲产尘量与采掘的矿石的相对密度、湿度，以及铲斗附近的风速等因素有关。一般矿山的电铲产尘强度为 $400\sim2000mg/s$。

露天铁矿所用电铲多为 $4m^3$ 的铲斗，当爆堆干燥时，铲装过程产尘量占总产尘量的第三位。电铲司机室内的粉尘来源，一是铲装过程所产粉尘沿门窗缝隙窜入；二是室内二次扬尘。电铲司机室采取两级除尘净化措施以后，室内平均粉尘质量浓度可降到 $1\sim2mg/m^3$。

C 汽车运矿的产尘情况

运矿汽车往返于露天阶段路面，其产尘量的大小与路面种类、路面上积尘多少、季节干湿、有无雨雪以及汽车行驶速度等因素有关。据测定，其产尘强度在 $620\sim3650mg/s$。运矿汽车在行驶过程中，其产尘量占全矿采、装、运等生产设备总产尘量的 91.33%，居于首位。它是污染露天开采区空气的主要尘源，并造成了全矿空气的总污染。

　　D　推土机和二次破碎凿岩时产尘情况

据统计，推土机的产尘强度变化于 250～2000mg/s 之间，这取决于矿岩的含水量、空气湿度及露天工作地点的风流速度。二次凿岩爆破大块是采矿的重要辅助工序，尽管浅孔凿岩机产尘量比露天大型机械低得多，但其工作地点接近电铲和汽车路面，由于这些生产过程相互影响，所以二次凿岩区的空气中的粉尘的质量浓度也相当高，干式凿岩时可达 100～220mg/m³。

5.2.3.2　露天开采的生产过程除尘

　　A　露天开采的钻机除尘

根据牙轮钻机的产尘特点及露天开采区的气温和供水条件，目前采用的除尘措施可以分为干式捕尘、湿式除尘及干湿结合除尘三种方式。选用时要因时因地制宜。

干式捕尘以布袋过滤为末级的捕尘系统为最好。布袋的清灰方式有机械振打和压气脉冲喷吹。我国以后者为主，布袋过滤辅之以旋风除尘器为前级，并于孔口罩内捕获大粒径粉尘及小碎岩屑的多级捕尘系统为最好。布袋除尘不影响牙轮钻的穿孔速度和钻头寿命，使用方便。但是，其辅助设备维护麻烦，且会造成积尘灰堆的二次飞扬，这是它的不足之处。

湿式除尘主要是气水混合除尘，该方式设备简单，操作方便，能保证作业场所达到国家卫生标准。但是，寒冷地区必须防冻，而且有降低穿孔速度和影响钻头寿命的缺点。

干湿结合除尘，是往钻孔中注入少量水而使细粒粉尘凝聚，并用离心捕尘器收捕粉尘或采用洗涤器、文氏管等湿式除尘器与干式捕尘装置串联使用的一种综合除尘方式。

　　B　潜孔钻机除尘

潜孔钻机除尘的原则与方法基本同牙轮钻机，分为干式、湿式两种。干式除尘直接对孔中吹出的尘气混合物分离、捕集；湿式除尘用汽、水混合物供给冲击器，在孔内湿润岩粉，使之成为湿的岩粉球团排出孔外。

干式除尘多用孔口捕尘罩，该罩顶部与定心环相连；旁侧排尘管管口装有胶圈，它可在沉降箱侧壁上自由滑动，借助风机在箱内形成负压，可使之紧贴在沉降箱吸风口上而不致漏风。在更换钻头时只需升降定心环，捕尘罩便能随之起落。

湿式除尘的方法是，凿岩时从注水操纵阀输入的压气推动注水活塞移动，打开水路，从水泵输入的压力水由喷嘴喷出，被冲击器操纵阀输入的压气吹成雾状，形成汽、水混合物进入冲击器，使岩粉形成湿润球团排至捕尘罩。

5.2.3.3　露天开采运输过程除尘

露天开采的行车公路上经常沉积大量粉尘，当大风或干燥天气和汽车运行时，尘土弥漫，粉尘飞扬，汽车通过的瞬间，1m³ 空气中粉尘的质量浓度高达几十甚至几百毫克。

国内外路面除尘的最简易办法就是用洒水车喷洒路面。英国露天开采的研究表明，要使路面粉尘不再飞扬，除非使道路上的尘土含水量占 10% 以上，而路面粉尘干燥的速度主要取决于空气的湿度和风速。若遇到干旱的大风天气，洒水后极易蒸发，往往事倍而功半。

露天开采运输道路的防尘有三种措施：洒氯化钙、涂沥青和喷化学黏尘剂。

长期使用结果认为，氯化钙容易腐蚀车胎，而沥青的黏尘作用时间又较短。近年研制成一种石油树脂冷水乳剂，作为路面除尘中化学黏尘剂用，其效果较好。喷洒石油沥青、乳胶化沥青进行路面防尘在国外获得较好效果。例如美国某露天铜矿将一定量的沥青液装入水车的水箱中，然后按比例注水，配制成 5% 或 10% 的乳胶状沥青溶液。由于装水时水流的冲击，形成乳状，在水车奔驰颠簸过程中又充分混合成胶体，其小球直径为 2.51μm，具有缓凝和黏着力强的特点。该矿喷洒乳胶沥青后，路面形成 0.8mm 厚的沥青层，不仅防止了粉尘飞扬，而且路面光滑，减少了维修。这种路面虽能经受 50mm 降雨量阵雨冲刷，但却不能抗御持续 2~3 天的毛毛细雨的侵蚀。由于沥青有碍矿石浮选，所以该法只适用于露天开采外到卸石场的一段路面上，而不适用于采场路面。

5.2.3.4 露天开采除尘注意事项

A 凿岩用水的防冻

地处北方或寒冷季节的露天开采，防尘用水常遇到因冻结而无法进行湿式除尘的困难。加拿大埃克斯塔尔露天开采每年 1~2 月平均温度为 -26~ -23℃，最低达 -45℃，凿岩用水的防冻是一大难题。原来只好采用干式捕尘，后来对水箱上的水管采取防冻包装，并且在水内添加防冻剂，湿式凿岩才得以顺利进行。

美国北方各州的露天开采为解决冬季湿式凿岩，设置了凿岩用水的中心加热站，利用热水泵将水吸经隔热管道供给凿岩用水。

B 对呼吸性粉尘的抑制

用喷雾洒水办法抑制露天开采中的装矿、卸矿时的粉尘飞扬，只对 20~30μm 的大颗粒粉尘有较高的效果；对小于 5μm 的呼吸性粉尘则无能为力。

在喷雾的水中加湿润剂可提高捕获较细颗粒粉尘的效率，美国和加拿大露天开采采用均较为普遍。最受欢迎的是一种称为 "MR" 的湿润剂。它不仅能加强水的湿润能力，且能渗入粉尘内部，导致小颗粒相互凝聚，以最少的水量获得最大的湿润效果。美国用充电水雾抑尘取得了良好效果。由于工业性粉尘有荷电性质，研究表明，小于 3μm 的粉尘带有负电荷，故可利用与粉尘极性相反的静电水雾使呼吸性粉尘凝聚及沉降。即使用静电喷涂的喷枪，用 30kV 高压电使水离子化，每分钟流水量为 28.2L。测尘结果表明，用充正电荷的水可使呼吸性粉尘浓度显著下降。

C 废石堆的覆盖剂

露天开采堆放剥离土石沟排土场、矿石堆、尾矿堆也是露天开采尘源之一。为避免矿石和废石堆的粉尘污染露天环境，在进行露天开采设计时应选好地址。可以利用自然低凹地形，并与平整土地和复田计划相结合。无凹地可利用时，也要使废石堆远离生活区并种植松树林防风。除此以外，对废石堆应采用喷洒大量水流和使用覆盖剂以形成覆盖层。覆盖剂不仅要求能使废石堆表面形成一层硬壳，而且要求能经得起风吹、雨淋、日晒，还要求喷洒量小、原料充足、价格便宜，以及没有二次污染。

废石场复垦是将结束了的废石场平整后，然后覆土造田，种植农作物和植树，同时可以消除废石场流出的酸性水对农作物的危害和污染水系。要在发展矿业的基础上做好环境的保护和资源的合理利用，不能以牺牲环境为代价来发展经济。要做到矿产资源的可持续发展。

思考与练习

1. 简述露天开采安全工作的重要性。
2. 简述露天开采爆破常见事故。
3. 简述露天开采常见爆破安全事故的预防。
4. 简述露天开采运输安全事故的预防。
5. 简述露天开采机械方面常见安全事故。
6. 简述露天开采机械方面安全事故的预防。
7. 简述露天开采用电方面的安全及预防。
8. 简述露天开采大气中的主要有害气体。
9. 简述露天开采基本的通风方式。
10. 阐述露天开采自然通风方法。
11. 阐述露天开采人工通风方法。
12. 简述露天开采尘源的产生及除尘方法。

参 考 文 献

[1] 李宝祥. 金属矿床露天开采[M]. 北京：冶金工业出版社，1979.

[2] 云庆夏. 露天开采设计原理[M]. 北京：冶金工业出版社，1995.

[3] 陈玉凡. 矿山机械[M]. 北京：冶金工业出版社，1981.

[4] 钮强. 岩石爆破机理[M]. 沈阳：东北工学院出版社，1990.

[5] 刘清荣. 控制爆破[M]. 武汉：华中工学院出版社，1986.

[6] 王文龙. 钻眼爆破[M]. 北京：煤炭工业出版社，1984.

[7] 张贤达. 露天开采基本知识[M]. 北京：煤炭工业出版社，1982.

[8] 娄德兰. 导爆管起爆技术[M]. 北京：中国铁道出版社，1995.

[9] 马恩霖. 露天开采复田[M]. 北京：中国建筑工业出版社，1982.

[10] 王运敏. 中国采矿设备手册[M]. 北京：科学出版社，2007.

[11] 尚涛. 现代露天开采若干问题的研究[M]. 徐州：中国矿业大学出版社，2004.

[12] 孙本壮. 金属矿床露天开采[M]. 北京：冶金工业出版社，1993.

[13] 刘荣. 我国露天矿山技术发展及趋势综述[J]. 金属矿山，2007(10).

[14] 陈亚军. 论实现多台阶的组合开采[J]. 煤矿现代化，2006(10).

[15] 孙维中. 浅谈绿色矿山建设[J]. 煤炭工程，2006(4).

[16] 吴启瞵. 关于露天矿工作帮坡角的研究与优化[J]. 有色冶金设计与研究，2007(1).

[17] 戈洛辛斯基 T S. 美国露天开采技术发展形势[J]. 国外金属矿山，2003(3).

[18] 刘新海. 我国铁矿采矿技术的回顾与展望[J]. 涟钢科技与管理，2007(3).

[19] 中南矿冶学院通风及安全教研室. 矿山排水与防水[M]. 北京：中国工业出版社，1961.

冶金工业出版社部分图书推荐

书　名	作　者	定价(元)
冶炼基础知识(高职高专教材)	王火清	40.00
连铸生产操作与控制(高职高专教材)	于万松	42.00
小棒材连轧生产实训(高职高专实验实训教材)	陈涛	38.00
型钢轧制(高职高专教材)	陈涛	25.00
高速线材生产实训(高职高专实验实训教材)	杨晓彩	33.00
炼钢生产操作与控制(高职高专教材)	李秀娟	30.00
地下采矿设计项目化教程(高职高专教材)	陈国山	45.00
矿山地质(第2版)(高职高专教材)	包丽娜	39.00
矿井通风与防尘(第2版)(高职高专教材)	陈国山	36.00
采矿学(高职高专教材)	陈国山	48.00
轧钢机械设备维护(高职高专教材)	袁建路	45.00
起重运输设备选用与维护(高职高专教材)	张树海	38.00
轧钢原料加热(高职高专教材)	咸翠芬	37.00
炼铁设备维护(高职高专教材)	时彦林	30.00
炼钢设备维护(高职高专教材)	时彦林	35.00
冶金技术认识实习指导(高职高专实验实训教材)	刘艳霞	25.00
中厚板生产实训(高职高专实验实训教材)	张景进	22.00
炉外精炼技术(高职高专教材)	张士宪	36.00
电弧炉炼钢生产(高职高专教材)	董中奇	40.00
金属材料及热处理(高职高专教材)	于晗	33.00
有色金属塑性加工(高职高专教材)	白星良	46.00
炼铁原理与工艺(第2版)(高职高专教材)	王明海	49.00
塑性变形与轧制原理(高职高专教材)	袁志学	27.00
热连轧带钢生产实训(高职高专教材)	张景进	26.00
连铸工培训教程(培训教材)	时彦林	30.00
连铸工试题集(培训教材)	时彦林	22.00
转炉炼钢工培训教程(培训教材)	时彦林	30.00
转炉炼钢工试题集(培训教材)	时彦林	25.00
高炉炼铁工培训教程(培训教材)	时彦林	46.00
高炉炼铁工试题集(培训教材)	时彦林	28.00
锌的湿法冶金(高职高专教材)	胡小龙	24.00
现代转炉炼钢设备(高职高专教材)	李德静	39.00
工程材料及热处理(高职高专教材)	孙刚	29.00